工业和信息化**精品系列**教材

Spring Cloud
Microservice Architecture Development

Spring Cloud
微服务架构开发

第2版

黑马程序员 编著

人民邮电出版社

北 京

图书在版编目（CIP）数据

Spring Cloud 微服务架构开发 / 黑马程序员编著.
2 版. -- 北京 : 人民邮电出版社, 2024. 9. --（工业
和信息化精品系列教材）. -- ISBN 978-7-115-64609-5

Ⅰ. TP368.5

中国国家版本馆 CIP 数据核字第 2024LA2876 号

内 容 提 要

本书全面介绍 Spring Cloud 在微服务架构中提供的解决方案和基础组件，并结合实际开发场景，详细介绍如何利用 Spring Cloud 整合第三方框架进行 Web 开发。全书共 11 章，其中，第 1 章介绍微服务架构与 Spring Cloud 的基础知识；第 2～10 章介绍 Spring Cloud 的常用组件，包括服务注册中心 Nacos、负载均衡组件 Ribbon 和 Spring Cloud LoadBalancer、声明式服务调用组件 OpenFeign、服务容错组件 Sentinel、API 网关 Gateway、Nacos 配置中心、消息驱动框架 Spring Cloud Stream、分布式链路追踪组件 Sleuth+Zipkin、分布式事务解决方案 Seata；第 11 章通过搭建一个新闻资讯系统——黑马头条，带领读者搭建一个微服务架构系统。希望读者通过对本书的学习，能够学会 Spring Cloud 各个组件的用法，并掌握分布式微服务架构的搭建过程。

本书配套丰富的教学资源，包括教学 PPT、教学大纲、源代码、课后习题及答案等，为帮助读者更好地学习本书中的内容，作者还提供了在线答疑服务，希望帮助更多读者。

本书既可作为高等教育本、专科院校计算机相关专业的教材，也可作为编程人员的自学参考书。

◆ 编　著　黑马程序员
　　责任编辑　范博涛
　　责任印制　王　郁　焦志炜

◆ 人民邮电出版社出版发行　　北京市丰台区成寿寺路 11 号
　　邮编　100164　　电子邮件　315@ptpress.com.cn
　　网址　https://www.ptpress.com.cn
　　大厂回族自治县聚鑫印刷有限责任公司印刷

◆ 开本：787×1092　1/16
　　印张：15.75　　　　　　　　　　　　2024 年 9 月第 2 版
　　字数：381 千字　　　　　　　　　　2024 年 9 月河北第 1 次印刷

定价：59.80 元

读者服务热线：(010)81055256　印装质量热线：(010)81055316
反盗版热线：(010)81055315
广告经营许可证：京东市监广登字 20170147 号

前 言

随着互联网的发展，使用微服务架构已成为软件开发领域的主流趋势。微服务架构能够将复杂的应用系统拆解为更小、更独立的服务单元。然而，这种架构也需要解决一系列技术问题，如服务注册与发现、负载均衡、分布式配置管理等。为了解决这些技术问题，Spring Cloud 框架应运而生，它为开发人员提供了一套全面的微服务解决方案。使用 Spring Cloud 的组件和工具，开发人员可以更高效、更便捷地构建和管理分布式系统。

为什么要学习本书

本书在编写的过程中，结合党的二十大精神进教材、进课堂、进头脑的要求，将知识教育与思想品德教育相结合，通过案例讲解帮助学生加深对知识的认识与理解，让学生在学习新兴技术的同时了解国家在科技发展上的伟大成果，提升学生的民族自豪感，引导学生树立正确的世界观、人生观和价值观，进一步提升学生的职业素养，落实德才兼备、高素质和高技能的人才培养要求。

本书在讲解 Spring Cloud 核心概念和常用组件的同时，还讲解常用的第三方技术。本书在讲解案例过程中，强调解决问题的思路，使读者具备解决实际问题的能力。

如何使用本书

本书共 11 章，下面分别对每章进行简单的介绍，具体如下。

● 第 1 章主要讲解微服务架构与 Spring Cloud 的基础知识，内容包括微服务架构简介、初识 Spring Cloud、Spring Cloud 版本说明等。通过本章的学习，读者能够了解微服务架构的特点，以及 Spring Cloud 核心组件和架构的相关入门知识。

● 第 2 章主要讲解 Nacos 的服务注册与发现，内容包括服务注册与发现机制、Nacos 简介、Nacos 实战入门、Nacos 服务端集群部署、Nacos 健康检查机制等。通过本章的学习，读者能够熟悉 Nacos 服务注册与发现的工作流程，学会使用 Nacos 的注册中心功能。

● 第 3 章主要讲解负载均衡组件，内容包括负载均衡概述、Ribbon 概述、Ribbon 入门案例、Spring Cloud LoadBalancer 快速入门等。通过本章的学习，读者能够学会使用 Ribbon 和 Spring Cloud LoadBalancer 实现负载均衡。

● 第 4 章主要讲解声明式服务调用组件 OpenFeign，内容包括 OpenFeign 概述、OpenFeign 入门案例、OpenFeign 工作原理、OpenFeign 常见配置等。通过本章的学习，读者能够掌握使用 OpenFeign 进行服务调用的方法。

● 第 5 章主要讲解服务容错组件 Sentinel，内容包括服务容错概述、Sentinel 简介、Sentinel 快速入门、Sentinel 资源和规则的定义、Sentinel 整合应用等。通过本章的学习，读者能够掌握 Sentinel 资源和规则的定义，同时基于 Sentinel 实现服务容错。

● 第 6 章主要讲解 API 网关 Gateway，内容包括 API 网关概述、Gateway 概述、路由断言、过滤器等。通过本章的学习，读者能够熟悉 API 网关的作用，并基于 Gateway 进行路由，以及实现过滤器功能。

● 第 7 章主要讲解 Nacos 配置中心，内容包括配置中心概述、Nacos 配置管理基础、命名空间管理和配置管理、Nacos 配置的应用、自定义 Data ID 配置等。通过本章的学习，读者能够基于 Nacos 配置中心对系统配置进行集中管理。

● 第 8 章主要讲解消息驱动框架 Spring Cloud Stream，内容包括 Spring Cloud Stream 概述、Spring Cloud Stream 快速入门、Spring Cloud Stream 的发布-订阅模式、消费组和消息分区等。通过本章的学习，读者能够使用 Spring Cloud Stream 灵活处理消息中间件和应用程序之间的消息传递。

● 第 9 章主要讲解分布式链路追踪，内容包括分布式链路追踪概述、Spring Cloud Sleuth 概述、Zipkin 概述、Sleuth 整合 Zipkin、基于 RabbitMQ 收集数据、持久化链路追踪数据等。通过本章的学习，读者能够熟悉 Sleuth 和 Zipkin 的使用方法，并用 Sleuth 整合 Zipkin 实现分布式系统的链路追踪。

● 第 10 章主要讲解分布式事务解决方案 Seata，内容包括分布式事务概述、Seata 简介、Seata 服务搭建、Seata 实现分布式事务控制等。通过本章的学习，读者可以对分布式事务有深入的理解和认识，同时能够基于 Seata 实现分布式事务的管理。

● 第 11 章主要讲解微服务实战——黑马头条。通过本章的学习，读者能够提高对 Spring Cloud 常用组件的使用能力，并了解分布式微服务架构的搭建过程。

在学习过程中，读者应勤思考、勤总结，并动手实践书中提供的案例。若在学习过程中遇到困难，建议读者不要纠结，可以先往后学习。

致谢

本书的编写和整理工作由江苏传智播客教育科技股份有限公司旗下的高端 IT 教育品牌黑马程序员团队完成，团队人员在本书的编写过程中付出了辛勤的劳动，在此一并向他们表示衷心的感谢。

意见反馈

尽管编写团队付出了最大的努力，但书中难免有不足之处，欢迎读者提出宝贵意见，我们将不胜感激。读者在阅读本书时，如发现任何问题或不认同之处，可以通过电子邮件（itcast_book@vip.sina.com）与我们取得联系。再次感谢广大读者对我们的深切厚爱与大力支持!

黑马程序员
2024 年 8 月于北京

目 录

第 1 章　微服务架构与 Spring Cloud 1

1.1　微服务架构简介 1

　　1.1.1　系统架构的演变 2

　　1.1.2　微服务架构的特点 5

　　1.1.3　微服务架构的常见概念 6

　　1.1.4　常见的微服务框架 8

1.2　初识 Spring Cloud 8

　　1.2.1　Spring Cloud 概述 8

　　1.2.2　Spring Cloud 核心组件和架构 9

1.3　Spring Cloud 版本说明 11

1.4　本章小结 12

1.5　本章习题 12

第 2 章　Nacos 的服务注册与发现 14

2.1　服务注册与发现机制 14

2.2　Nacos 简介 16

　　2.2.1　Nacos 概述 16

　　2.2.2　Nacos 实现服务注册与发现的工作流程 17

2.3　Nacos 实战入门 18

　　2.3.1　搭建 Nacos 服务端环境 18

　　2.3.2　搭建服务提供者 20

　　2.3.3　搭建服务消费者 25

2.4　Nacos 服务端集群部署 28

2.5　Nacos 健康检查机制 32

2.6   本章小结   34

2.7   本章习题   34

第3章   负载均衡组件   36

3.1   负载均衡概述   36

3.2   Ribbon 概述   39

3.3   Ribbon 入门案例   40

3.4   Spring Cloud LoadBalancer 快速入门   48

3.5   本章小结   53

3.6   本章习题   53

第4章   声明式服务调用组件 OpenFeign   55

4.1   OpenFeign 概述   55

4.2   OpenFeign 入门案例   57

4.3   OpenFeign 工作原理   63

4.4   OpenFeign 常见配置   69

4.4.1   超时控制配置   69

4.4.2   日志级别配置   71

4.4.3   数据压缩配置   75

4.5   本章小结   76

4.6   本章习题   76

第5章   服务容错组件 Sentinel   78

5.1   服务容错概述   78

5.2   Sentinel 简介   81

5.2.1   Sentinel 概述   81

5.2.2   Sentinel 控制台   82

5.3   Sentinel 快速入门   84

5.4   Sentinel 资源和规则的定义   90

5.4.1   Sentinel 资源的定义   90

　　5.4.2　Sentinel 规则的定义　　　　　　　　　　　　　　93

5.5　Sentinel 整合应用　　　　　　　　　　　　　　　97

5.6　本章小结　　　　　　　　　　　　　　　　　　105

5.7　本章习题　　　　　　　　　　　　　　　　　　105

第 6 章　API 网关 Gateway　　　　　　　　　　107

6.1　API 网关概述　　　　　　　　　　　　　　　　107

6.2　Gateway 概述　　　　　　　　　　　　　　　　109

6.3　路由断言　　　　　　　　　　　　　　　　　　111

　　6.3.1　内置路由断言工厂　　　　　　　　　　　　111

　　6.3.2　路由断言入门案例　　　　　　　　　　　　116

　　6.3.3　自定义路由断言工厂　　　　　　　　　　　121

6.4　过滤器　　　　　　　　　　　　　　　　　　　124

　　6.4.1　局部过滤器　　　　　　　　　　　　　　　125

　　6.4.2　全局过滤器　　　　　　　　　　　　　　　128

6.5　本章小结　　　　　　　　　　　　　　　　　　131

6.6　本章习题　　　　　　　　　　　　　　　　　　131

第 7 章　Nacos 配置中心　　　　　　　　　　　133

7.1　配置中心概述　　　　　　　　　　　　　　　　133

7.2　Nacos 配置管理基础　　　　　　　　　　　　　136

7.3　命名空间管理和配置管理　　　　　　　　　　　138

7.4　Nacos 配置的应用　　　　　　　　　　　　　　144

7.5　自定义 Data ID 配置　　　　　　　　　　　　　149

7.6　本章小结　　　　　　　　　　　　　　　　　　150

7.7　本章习题　　　　　　　　　　　　　　　　　　150

第 8 章　消息驱动框架 Spring Cloud Stream　　152

8.1　Spring Cloud Stream 概述　　　　　　　　　　152

8.2　Spring Cloud Stream 快速入门　　　　　　　　155

8.3　Spring Cloud Stream 的发布−订阅模式　158

8.4　消费组和消息分区　163

8.4.1　消费组　163

8.4.2　消息分区　166

8.5　本章小结　170

8.6　本章习题　170

第 9 章　分布式链路追踪　172

9.1　分布式链路追踪概述　172

9.2　Spring Cloud Sleuth 概述　173

9.3　Zipkin 概述　175

9.4　Sleuth 整合 Zipkin　178

9.5　基于 RabbitMQ 收集数据　190

9.6　持久化链路追踪数据　192

9.7　本章小结　196

9.8　本章习题　196

第 10 章　分布式事务解决方案 Seata　198

10.1　分布式事务概述　198

10.2　Seata 简介　204

10.2.1　Seata 概述　205

10.2.2　Seata 的事务模式　206

10.3　Seata 服务搭建　209

10.4　Seata 实现分布式事务控制　215

10.5　本章小结　226

10.6　本章习题　226

第 11 章　微服务实战——黑马头条　228

11.1　项目概述　228

11.1.1　项目功能介绍　228

11.1.2　项目功能预览 229
11.2　项目架构设计 233
11.3　项目开发准备工作 234
11.3.1　系统开发及运行环境 234
11.3.2　数据库准备 234
11.3.3　项目工程结构 235
11.4　自媒体端功能实现 239
11.4.1　自媒体人登录 239
11.4.2　创建对象存储服务 239
11.4.3　素材管理 239
11.4.4　发布文章 239
11.4.5　内容列表 240
11.5　用户端功能实现 240
11.5.1　用户登录 240
11.5.2　文章列表 241
11.5.3　文章详情 241
11.6　本章小结 242

第1章

微服务架构与Spring Cloud

学习目标

◆ 了解系统架构的演变，能够简述单体应用架构、垂直应用架构、SOA 的特点

◆ 了解微服务架构的特点，能够简述微服务架构的特点

◆ 熟悉微服务架构中的常见概念，能够简述微服务架构中服务注册与发现、服务调用、负载均衡、API 网关、服务容错和链路追踪的概念

拓展阅读

◆ 了解常见的微服务框架，能够简述 Apache ServiceComb、Spring Cloud、Spring Cloud Alibaba 的概念

◆ 了解 Spring Cloud 概况，能够简述 Spring Cloud 的特点

◆ 熟悉 Spring Cloud 核心组件和架构，能够简述 Spring Cloud 常用组件的作用

◆ 了解 Spring Cloud 版本说明，能够简述 Spring Cloud 新旧版本命名方式

随着社会进步和科技发展，人们对应用程序的需求不断增加。面对日益复杂的业务需求，如何降低业务之间的耦合性、快速部署项目、轻松且持续改进项目是应用程序亟须解决的问题。为了解决这些问题，微服务架构应运而生，Spring Cloud 是目前主流的微服务架构之一。本章将引领读者深入了解微服务架构和 Spring Cloud。

1.1 微服务架构简介

系统架构是指一个系统的组织结构或设计，其定义了系统的组件、模块、接口等，在系统中起到指导和约束的作用。微服务架构是当前常见的系统架构，它可以将系统模块化，使得每个模块都可以独立部署、运行并进行组合，从而更好地实现系统的可扩展性、高可用性和容错性，并且可以更加灵活地适应不同的业务场景。微服务架构是通过一系列的演变过程逐步形成的，下面将对系统架构的演变，以及微服务架构的相关知识进行讲解。

1.1.1　系统架构的演变

随着互联网的飞速发展和技术的日益演进，系统架构也在不断演变。从最初的单体应用架构，到如今广受欢迎的微服务架构，系统架构一直在探求创新，以提高系统的可扩展性、可维护性和可用性，并应对业务需求和用户体验的不断变化。下面对系统架构的演变进行讲解。

1. 单体应用架构

单体应用架构指的是所有服务或者功能都封装在一个应用中的架构，即应用程序所有业务场景的表示层、业务逻辑层和数据访问层都在一个工程中进行开发、部署和运行。

在单体应用架构中，应用程序的各个模块通过方法调用或共享内存等方式进行通信，通常共享相同的数据库，应用程序的逻辑和数据都集中在一起。例如，一个电商应用程序包含用户管理、商品管理、订单管理等功能模块，基于单体应用架构设计该电商应用程序，具体如图 1-1 所示。

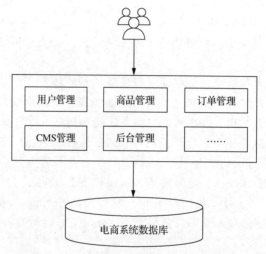

图1-1　基于单体应用架构的电商应用程序

从图 1-1 可以得出，使用单体应用架构开发的系统，把所有的模块集成在一个工程中，项目架构简单、技术结构单一、开发周期短、前期用人成本低，适合小型系统的开发。但是随着业务复杂度的提高，功能越来越多，代码量越来越大，会导致代码可读性、可维护性和可扩展性下降；系统性能扩展只能通过扩展集群节点来完成，成本高、有瓶颈，由于系统过大以及关联较多，应用中的任何一个 Bug 都有可能导致整个系统宕机。

2. 垂直应用架构

单体应用的扩展和性能优化往往难以实现，一旦某个功能需要扩展或性能优化，整个应用都需要重新部署。针对单体应用架构存在的问题，可以使用垂直应用架构来解决。垂直应用架构是一种将应用程序按照业务逻辑或模块进行分解和设计的架构方式，垂直应用架构将单体应用拆分成若干个独立的小应用，每个小应用单独部署到不同的服务器上，以实现服务的弹性扩展和故障隔离。基于垂直应用架构将图 1-1 所示的电商应用程序拆分为多个应用，具体如图 1-2 所示。

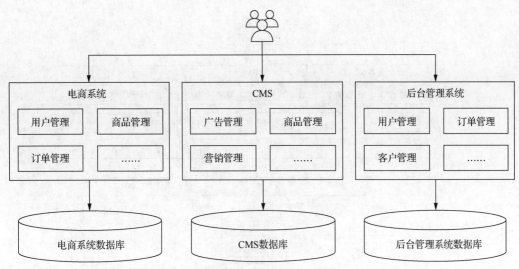

图1-2　基于垂直应用架构的电商应用程序

从图 1-2 可以看出，基于垂直应用架构开发的系统，将单体应用垂直拆分为 3 个 Web 应用，并分别部署到不同的服务器，一旦用户访问量变大，只需要增加电商系统的节点就可以了，无须增加 CMS（Content Management System，内容管理系统）和后台管理系统的节点，一方面减轻了服务器的压力；另一方面对独立的 Web 应用可以单独进行优化，方便水平扩展，提高容错率。但是垂直应用架构也存在对应的问题：系统之间相互独立，无法直接进行相互调用；不同的系统可能存在重复的开发任务，出现数据冗余、代码冗余、功能冗余等问题。

3. SOA

SOA（Service-Oriented Architecture，面向服务的体系结构）是一个组件模型，基于 SOA 可以将系统的不同功能单元拆分成服务，这些服务之间通过定义良好的接口和契约进行联系，可以根据需求通过网络对松散耦合的粗粒度应用组件进行分布式部署、组合和使用，从而可以更加灵活、高效地实现服务的设计、开发、部署和管理。

当垂直应用架构中的系统越来越多时，系统之间的交互不可避免，可以将核心业务抽取出来，作为独立的服务，逐渐形成稳定的服务中心，使前端应用能更快速地响应多变的市场需求。

以图 1-2 中的电商应用程序为例，SOA 可以抽取应用程序中重复的代码作为独立的服务，具体如图 1-3 所示。

从图 1-3 可以看出，基于 SOA 的电商应用程序，在垂直应用架构的基础上将系统中的公共组件抽取出来形成独立的服务，展示层只需要处理页面的交互，业务逻辑都通过 ESB（Enterprise Service Bus，企业服务总线）或 Dubbo 框架调用服务层的服务来实现。基于 SOA 的应用的各个服务之间的耦合度较低，可读性及可维护性比较好，但也存在一些不足之处，例如，抽取服务的粒度较粗、服务提供方与调用方接口耦合度较高、调用关系错综复杂等。

4. 微服务架构

微服务架构是一种系统架构的设计风格，微服务架构提倡将一个大型、复杂的应用系统拆分成多个独立的小型服务，每个服务都可以独立构建、运行、部署、扩展和维护。服务之间通过轻量级的通信机制协同工作，最终组成一个完整的应用系统。

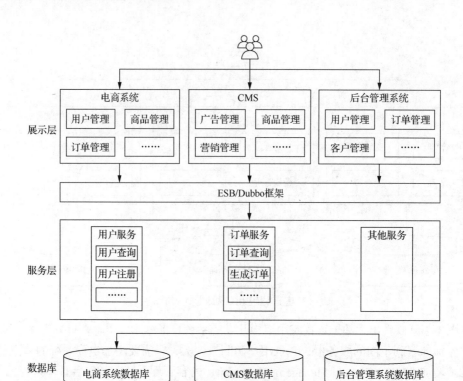

图1-3　基于SOA的电商应用程序

微服务架构在某种程度上是 SOA 继续发展的下一步，微服务架构更加强调服务的彻底拆分。以图 1-3 中的电商应用程序为例，微服务架构将每一个服务抽取为一个独立的部署单元，具体如图 1-4 所示。

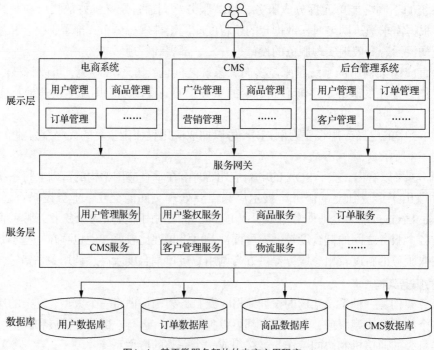

图1-4　基于微服务架构的电商应用程序

从图 1-4 可以看出，基于微服务架构开发的应用程序，在 SOA 的基础上对服务的抽取粒度更细，把系统中的服务层完全隔离出来，各个系统通过服务网关调用所需微服务。通过服务的原子化拆分，每个服务可以独立打包、部署和升级，小规模团队开发的程序的交付周期将缩短，运维成本也将大幅度下降。

微服务架构让服务可以独立开发、部署和运行，但是微服务架构也存在缺点，例如使用微服务架构进行设计时，技术成本高，需要解决系统的容错、分布式事务等方面的问题。如果服务过多，会造成服务管理成本提高，不利于系统维护，服务拆分粒度过细也会导致系统变得凌乱。

1.1.2　微服务架构的特点

微服务架构和 SOA 从功能角度来看有相似之处，两者都将系统功能进行抽象，采用分布式系统架构的方式来实现不同应用程序之间的集成。微服务架构可以被视作 SOA 的升华，通过更加注重"业务组件化和服务化"的思想来改进 SOA。采用微服务架构后，一个原本的业务系统会被拆分成多个小型应用程序，这些应用程序可以独立地进行设计、开发和运行。

微服务架构能够成为目前最主流的系统架构之一，主要得益于它有如下特点。

1. 复杂度可控

微服务架构将整体系统拆分为多个小型服务，每个服务专注于特定的业务功能，这使得每个服务的代码库更小、复杂度更低、更容易进行维护。每个服务都可以独立开发、部署和运行，而且由于代码量较少，启动和运行速度也更快。此外，每个服务可以由不同的团队来维护，团队规模要求不高，一般为 8～10 人的小规模团队，从而降低团队管理成本。

2. 便于部署和维护

微服务架构通过模块化开发，将项目按照功能拆分为不同的模块，每个模块独立开发并运行，不会互相影响。完成开发后，每个模块可以基于 Docker 进行自动化部署，使得项目部署更加简单。此外，由于每个模块只关注自身的功能，修改时只需要关注相关模块，从而降低后期维护的难度。

3. 技术选型灵活

微服务架构允许开发人员根据项目业务需求和团队特点，灵活选择不同的编程语言和工具进行开发和部署，以满足实际需求。

4. 易于扩展

微服务架构下的每个功能都是横向扩展的。如果需要扩展新功能，只需要新建对应的独立数据库和新的模块，不需要在现有模块上进行修改，从而具备良好的可扩展性。

5. 易于容错

微服务架构的故障隔离能力可以有效地缩小系统故障的影响范围。当架构中的某一组件发生故障时，在单一进程的传统架构下，故障很有可能在进程内扩散，导致整个应用不可用。在微服务架构下，故障会被隔离在单个服务中，其他服务可以继续正常运行，不会受到故障的影响。

1.1.3　微服务架构的常见概念

微服务架构的主要目的是实现业务服务的解耦，使得服务之间的调用关系更加清晰，提高系统的可维护性和可扩展性。然而，随着系统业务的日趋复杂，服务之间的调用关系也变得越来越复杂，同时服务之间的远程通信也因为存在网络通信问题而变得更加困难。针对这种情况，需要在微服务架构中进行服务治理，以简化服务之间的通信关系，提高整体系统的可靠性和稳定性。在微服务架构中，与服务治理相关的常见概念如下。

1. 服务注册与发现

微服务架构中有大量的服务，每个服务的地址和端口都随时可能发生变化，如果每个服务都需要手动配置其他服务的地址和端口，那么配置量将非常庞大，而且难以维护。为了解决这个问题，微服务架构中引入了服务注册与发现机制，该机制中有如下核心概念。

① 服务注册中心：微服务中的一个独立组件，其可以让所有的微服务在启动时将自身信息如地址、版本、负载均衡策略等注册到其中，同时微服务也可以从服务注册中心上查询、获取其他微服务的信息。

② 服务注册：服务实例将自身服务信息注册到服务注册中心，注册的服务信息包括服务实例的状态、访问协议等关键数据。

③ 服务发现：服务实例请求服务注册中心获取所依赖服务信息。服务实例通过服务注册中心，获取注册到其中的服务实例的信息，通过这些信息来请求所提供的服务。

2. 服务调用

在微服务架构中，服务之间的远程调用是常见需求。目前主流的远程调用技术包括基于 HTTP（Hypertext Transfer Protocol，超文本传送协议）的 RESTful 接口和基于 TCP（Transmission Control Protocol，传输控制协议）的 RPC 机制。

RESTful 是基于 REST 格式编写的。REST（Representational State Transfer，描述性状态迁移）是一种基于 HTTP 调用的标准化格式，具有通用性，支持所有的编程语言，其优点在于可以通过标准的 HTTP 方法进行调用，有良好的查错机制，尤其适合在跨域调用时使用。

RPC（Remote Procedure Call，远程过程调用）机制是一种进程间通信方式，可以让远程服务调用像本地服务调用一样简单和透明。需要注意的是，RPC 不是协议，而是调用方法的一种机制。常用的 RPC 框架有 Dubbo、gRPC 等，RPC 框架可以屏蔽通信细节、序列化方式和底层传输方式，使开发人员只关注远程服务接口即可，不需要了解调用过程和底层实现。

3. 负载均衡

负载均衡是高可用网络基础架构的关键组件，通常用于将工作负载分配到多个服务器，以提高网站、应用、数据库或其他服务的性能和可靠性。在微服务架构中，服务之间的负载大小可能不同，如果不能合理地分配负载到各个服务实例中，可能导致某些服务实例过载而引发服务性能下降、错误率增加、连锁故障等问题，甚至可能引起整个系统的崩溃。

在微服务架构中，应该采用多层次的负载均衡方案，既可以在服务端使用负载均衡器来均衡各个服务实例的负载，又可以在客户端使用容器编排平台和服务网格等技术来进一步优化负载均衡效果。负载均衡算法有多种，如随机算法、轮询算法、哈希算法、响应时间最短算法等。不同的算法适用于不同的场景，可以根据实际情况进行选择。

4. API 网关

微服务架构中不同的服务一般会有不同的网络地址，随着业务的新增，系统中的服务日趋增多，外部客户端调用不同微服务的接口可能会面临以下问题。

① 客户端需要调用多个不同的网络地址，增加访问的难度。

② 在某些场景下，可能存在跨域请求问题。

③ 每个微服务都需要单独进行身份认证。

为了解决这些问题，API（Application Program Interface，应用程序接口）网关应运而生。API 网关的基本功能包括统一接入、安全防护、协议适配、流量管控、长短链接支持和容错能力等，它可以将所有 API 调用统一接入 API 网关层，由 API 网关统一接入和输出，各个 API 服务提供团队就可以专注于自己的业务逻辑处理，具体如图 1-5 所示。

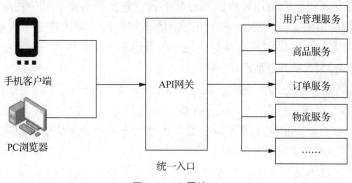

图1-5 API网关

从图 1-5 可以看到，不同的客户端通过统一入口访问系统不同的服务。使用 API 网关能够解决外部客户端调用不同微服务接口面临的各种问题，同时也能够提供负载均衡、高可用、监控等功能来增强微服务的稳定性和可靠性。通过统一接入、安全防护、协议适配和流量管控等功能，API 网关可以使得整个微服务架构更加健壮和高效。

5. 服务容错

在微服务架构中，一个请求往往需要调用多个服务，若其中的某个服务不可用，在没有实现服务容错的情况下，有可能会导致一连串服务不可用，从而引发服务雪崩现象，而服务容错就是确保系统在出现服务故障时，能够具备自我修复和自我保护的能力。

服务雪崩的原因多种多样，如不合理的容量设计、高并发下某方法响应变慢，或某台机器资源不足等。虽然我们无法完全杜绝服务雪崩的发生，但可以从源头上着手，减少服务之间的强依赖。为此，可采用多种技术手段，如重试机制、熔断机制、限流机制、降级机制等来实现服务容错，以确保系统具备高可用性和稳定性。

6. 链路追踪

在微服务架构中，由于服务之间的相互调用和依赖关系十分复杂，服务按照不同的维度进行拆分，一次请求往往需要涉及多个服务，并且这些服务可能是由不同的团队、使用不同的编程语言来实现的，且分布在几千台服务器中，一旦出现故障或异常，排查问题可能非常困难。此时，链路追踪技术便应运而生。通过链路追踪，我们可以对服务调用链进行跟踪和监测，以快速定位和解决潜在的问题，提高服务的运行效率和可靠性。

上述内容都是微服务架构中与服务治理相关的常见的概念，也是微服务架构中面临的技术挑战，对于这些问题，市场提供了较为成熟的技术实现来进行解决，在后续章节中将会详细讲解。

1.1.4　常见的微服务框架

微服务架构是一种系统架构风格和思想，想要真正地搭建一套微服务系统，则需要微服务框架的支持。随着微服务的流行，很多编程语言都相继推出了对应的微服务框架，其中 Java 对应的当前常见微服务框架具体如下。

① Apache ServiceComb：Apache ServiceComb 是业界第一个 Apache 微服务顶级项目，是一个开源微服务解决方案。Apache ServiceComb 的前身是华为云的微服务引擎 CSE（Cloud Service Engine，云服务引擎）云服务，它提供了一站式的微服务开源解决方案，致力于帮助企业、用户和开发者将企业应用轻松微服务化上云，并实现对微服务应用的高效运维管理。

② Spring Cloud：Spring Cloud 是由 Pivotal 团队开发的一个构建分布式系统的开源框架，以 Spring Boot 为基础，提供服务注册与发现、服务熔断、负载均衡、配置中心等功能，使得构建分布式微服务系统变得更加简单。

③ Spring Cloud Alibaba：Spring Cloud Alibaba 是 Spring Cloud 的衍生项目，集成了 Alibaba 开源的多个微服务产品，如 Nacos（服务注册中心与配置中心）、Sentinel（服务保护）、Dubbo（分布式 RPC 服务框架）等，为开发人员提供了一个全方位的解决方案，可以轻松构建和部署高可用、可伸缩的微服务应用。

上述三个框架都能够用于构建分布式微服务系统，其中 Apache ServiceComb 偏向于模块化和高可用方面，Spring Cloud 偏向于简单易用、灵活配置方面，Spring Cloud Alibaba 则集成了更多的 Alibaba 开源的产品组件，能够提供更全面、更完整的解决方案。当前 Spring Cloud 和 Spring Cloud Alibaba 的应用相对更广泛，本书后续将主要对 Spring Cloud 和 Spring Cloud Alibaba 提供的微服务开发解决方案进行讲解。

1.2　初识 Spring Cloud

1.2.1　Spring Cloud 概述

Spring Cloud 是一系列框架的集合，它基于 Spring Boot 开发的便利性简化了分布式系统基础设施的开发，如服务注册与发现、配置中心、消息总线、负载均衡、断路器、数据监控等，都可以用 Spring Boot 的开发风格做到一键启动和部署。

Spring Cloud 并没有重复制造已经存在的组件和技术框架，它只是将目前各家公司开发得比较成熟、经得起实际考验的服务框架组合起来，通过 Spring Boot 风格进行再封装，屏蔽了复杂的配置和实现原理，最终给开发者留出了一套简单易懂、易部署和易维护的分布式系统开发工具包。

Spring Cloud 能够成为目前主流的微服务框架之一，主要得益于它的以下几个特点。

1. 功能强大、组件齐全

Spring Cloud 是 Spring 生态圈中的一员，其各个组件源代码也是开源的，社区中有很多开发者不断完善 Spring Cloud 下的各个组件。Spring Cloud 中包含 spring-cloud-config、 spring-cloud-gateway 等近 20 个子项目，提供了服务治理、服务网关、智能路由、负载均衡、断路器、监控跟踪、分布式消息队列、配置管理等领域的解决方案。

2. 快速启动、方便部署

Spring Cloud 基于 Spring Boot 开发，而 Spring Boot 拥有快速构建 Spring 应用、直接嵌入服务器、自动化配置的优点。Spring Cloud 继承了 Spring Boot 快速构建和自动化配置的优点，能够开箱即用，实现快速启动。

3. 模块化开发、降低维护成本

Spring Cloud 采用模块化开发的方式，将整个项目按照功能拆分成不同的模块。每个模块独立开发、运行，互不干扰。模块部署时可以使用 Docker 自动化部署，降低了部署时的难度。在项目维护时，只需要维护对应的模块，不需要改动其他模块的代码，降低了模块后期维护的成本。

4. 扩展性和稳定性较佳

在 Spring Cloud 微服务架构中，每个模块通常都是一个独立的 Spring Boot 项目，且各自维护独立的数据库。这种开发模式使得开发团队可以在不影响现有功能模块的情况下能轻松地添加新功能。每当有新的业务需求出现时，只需创建新的数据库和对应的模块，而无须对现有代码库进行修改，简化了新功能的开发和部署过程，增强了系统的可扩展性和稳定性。

5. 良好的容错机制

在实际开发过程中，可能因为网络连接失败、超时、服务器硬件故障等原因导致某个模块无法正常运行，整个项目也会发生异常。为了解决这些问题，Spring Cloud 提供了用于服务容错的组件，以保证某个模块出错后能够有备用模块或者善后处理，提高了整个微服务架构的容错能力。

综上所述，Spring Cloud 提供了一个全面的、成熟的微服务解决方案，极大地简化了分布式系统的构建和开发，促进了微服务架构的普及。它所提供的多个组件和框架相互配合、相互协作，实现了功能丰富、易于开发、易于维护的分布式开发方案，成为开发人员信任和选用的一个主流微服务框架。

1.2.2　Spring Cloud 核心组件和架构

Spring Cloud 的本质是在 Spring Boot 的基础上增加了与微服务相关的规范，并对应用上下文进行了功能增强。目前除了 Spring 官方提供的具体实现，还有 Spring Cloud Netflix、Spring Cloud Alibaba 等实现。通过组件化的方式，Spring Cloud 将这些实现整合到一起构成全家桶式的微服务技术栈，Spring Cloud Netflix、Spring Cloud Alibaba、Spring Cloud 的常用组件分别如表 1-1～表 1-3 所示。

表 1-1　Spring Cloud Netflix 的常用组件

组件名称	描述
Eureka	Spring Cloud Netflix 中的服务治理组件，包含服务注册中心、服务注册与发现机制的实现
Ribbon	Spring Cloud Netflix 中的客户端负载均衡组件
Hystrix	Spring Cloud Netflix 中的容错管理组件，为服务中出现的延迟和故障提供强大的容错能力
Feign	Spring Cloud Netflix 中实现负载均衡和服务调用的开源组件
Zuul	Spring Cloud Netflix 中的 API 网关组件，提供了智能路由、访问过滤等功能

　　Spring Cloud Netflix 是 Spring Cloud 的子框架，由 Netflix 开发，后来又并入 Spring Cloud 大家庭，它主要提供的模块包括：服务发现、断路器和监控、智能路由、客户端负载均衡等。

表 1-2　Spring Cloud Alibaba 的常用组件

组件名称	描述
Nacos	Spring Cloud Alibaba 中的动态服务发现、配置和服务管理组件，可以理解为服务注册中心和配置中心的组合体
Sentinel	Spring Cloud Alibaba 中面向分布式微服务架构的轻量级高可用流量控制组件，用于客户端容错保护
Seata	Spring Cloud Alibaba 中的分布式事务解决方案，能够在微服务架构下提供高性能且简单易用的分布式事务服务

　　Spring Cloud Alibaba 的很多组件都是基于 Spring Cloud 构建的，并对其中一些组件进行了进一步的扩展和优化。使用 Spring Cloud Alibaba 时只需要添加一些注解和少量配置，就可以将 Spring Cloud 应用接入 Alibaba 微服务解决方案，通过 Alibaba 中间件来迅速搭建分布式应用系统。

表 1-3　Spring Cloud 的常用组件

组件名称	描述
Consul	Spring Cloud 中的服务注册中心，用于实现分布式系统的服务发现与配置
Config	Spring Cloud 中的分布式配置中心，为微服务架构中各个微服务提供集中化的外部配置支持
Gateway	Spring Cloud 中的 API 网关，旨在提供一种简单而有效的途径来发送 API
Sleuth	Spring Cloud 中的分布式系统服务链追踪组件
OpenFeign	Spring Cloud 中的声明式服务调用与负载均衡组件

　　Eureka 已经在 GitHub 上宣布 Eureka 2.x 闭源，这意味着如果开发者继续使用 Eureka 2.x 分支上现有发布的代码库，需要自负风险。同时对于 Netflix 提供的 Feign 等组件，官方也停止了更新，因此在后续内容中主要以 Spring Cloud 和 Spring Cloud Alibaba 提供的组件讲解微服务架构的相关解决方案。

　　Spring Cloud 集成了多种组件和开源项目，其中常见的有服务注册与发现、配置中心、负载均衡、断路器、网关等，基于这些组件和开源项目，Spring Cloud 成为一个非常完整的微服务架构解决方案。下面通过一张图展示基于 Spring Cloud 构建的微服务架构，如图 1-6 所示。

　　从图 1-6 可以看出，Spring Cloud 的各个组件相互配合，共同构筑了一套完整的微服务架构。服务注册中心负责服务的注册与发现，很好地将各服务连接起来；API 网关负责转发所有对外的请求和服务；流量控制组件负责监控服务之间的调用情况，从流量控制、熔断降级、系统负载保护等多个维度帮助用户保护服务的稳定性；配置中心提供了配置信息集中化和统一管理的服务，可以实时地通知各个服务获取最新的配置信息。

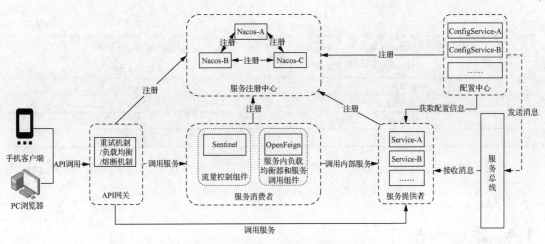

图1-6　基于Spring Cloud构建的微服务架构

1.3　Spring Cloud 版本说明

使用 Spring Cloud 之前需要先确定 Spring Cloud 的版本，Spring Cloud 版本的命名经历了新旧两种方式。

Spring Cloud 早期的版本通常以"版本名称+小版本名称"的格式命名，其中版本名称以伦敦的地铁站名称的首字母 A~Z 依次命名，例如，第一代版本名称为 Angle；第二代版本名称为 Brixton；第三代版本名称为 Camden。小版本名称通常有 BUILD-SNAPSHOT（开发的快照版本）、M（里程碑版本）、RELEASE（候选发布版本）、SR（Service Releases，正式修订版本）。当 Spring Cloud 版本的发布内容积累到临界点或者一个严重 Bug 解决后，就会发布一个正式修订版本，其中正式修订版本会使用一个递增的数字表示修订的次数，例如 Brixton.SR5 就是 Brixton 的第 5 个正式修订版本。

从 2020 年开始 Spring Cloud 使用全新的日历化方式命名版本，命名规则为 YYYY.MINOR. MICRO[-MODIFIER]，其中 YYYY 为年份全称，MINOR 为辅助版本号，为一个从 0 开始递增的数字，MICRO 为补丁版本号，也使用从 0 开始递增的数字表示，-MODIFIER 用于修饰关键节点，如快照版本 SNAPSHOT、里程碑版本 M。

通过前面的学习，读者应该知道 Spring Cloud 是基于 Spring Boot 开发的。Spring Boot 专注于快速、方便集成单个微服务，而 Spring Cloud 关注全局的服务治理。Spring Cloud 和 Spring Boot 都发布了多个版本，在 Spring Boot 应用程序中使用 Spring Cloud 时，需要使用与 Spring Boot 版本兼容的 Spring Cloud 版本。下面通过一张表描述 Spring Cloud 版本与 Spring Boot 版本的匹配关系，具体如表 1-4 所示。

表1-4　Spring Cloud 版本与 Spring Boot 版本的匹配关系

Spring Cloud 版本	Spring Boot 版本
2022.0.x，又名 Kilburn	3.0.x
2021.0.x，又名 Jubilee	2.6.x、2.7.x
2020.0.x，又名 Ilford	2.4.x、2.5.x

续表

Spring Cloud 版本	Spring Boot 版本
Hoxton	2.2.x、2.3.x
Greenwich	2.1.x
Finchley	2.0.x
Edgware	1.5.x
Dalston	1.5.x

需要说明的是，Spring Cloud 官方声明版本中的 Dalston、Edgware、Finchley 和 Greenwich 都已达到生命周期结束状态，不再支持错误修复和向后兼容功能等维护。

1.4　本章小结

本章主要对微服务架构与 Spring Cloud 进行了讲解。首先是微服务架构简介；然后是初识 Spring Cloud；最后是 Spring Cloud 版本说明。通过本章的学习，读者可以对微服务架构与 Spring Cloud 有一个初步认识，为后续学习 Spring Cloud 做好铺垫。

1.5　本章习题

一、填空题

1. 在_____架构中，应用程序的各个模块通过方法调用或共享内存等方式进行通信。
2. 微服务架构中通过_____可以对服务调用链进行跟踪和监测。
3. Spring Cloud 组件中_____负责转发所有对外的请求和服务。
4. REST 是一种基于_____调用的标准化格式。
5. Spring Cloud Alibaba 中的_____为服务注册中心和配置中心的组合体。

二、判断题

1. 微服务架构将每一个服务抽取为一个独立的部署单元。（　　　）
2. 微服务架构中引入了服务注册与发现机制，可通过服务注册中心来实现。（　　　）
3. Spring Cloud Alibaba 是 Spring Cloud 的衍生项目，集成了 Alibaba 开源的多个微服务产品。（　　　）
4. Spring Cloud 早期的版本以伦敦的地铁站名称作为版本名称。（　　　）
5. Spring Cloud 专注于快速、方便集成单个微服务，而 Spring Boot 关注全局的服务治理。（　　　）

三、选择题

1. 下列选项中，关于微服务架构的特点描述错误的是（　　　）。
   A. 服务按照业务进行划分，每个服务专注于某一个特定业务
   B. 应用程序的修改需要重新部署整个应用程序
   C. 微服务架构具备良好的可扩展性
   D. 微服务架构具有良好的故障隔离能力

2. 下列选项中，对于 Spring Cloud 的特点描述错误的是（　　　）。

A. Spring Cloud 中包含 spring-cloud-config、spring-cloud-gateway 等近 20 个子项目

B. Spring Cloud 基于 Spring MVC 开发而成

C. Spring Cloud 采用模块化开发的方式

D. Spring Cloud 具有良好的容错机制

3. 下列选项中，对于 Spring Cloud Alibaba 的常用组件说法正确的是（　　　）。

A. Nacos 是 Spring Cloud Alibaba 中的 API 网关组件

B. Seata 在 Spring Cloud Alibaba 中用于客户端容错保护

C. Sentinel 是 Spring Cloud Alibaba 的分布式事务解决方案

D. Spring Cloud Alibaba 的很多组件都是基于 Spring Cloud 构建的

4. 下列选项中，对于 Spring Cloud 的常用组件说法错误的是（　　　）。

A. Config 是 Spring Cloud 中的分布式配置中心

B. Gateway 是 Spring Cloud 中的 API 网关

C. Sleuth 是 Spring Cloud 中的服务注册中心

D. OpenFeign 是 Spring Cloud 中的声明式服务调用与负载均衡组件

5. 下列选项中，关于不同的系统架构描述错误的是（　　　）。

A. 单体应用架构指的是所有服务或者功能都封装在一个应用中的架构

B. 垂直应用架构是一种将应用程序按照业务逻辑或模块进行分解和设计的架构方式

C. 微服务架构提倡将一个大型、复杂的软件系统拆分成多个独立的小型服务

D. 和微服务架构相比，SOA 更加强调服务的彻底拆分

第2章

Nacos的服务注册与发现

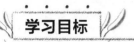
学习目标

◆ 了解服务注册与发现机制，能够简述服务提供者、服务消费者和服务注册中心在服务注册与发现机制中的作用

◆ 了解 Nacos 概况，能够简述 Nacos 的主要特性

◆ 熟悉 Nacos 服务注册与发现的工作流程，能够简述 Nacos 实现服务注册与发现的流程

◆ 掌握 Nacos 实战入门案例，能够搭建 Nacos 服务端环境、搭建服务提供者、搭建服务消费者实现 Nacos 入门案例

◆ 熟悉 Nacos 集群部署，能够独立实现 Nacos 集群部署

◆ 了解 Nacos 健康检查机制，能够简述 Nacos 中对临时实例和永久实例的健康检查机制

拓展阅读

微服务架构的一个核心设计理念是服务拆分，即将复杂的大型系统拆分为许多小而自治的服务，每个服务负责特定的功能。这种拆分方式在提高开发效率和可扩展性方面有很多好处，但也带来了新的挑战，其中之一就是如何管理和发现微服务架构中的服务。当前市面上已经有许多成熟的组件可以实现在微服务架构中对服务的管理和发现，Nacos 就是其中比较主流的组件之一，本章将对 Nacos 的服务注册与发现进行讲解。

2.1 服务注册与发现机制

服务注册与发现机制是分布式系统中最基本也是最重要的功能之一，在分布式系统中，服务注册与发现机制可以帮助我们解决以下几个问题。

① 动态更新可用的服务实例列表。当新的服务实例加入或退出系统时，服务注册与发现机制可以及时更新可用的服务实例列表，确保客户端始终可以访问最新的可用实例，避免客户端请求过时或无法访问的实例。

② 负载均衡。在高负载环境下，分布式系统需要对服务实例进行负载均衡，以避免某

个服务实例承受过多请求，导致性能下降。服务注册与发现机制可以让客户端动态地选取可用的服务实例，以实现负载均衡的功能。

③ 请求转移。在系统发生故障时，服务注册与发现机制可以自动检测到故障的服务实例，将请求转移到其他可用的服务实例，以提高系统的高可用性。

服务注册与发现机制主要由服务注册中心、服务注册和服务发现三部分实现，下面对这三部分进行详细说明。

1. 服务注册中心

服务注册中心是服务注册与发现机制的核心组件，负责管理和维护服务的注册信息，它通常是一个单独的服务，能够处理并存储服务实例的注册和注销信息。当服务提供者的实例发生变化，如新增或删除服务时，服务注册中心需要通知服务消费者同步最新的服务实例地址列表。目前主流的服务注册中心有 Netflix Eureka、Consul、Alibaba Nacos 和 Apache ZooKeeper 等。

2. 服务注册

服务注册是指将一个服务的信息注册到服务注册中心上，服务注册大致分为自注册模式和第三方注册模式两种，这两种模式的特点如下。

（1）自注册模式

在自注册模式下，服务实例自主实现服务注册和注销，必要时发送心跳防止注册过期，基于这种模式的服务注册比较简单，不需要其他组件的参与，但是需要实现服务注册的代码。

（2）第三方注册模式

在第三方注册模式下，服务实例由另一个系统组件负责注册，该组件通过轮询部署环境或订阅事件来跟踪运行中的实例的变化，并向服务注册中心注册或注销服务。这种注册模式的优点是解耦了服务和服务注册中心，无须为每个语言和框架实现服务注册逻辑；缺点是第三方的系统组件本身也是一个高可用的系统组件，需要被启动和管理。

3. 服务发现

服务发现是指通过服务注册中心来获取服务的详细信息，以便与对应的服务进行通信。服务发现主要分为客户端发现模式和服务端发现模式两种，这两种模式的特点如下。

（1）客户端发现模式

在客户端发现模式中，客户端负责确定服务提供者的可用实例地址列表和负载均衡策略。客户端访问服务注册中心，定时同步目标服务的可用实例地址列表，然后基于负载均衡策略选择目标服务的一个可用实例地址发送请求。这种模式使所有的服务提供者和消费者都可以轻松地使用服务发现功能，但是部署平台的服务发现功能仅支持发现使用该平台部署的服务。

（2）服务端发现模式

在服务端发现模式中，服务客户端通过路由器或负载均衡器访问目标服务，路由器负责查询服务注册中心获取目标服务实例地址列表并转发请求。这种模式的优点是服务客户端可以灵活智能地制定负载均衡策略，可实现点对点的网状通信，避免单点性能瓶颈和可靠性下降等问题。缺点在于服务客户端与服务注册中心耦合，需要根据服务客户端使用的语言和框架实现客户端服务发现逻辑。

客户端发现模式和服务端发现模式各有优缺点，读者可以根据具体的业务需求选择对应的模式，以提高系统的可用性和可靠性。

2.2　Nacos 简介

Nacos 作为一个开源的动态服务发现和配置管理平台，为构建微服务架构提供了强大的支持。下面将介绍 Nacos 的基本知识，包括 Nacos 概述和 Nacos 实现服务注册与发现的工作流程。

2.2.1　Nacos 概述

Spring Cloud Alibaba 为微服务开发提供了一站式解决方案，Nacos 作为其核心组件之一，可以作为注册中心和配置中心使用。Nacos 的全称是 Dynamic Naming and Configuration Service（动态命名和配置服务），Nacos 中 Na 为 Naming 的前 2 个字母，用于表示服务注册中心，co 为 Configuration 的前两个字母，用于表示配置中心，最后的 s 为 Service 的首字母，用于表示服务。

Nacos 实现的服务注册中心和配置中心都以服务为核心，这种以服务为核心的设计使得 Nacos 能够更好地统一管理服务和配置信息。在 Nacos 中服务的定义主要包括以下几项内容。

（1）命名空间

命名空间（Namespace）是 Nacos 对不同运行环境或不同应用实现强制隔离的概念，通过命名空间可以将不同运行环境或不同应用之间的配置和服务相互隔离，避免了相互之间的干扰。Nacos 的服务需要使用命名空间来进行隔离，官方推荐使用运行环境（如开发环境、测试环境、生产环境等）来定义命名空间，默认情况下，命名空间的名称是空字符串。

（2）分组

分组（Group）是 Nacos 中次于命名空间的一种隔离概念，它与命名空间的主要区别在于分组具有较弱的隔离属性。分组用于在同一个命名空间下对服务实例进行逻辑上的划分，当一个应用有多个服务实例时，可以将相同业务类型或功能的实例进行逻辑分组。默认情况下，分组的名称是 DEFAULT_GROUP。

（3）服务名

服务名（Service Name）指的是系统中服务的实际名称，一般用于描述该服务所提供的某种功能或能力。

Nacos 将服务的定义拆分为命名空间、分组和服务名，这不仅方便了隔离使用场景，还方便了用户发现唯一服务的优点。在实际使用注册中心的场景中，同一家公司的不同开发者可能会开发出类似作用的服务，如果仅仅使用服务名定义和表示服务，容易在一些通用服务上出现冲突，比如登录服务等。

通常推荐使用将运行环境作为命名空间、应用名作为分组、服务功能作为服务名的组合来确保服务的天然唯一性，当然使用者可以忽略命名空间和分组，仅使用服务名作为服务唯一标识，但这就需要使用者在定义服务名时额外增加自己的规则来确保在使用中能够唯一定位到该服务，而不会出现错误的服务。

Nacos 是一个功能强大的工具，能够帮助开发者快速地实现服务发现、服务健康检查等功能，其主要的功能及特性具体如下。

1. 服务发现

Nacos 支持基于 DNS（Domain Name System，域名系统）和基于 RPC 的服务发现，使服务更为简便。一旦服务提供者注册了服务，服务消费者可以使用 DNS 或 HTTP 接口进行服务查找和发现。

2. 服务健康检查

Nacos 提供实时的服务健康检查功能，可以阻止向不健康的主机或服务实例发送请求。Nacos 支持传输层和应用层的健康检查，以及对于复杂的云环境和网络拓扑环境中服务的健康检查，Nacos 提供了 agent（代理）上报模式和服务端主动检测 2 种健康检查模式。另外 Nacos 还提供了统一的健康检查仪表盘，帮助开发者根据健康状态管理服务的可用性及流量。

3. 动态配置服务

动态配置服务可以让开发者以中心化、外部化和动态化的方式管理所有环境的应用配置和服务配置。通过使用动态配置服务，开发者可以避免在配置变更时重新部署应用和服务，从而提高配置管理的效率和灵活性。此外，配置中心化管理让实现无状态服务变得更简单，让服务按需弹性扩展变得更容易。

Nacos 提供了一个简洁易用的 UI（User Interface，用户界面）帮助开发者管理所有的服务和应用的配置。除此之外，Nacos 还提供了一些开箱即用的配置管理特性，例如配置版本跟踪、配置一键回滚，以及客户端配置更新状态跟踪等，帮助开发者更安全地在生产环境中管理配置变更和降低配置变更带来的风险。

4. 动态 DNS 服务

动态 DNS 服务支持权重路由，让开发者更容易实现中间层负载均衡、更灵活的路由策略、流量控制以及数据中心内网的简单 DNS 解析服务。通过使用动态 DNS 服务，开发者可以更轻松地实现以 DNS 协议为基础的服务发现。这有助于开发者避免依赖厂商私有服务发现 API 所带来的风险。

Nacos 提供基于 DNS 协议的服务发现能力，旨在支持异构语言的服务发现，它将在 Nacos 上注册的服务以域名的方式暴露端点，使第三方应用能够便捷地查阅及发现这些服务。

5. 服务及其元数据管理

Nacos 能让开发者从微服务平台建设的视角管理数据中心的所有服务及其元数据，包括管理服务的描述、生命周期、服务的静态依赖分析、服务的健康状态、服务的流量管理、路由及安全策略。

2.2.2　Nacos 实现服务注册与发现的工作流程

Nacos 分为服务端和客户端两部分，这两部分相辅相成、相互协助，其中，Nacos 服务端是使用 Java 语言编写的应用程序，用户可以通过 Nacos 官方指定的地址下载后对其进行运行。Nacos 服务端能够作为服务注册中心和配置中心使用，分别支持服务注册与发现，以及对各种服务的配置进行动态管理。Nacos 客户端一般指微服务架构中和服务端进行服务发现与配置管理等交互的各个服务，在服务中引入对应的依赖，即可实现在 Nacos 服务端中进行服务注册与发现以及配置的动态管理。

在后续章节中，我们将详细讲解 Nacos 作为配置中心的相关内容。而在本章中，我们将重点介绍 Nacos 的服务注册与发现功能，关于 Nacos 实现服务注册与发现的工作流程如图 2-1 所示。

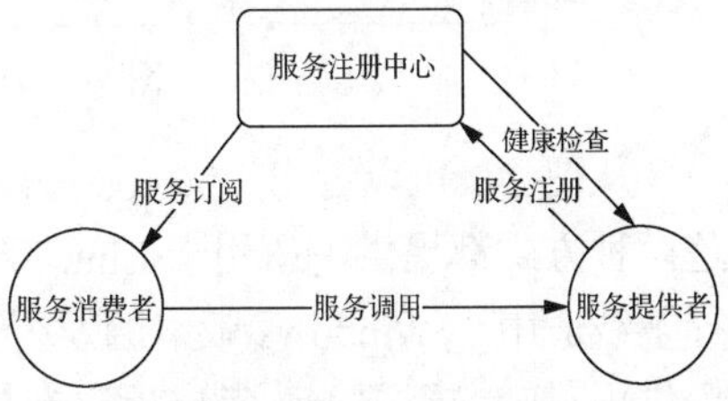

通过 Nacos 的注册中心，服务消费者和服务提供

图2-1　Nacos实现服务注册与发现的工作流程

者可以方便地感知对方的存在和状态，从而实现微服务架构中的服务调用。下面对 Nacos 实现服务注册与发现的工作流程进行详细说明，具体如下。

① Nacos 服务端启动后，服务提供者向服务注册中心进行服务注册，注册的信息包含服务的 IP 地址、端口号、服务名和服务实例等，以便其他服务消费者可以查找它。

② 服务注册中心将服务提供者的服务实例进行存储，并通过广播将服务信息传播给其他服务消费者，以便他们能够获取到最新的服务实例信息。

③ 当服务消费者需要调用某个服务时，它首先向服务注册中心发送服务订阅请求，以获取服务提供者的地址信息。

④ 服务注册中心根据服务消费者所订阅的服务名，从注册表中查询到相应的服务实例，并将其返回给服务消费者。

⑤ 服务消费者获得服务提供者的地址信息后，即可向对应的服务提供者发送请求，实现服务的调用。

⑥ 同时，服务注册中心会对服务提供者进行监控和健康检查，如果服务提供者宕机或下线，服务注册中心会发送相应的通知给服务消费者，服务消费者会从本地缓存中移除该服务实例，以确保服务调用的可靠性。

2.3　Nacos 实战入门

了解完 Nacos 的概念，以及服务注册与发现的工作流程后，本节将通过一个简单的入门程序，演示如何在 Spring Boot 项目中集成 Nacos 实现服务注册与发现。

2.3.1　搭建 Nacos 服务端环境

使用 Nacos 之前需要搭建服务端环境，搭建 Nacos 服务端环境主要包括 Nacos 服务端的下载和启动，下面对 Nacos 服务端的下载和启动进行讲解。

1．Nacos 服务端的下载

截至本书完稿之前，Nacos 官方推荐的稳定版本为 2.1.1，在 Nacos 官网中指定的下载页面对该版本进行下载。Nacos 服务端的 2.1.1 版本的下载页面如图 2-2 所示。

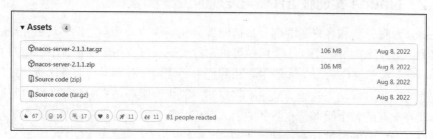

图2-2　Nacos服务端的2.1.1版本的下载页面

从图 2-2 可以看出，Nacos 提供了源代码和发行包两种方式来获取 Nacos 服务端，并且这两种方式都提供了适用于 Linux 系统和 Windows 系统的版本。为了方便案例演示，在此选择下载适用于 Windows 版本的发行包，即 nacos-server-2.1.1.zip。此外，本书的配套资源中也提供了对应的资源，读者也可以选择直接在配套资源中获取 nacos-server-2.1.1.zip。

2. Nacos 服务端的启动

将下载的 Nacos 发行包解压缩后就可以启动 Nacos 服务
端。在不包含中文和空格的路径下对 nacos-server-2.1.1.zip
进行解压缩，解压缩后，Nacos 的目录结构如图 2-3 所示。

在图 2-3 中，bin 文件夹用于存放 Nacos 的可执行命令，
这里可以找到启动 Nacos 服务端的脚本。conf 文件夹用于
存放 Nacos 的配置文件，可以在这里进行相关配置的修改。

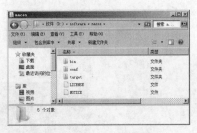

图2-3　Nacos的目录结构

target 文件夹用于存放 Nacos 的 JAR 包，这些 JAR 包包含 Nacos 的主要功能和依赖项。

Nacos 服务端的启动支持单机模式和集群模式，默认情况下直接双击 Nacos 目录中 bin
文件夹下的 startup.cmd，Nacos 服务端将会以集群模式启动。如果希望默认以单机模式启动
Nacos 服务端，可以通过文本编辑器打开 startup.cmd，将其中的 set MODE="cluster"修改为 set
MODE="standalone"，然后保存即可。

也可以使用下列命令，以单机模式启动 Nacos 服务端。

```
startup.cmd -m standalone
```

需要注意的是，Nacos 依赖 Java 环境来运行。启动 Nacos 服务端之前，需要确保当前系
统安装了 64 位 JDK（Java Development Kit，Java 开发工具包），并且版本号为 1.8 及以上。
此外，还需要设置 JAVA_HOME 环境变量，并且指定 JDK 的安装路径。

打开命令行窗口，在 Nacos 目录的 bin 文件夹下，使用命令以单机模式启动 Nacos 服务
端，具体如图 2-4 所示。

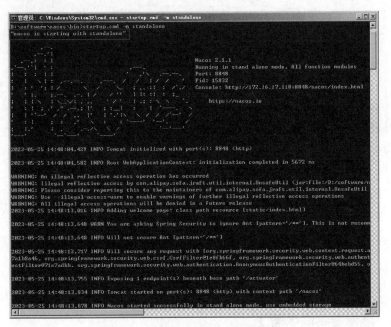

图2-4　以单机模式启动 Nacos服务端

从图 2-4 可以看到，命令行窗口中提示"nacos is starting with standalone"，说明 Nacos
服务端以单机模式启动，最后一行信息提示 Nacos 成功启动。

为了提供更强大的管理能力，Nacos 提供了相应的控制台，用于服务列表、健康状态管
理、服务治理、分布式配置管理等方面的管控。成功启动 Nacos 后，可以在浏览器中访问

http://localhost:8848/nacos 进入 Nacos 控制台管理页面，进入控制台管理页面之前需要进行登录，具体如图 2-5 所示。

图2-5　Nacos控制台登录页面

Nacos 为控制台的登录提供了默认的用户名和密码，默认的用户名为 nacos，默认的密码也为 nacos。使用默认的用户名和密码进行登录后，会跳转到 Nacos 控制台管理页面，具体如图 2-6 所示。

图2-6　控制台管理页面

从图 2-6 可以看到，Nacos 控制台管理页面提供了一系列功能，包括配置管理、服务管理、权限控制等，通过 Nacos 的控制台，可以方便地进行各组管理操作，降低管理微服务架构的成本。

2.3.2　搭建服务提供者

搭建好 Nacos 服务端环境后，可以创建服务并将其注册到 Nacos 注册中心。微服务架构中，服务指的是可以被其他服务调用或者需要通过其他服务来调用的应用程序。服务提供者和服务消费者是两个相对的概念，对外提供服务接口的服务通常称为服务提供者，调用其他服务提供的接口来完成自身业务逻辑的服务通常称为服务消费者。

下面，创建一个 Spring Boot 项目，在项目中搭建服务提供者，将项目中提供的服务注册到服务注册中心，以供服务消费者发现和调用，具体步骤如下。

1. 创建项目父工程

为了统一和规范项目依赖的版本，可以创建一个父工程，在父工程中指定所需的依赖版本。使用 Nacos 之前，需要配置具有 3.2.0 或更高版本的 Maven 环境。

在 IDEA 中创建一个名为 nacos-discovery 的 Maven 工程。创建完成后，在该工程的 pom.xml 文件中声明 Spring Cloud、Spring Cloud Alibaba、Spring Boot 的相关依赖。具体如文件 2-1 所示。

文件 2-1 nacos-discovery\pom.xml

```
1  <?xml version="1.0" encoding="UTF-8"?>
2  <project xmlns="http://maven.apache.org/POM/4.0.0"
3          xmlns:xsi="http://www.w3.org/2001/XMLSchema-instance"
4          xsi:schemaLocation="http://maven.apache.org/POM/4.0.0
5          http://maven.apache.org/xsd/maven-4.0.0.xsd">
6      <modelVersion>4.0.0</modelVersion>
7      <groupId>com.itheima</groupId>
8      <artifactId>nacos-discovery</artifactId>
9      <version>1.0-SNAPSHOT</version>
10     <properties>
11         <maven.compiler.source>11</maven.compiler.source>
12         <maven.compiler.target>11</maven.compiler.target>
13         <project.build.sourceEncoding>UTF-8</project.build.sourceEncoding>
14         <spring-cloud.version>2021.0.5</spring-cloud.version>
15         <spring-cloud-alibaba.version>
16         2021.0.5.0</spring-cloud-alibaba.version>
17         <spring-boot.version>2.6.13</spring-boot.version>
18     </properties>
19     <dependencyManagement>
20     <dependencies>
21         <dependency>
22             <groupId>org.springframework.cloud</groupId>
23             <artifactId>spring-cloud-dependencies</artifactId>
24             <version>${spring-cloud.version}</version>
25             <type>pom</type>
26             <scope>import</scope>
27         </dependency>
28         <dependency>
29             <groupId>com.alibaba.cloud</groupId>
30             <artifactId>spring-cloud-alibaba-dependencies</artifactId>
31             <version>${spring-cloud-alibaba.version}</version>
32             <type>pom</type>
33             <scope>import</scope>
34         </dependency>
35         <dependency>
36             <groupId>org.springframework.boot</groupId>
37             <artifactId>spring-boot-dependencies</artifactId>
38             <version>${spring-boot.version}</version>
39             <type>pom</type>
40             <scope>import</scope>
41         </dependency>
42     </dependencies>
43     </dependencyManagement>
44     <build>
45         <plugins>
46             <plugin>
```

```
47              <groupId>org.springframework.boot</groupId>
48              <artifactId>spring-boot-maven-plugin</artifactId>
49           </plugin>
50        </plugins>
51     </build>
52 </project>
```

在上述代码中，第 19～43 行代码的<dependencyManagement>标签中声明了 Spring Cloud、Spring Cloud Alibaba、Spring Boot 的相关依赖，结合第 10～18 行定义的依赖版本号集中对这些依赖进行版本的管理。其中第 21～27 行代码声明了 Spring Cloud 的依赖，第 28～34 行代码声明了 Spring Cloud Alibaba 的依赖，第 35～41 行代码声明了 Spring Boot 的依赖。

2. 创建服务提供者模块

下面创建一个服务提供者的模块。在 nacos-discovery 工程中创建一个名为 quickstart-provider 的 Maven 子模块。为了在该子模块中使用 Nacos 的服务注册与发现，需要在模块的 pom.xml 文件中引入 Nacos 服务发现的相关依赖。同时，由于项目创建完成后需要进行 Web 相关的操作，因此还需要引入 Spring Boot 的 Web 场景启动器，具体如文件 2-2 所示。

文件 2-2　quickstart-provider\pom.xml

```
1  <?xml version="1.0" encoding="UTF-8"?>
2  <project xmlns="http://maven.apache.org/POM/4.0.0"
3          xmlns:xsi="http://www.w3.org/2001/XMLSchema-instance"
4          xsi:schemaLocation="http://maven.apache.org/POM/4.0.0
5          http://maven.apache.org/xsd/maven-4.0.0.xsd">
6     <parent>
7        <artifactId>nacos-discovery</artifactId>
8        <groupId>com.itheima</groupId>
9        <version>1.0-SNAPSHOT</version>
10    </parent>
11    <modelVersion>4.0.0</modelVersion>
12    <artifactId>quickstart-provider</artifactId>
13    <properties>
14       <maven.compiler.source>11</maven.compiler.source>
15       <maven.compiler.target>11</maven.compiler.target>
16       <project.build.sourceEncoding>UTF-8</project.build.sourceEncoding>
17    </properties>
18    <dependencies>
19       <dependency>
20          <groupId>com.alibaba.cloud</groupId>
21       <artifactId>
22          spring-cloud-starter-alibaba-nacos-discovery</artifactId>
23       </dependency>
24       <dependency>
25          <groupId>org.springframework.boot</groupId>
26          <artifactId>spring-boot-starter-web</artifactId>
27       </dependency>
28    </dependencies>
29 </project>
```

在上述代码中，第 19～23 行代码引入了 Nacos 的服务发现相关依赖，这些依赖提供了一些便捷的配置和封装，使得开发人员能够轻松地在 Spring Cloud 应用程序中使用 Nacos 进行服务注册与发现。第 24～27 行代码引入了 Spring Boot 的 Web 场景启动器依赖。

3. 配置服务提供者信息

设置完 quickstart-provider 模块的依赖之后，往 Nacos 服务端注册服务之前，需要在项目中配置应用程序连接 Nacos 的基本信息。在 quickstart-provider 模块中创建全局配置文件

application.yml，并在该配置文件中配置服务名称、Nacos 服务端地址等信息，具体如文件 2-3 所示。

文件 2-3 quickstart-provider\src\main\resources\application.yml

```
1  server:
2    #启动端口
3    port: 8001
4  spring:
5    application:
6      #服务名称
7      name: quickstart-provider
8    cloud:
9      nacos:
10      discovery:
11        # Nacos 服务端的地址
12        server-addr: 127.0.0.1:8848
```

在上述代码中，使用 spring.application.name 指定当前服务的名称为 quickstart-provider，使用 spring.cloud.nacos.discovery.server-addr 配置项指定 Nacos 服务端的地址，其中 127.0.0.1 表示 Nacos 服务端部署在本地，8848 为 Nacos 服务端的默认端口。

4. 创建控制器类

在 quickstart-provider 模块的 java 目录下创建包 com.itheima.controller，在该包下创建名为 ProviderController 的控制器类，并在该类中定义相应的方法处理请求，具体如文件 2-4 所示。

文件 2-4 ProviderController.java

```
1  import org.springframework.beans.factory.annotation.Value;
2  import org.springframework.web.bind.annotation.GetMapping;
3  import org.springframework.web.bind.annotation.PathVariable;
4  import org.springframework.web.bind.annotation.RestController;
5  @RestController
6  public class ProviderController {
7      @Value("${spring.application.name}")
8      private String appName;
9      @Value("${server.port}")
10     private String serverPort;
11     @GetMapping(value = "/nacos/service/{str}")
12     public String getNacosService(@PathVariable("str") String str) {
13         return "<h2>服务访问成功! </h2>服务名称: "+appName+", 端口号: "
14             + serverPort +"<br /> 传入的参数: " + str;
15     }
16  }
```

在上述代码中，第 5~16 行代码定义名为 ProviderController 的控制器类，其中第 7~10 行代码用于将全局配置文件中的 spring.application.name 和 server.port 属性值注入变量 appName 和 serverPort 中。第 11~15 行代码中定义方法 getNacosService()用于映射 URL（Uniform Resource Locator，统一资源定位符）为"/nacos/service/{str}"的请求，并返回当前服务的名称、端口号、传入的参数。

5. 创建项目启动类

Spring Cloud 提供了@EnableDiscoveryClient 注解，用于启用服务注册与发现功能。服务提供者使用该注解后，项目启动后会自动将当前项目中的服务注册到注册中心，从而使得服务消费者能够通过注册中心发现可用的服务。

在 quickstart-provider 模块的 com.itheima 包下创建项目的启动类 NacosProviderApp，在

该类上使用@EnableDiscoveryClient 注解进行标注，声明当前项目在启动后会自动将服务注册到 Nacos 服务注册中心，具体如文件 2-5 所示。

文件 2-5　NacosProviderApp.java

```
1  import org.springframework.boot.SpringApplication;
2  import org.springframework.boot.autoconfigure.SpringBootApplication;
3  import org.springframework.cloud.client.discovery.EnableDiscoveryClient;
4  @SpringBootApplication
5  @EnableDiscoveryClient
6  public class NacosProviderApp {
7      public static void main(String[] args) {
8          SpringApplication.run(NacosProviderApp.class, args);
9      }
10 }
```

在上述代码中，第 5 行代码使用@EnableDiscoveryClient 注解启用当前项目 Spring Cloud 的服务注册与发现功能。不过从 Spring Cloud 的 Edgware 版本开始，只需要引入 Spring Cloud 服务注册与发现组件 spring-cloud-alibaba-dependencies，Spring Cloud 会自动开启服务注册与发现的功能，因此可以不使用 @EnableDiscoveryClient 注解进行标注。

6．测试服务提供效果

执行文件 2-5 启动服务 quickstart-provider，在浏览器中访问 http://localhost:8001/nacos/service/东方红一号，效果如图 2-7 所示。

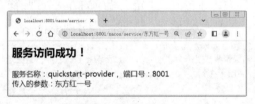

图2-7　访问处理器

从图 2-7 中可以看到页面中显示服务名称等相关信息，说明服务启动成功，此时 quickstart-provider 服务将会被注册到 Nacos 注册中心。一旦服务注册完成，开发人员可以通过 Nacos 的控制台查看服务的注册情况。

登录 Nacos 控制台后，进入服务管理的服务列表，可以看到包括当前系统注册的所有服务以及每个服务的详情，具体如图 2-8 所示。

图2-8　服务列表

从图 2-8 中可以看到服务列表通过表格展示服务的服务名、分组名称、集群数目、实例数、健康实例数等信息，当前服务列表中包含一个名为 quickstart-provider 的服务，说明服务成功注册到 Nacos 注册中心。

2.3.3　搭建服务消费者

为了测试服务的消费，下面创建一个 Spring Boot 项目，并在项目中搭建一个服务消费者，通过服务消费者消费注册中心中注册的服务，具体步骤如下。

1.　创建服务消费者模块

在 nacos-discovery 工程中创建一个名为 quickstart-consumer 的 Maven 子模块作为服务消费者。为了能够使用 Nacos 的服务注册与发现，以及 Web 应用的操作，同样需要在 quickstart-consumer 模块的 pom.xml 文件中引入 Nacos 服务发现的相关依赖和 Spring Boot 的 Web 场景启动器，具体如文件 2-6 所示。

文件 2-6　quickstart-consumer\pom.xml

```
1  <?xml version="1.0" encoding="UTF-8"?>
2  <project xmlns="http://maven.apache.org/POM/4.0.0"
3         xmlns:xsi="http://www.w3.org/2001/XMLSchema-instance"
4         xsi:schemaLocation="http://maven.apache.org/POM/4.0.0
5         http://maven.apache.org/xsd/maven-4.0.0.xsd">
6    <parent>
7      <artifactId>nacos-discovery</artifactId>
8      <groupId>com.itheima</groupId>
9      <version>1.0-SNAPSHOT</version>
10   </parent>
11   <modelVersion>4.0.0</modelVersion>
12   <artifactId>quickstart-consumer</artifactId>
13   <properties>
14     <maven.compiler.source>11</maven.compiler.source>
15     <maven.compiler.target>11</maven.compiler.target>
16     <project.build.sourceEncoding>UTF-8</project.build.sourceEncoding>
17   </properties>
18   <dependencies>
19     <dependency>
20       <groupId>com.alibaba.cloud</groupId>
21       <artifactId>
22        spring-cloud-starter-alibaba-nacos-discovery</artifactId>
23     </dependency>
24     <dependency>
25       <groupId>org.springframework.boot</groupId>
26       <artifactId>spring-boot-starter-web</artifactId>
27     </dependency>
28   </dependencies>
29 </project>
```

2.　配置服务消费者信息

设置完 quickstart-consumer 模块的依赖之后，往 Nacos 服务端注册服务之前，需要在项目中配置应用程序连接 Nacos 的基本信息。在 quickstart-consumer 模块中创建全局配置文件 application.yml，并在该配置文件中配置服务名称、Nacos 服务端地址等信息，具体如文件 2-7 所示。

文件 2-7　quickstart-consumer\src\main\resources\application.yml

```
1  server:
2   #启动端口
3   port: 8002
4  spring:
5   application:
6    #服务名称
7    name: quickstart-consumer
8   cloud:
9    nacos:
10    discovery:
11     # Nacos 服务端的地址
12     server-addr: 127.0.0.1:8848
```

在上述代码中，使用 spring.application.name 指定当前服务的名称为 quickstart-consumer，使用 spring.cloud.nacos.discovery.server-addr 配置指定 Nacos 服务端的地址。

3. 创建项目启动类

当服务提供者和服务消费者位于不同项目中时，服务消费者调用服务提供者所提供的服务属于远程调用。服务提供者所提供的服务可以通过 HTTP 方式访问，因此，服务消费者可以使用 HTTP 请求的相关工具类完成服务远程调用，如 Spring 提供的 RestTemplate。

RestTemplate 是 Spring 框架提供的用于进行 HTTP 通信的类，它提供了一组方法，用于发送不同类型的 HTTP 请求，如 GET、POST、PUT、DELETE 等。使用 RestTemplate 可以很方便地调用外部的 RESTful 服务，开发者不需要手动构建 HTTP 请求、处理参数和响应体等细节，只需要专注于业务逻辑的实现。

使用 RestTemplate 发送 GET 类型的 HTTP 请求，常用的方法有 getForObject()，该方法的签名如下。

```
<T> T getForObject(String url, Class<T> responseType [, Object... uriVariables])
```

在上述代码中，参数 url 表示请求的 URL 地址，参数 responseType 表示响应体的类型，即希望将响应体转换成的对象类型。参数 uriVariables 为可选参数，表示 URL 中的占位符参数。

在 quickstart-consumer 模块的 java 目录下创建包 com.itheima，在包下创建项目的启动类，并且在该启动类中创建一个 RestTemplate 对象交给 Spring 管理，具体如文件 2-8 所示。

文件 2-8　NacosConsumerApp.java

```
1  import org.springframework.boot.SpringApplication;
2  import org.springframework.boot.autoconfigure.SpringBootApplication;
3  import org.springframework.context.annotation.Bean;
4  import org.springframework.web.client.RestTemplate;
5  @SpringBootApplication
6  public class NacosConsumerApp {
7    public static void main(String[] args) {
8      SpringApplication.run(NacosConsumerApp.class, args);
9    }
10   //创建 RestTemplate 对象交给 Spring 管理
11   @Bean
12   public RestTemplate getRestTemplate() {
13     return new RestTemplate();
14   }
15 }
```

4. 创建控制器类

Nacos 提供了一个用于服务发现的客户端工具类 NacosServiceDiscovery，通过该类提供的

getInstances()方法，可以获取注册中心中指定服务实例的列表，服务实例列表中的每个实例都包含实例的主机名、端口号等信息。对此可以通过 NacosServiceDiscovery 获取 Nacos 注册中心中服务提供者的主机名和端口号，然后根据获取到的信息调用服务提供者提供的服务。

在 quickstart-consumer 模块的 java 目录下创建包 com.itheima.controller，在该包下创建名为 ConsumerController 的控制器类，并在该类中自定义方法，在该方法中使用 RestTemplate 远程调用服务提供者所提供的服务，具体如文件 2-9 所示。

文件 2-9　ConsumerController.java

```
1  import com.alibaba.cloud.nacos.discovery.NacosServiceDiscovery;
2  import com.alibaba.nacos.api.exception.NacosException;
3  import org.springframework.beans.factory.annotation.Autowired;
4  import org.springframework.cloud.client.ServiceInstance;
5  import org.springframework.web.bind.annotation.GetMapping;
6  import org.springframework.web.bind.annotation.PathVariable;
7  import org.springframework.web.bind.annotation.RestController;
8  import org.springframework.web.client.RestTemplate;
9  @RestController
10 public class ConsumerController {
11     @Autowired
12     private RestTemplate restTemplate;
13     @Autowired
14     private NacosServiceDiscovery serviceDiscovery;
15     @GetMapping(value = "/nacos/consumer/{str}")
16     public String getService(@PathVariable("str") String str) throws
17         NacosException {
18         //从 Nacos 中获取服务地址
19         ServiceInstance serviceInstance =
20             serviceDiscovery.getInstances("quickstart-provider").get(0);
21         String url = serviceInstance.getHost() + ":" +
22             serviceInstance.getPort();
23         return restTemplate.getForObject("http://" + url + "/nacos/service/"+
24             str, String.class);
25     }
26 }
```

在上述代码中，第 9～26 行代码定义了一个名为 ConsumerController 的控制器类，其中第 11～14 行代码注入了 RestTemplate 对象和 NacosServiceDiscovery 对象。第 19～22 行代码用于获取 Nacos 注册中心中名为 quickstart-provider 的服务的主机名和端口号；第 23～24 行代码中通过 RestTemplate 对象携带传入的 str 参数，向获取到的服务地址发送了一个服务调用请求。

5. 测试服务调用效果

依次启动 Nacos 服务端、quickstart-provider、quickstart-consumer，在浏览器中访问 http://localhost:8002/nacos/consumer/天问一号，效果如图 2-9 所示。

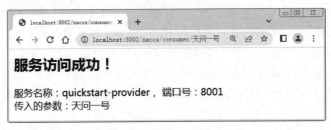

图2-9　服务远程调用（1）

从图 2-9 可以看到页面中显示了服务提供者 quickstart-provider 对应的服务名称等信息，说明基于 Nacos 的服务注册与发现已经成功实现，服务消费者 quickstart-consumer 成功远程调用服务提供者 quickstart-provider 中提供的 RESTful 服务。

2.4　Nacos 服务端集群部署

基于微服务架构的系统中，通常会有十几个、几十个，甚至数百个服务，如果将这些服务全部注册到同一个 Nacos 服务端上，很容易使这个 Nacos 服务端过载，从而导致整个微服务系统瘫痪。解决此问题最直接的方法之一是使用 Nacos 服务端集群部署，集群部署可以保障系统的高可用性。在 Nacos 服务端的集群中，只要不是所有 Nacos 服务端都停止工作，Nacos 客户端便可从集群中正常获取服务信息及配置，保障系统的正常运行。

图 2-10 展示了 Nacos 服务端集群部署的基本架构。

下面通过案例演示 Nacos 集群部署，以及基于集群的服务调用效果。创建 3 个或 3 个以上 Nacos 节点才能构成集群，在实际开发中，通常会将 Nacos 集群中的不同节点部署在不同的机器上。为了便于演示，选择在 Windows 系统中进行 Nacos 的集群部署，并且将 Nacos 集群中所有的节点都部署在本地计算机，具体实现如下。

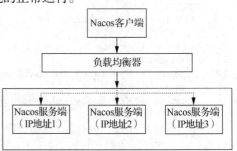

图2-10　Nacos服务端集群部署的基本架构

1. 安装 Nacos

将 Nacos 发行包解压缩后对应的文件夹复制 3 份，为了方便区分，分别将复制后的 Nacos 文件夹重命名为 nacos01、nacos02、nacos03。

2. 修改配置文件

本次演示 Nacos 集群部署所使用的 Nacos 都安装在本地，为了能正常访问到所有节点的 Nacos 服务端，可以修改 Nacos 的端口进行区分，在此对 3 个 Nacos 节点的 IP 地址和端口进行设置，如表 2-1 所示。

表 2-1　Nacos 节点的 IP 地址和端口设置

节点	IP 地址	端口
nacos01	172.16.17.118	8811
nacos02	172.16.17.118	8822
nacos03	172.16.17.118	8833

表 2-1 中，IP 地址为 Nacos 所在计算机的 IP 地址。Nacos 集群部署时，不推荐使用 localhost 或 127.0.0.1 的方式指定本地计算机的 IP 地址。端口需要自定义，但是要注意 Nacos 2.0 相比 Nacos 1.x 新增了 gRPC 的通信方式，会在主端口基础上生成另外两个端口，这些端口相对主端口有一定的偏移量。因此，在自定义端口时，建议不要设置连续的端口，以避免可能的端口冲突。

在 nacos01、nacos02、nacos03 目录的 conf 文件夹中，将 cluster.conf.example 都重命名为

cluster.conf，并将该文件中#example 之后的 IP 地址信息都进行修改，修改后的内容具体如下。

```
#ip:port
172.16.17.118:8811
172.16.17.118:8822
172.16.17.118:8833
```

在 nacos01、nacos02、nacos03 目录下的 conf 文件夹中的 application.properties 文件中，将 server.port 的值都修改为表 2-1 中对应 Nacos 节点的端口，并使用 nacos.inetutils.ip-address 属性指定当前节点具体的 IP 地址。以设置 nacos01 节点为例，具体如下。

```
server.port=8811
nacos.inetutils.ip-address=172.16.17.118
```

上述内容是关于在 nacos01 节点中设置 application.properties 文件的相关信息，读者可自行根据上述内容修改 nacos02 和 nacos03 节点中的文件。

Nacos 提供了内置数据源和外置数据源两种方式存储数据。Nacos 默认使用内置数据源，无须进行额外配置。若想使用外置的 MySQL 数据源存储 Nacos 的数据，需要按照以下步骤设置。

① 安装 MySQL 数据库，版本要求 5.6.5 以上。

② 初始化数据库。Nacos 提供了数据库初始化的脚本文件，路径为${nacoshome}/conf/nacos-mysql.sql，其中${nacoshome}为 Nacos 的安装路径。新建数据库 nacos_config，在 MySQL 客户端中执行${nacoshome}/conf/nacos-mysql.sql 的脚本文件，完成数据库的初始化。

③ 修改${nacoshome}/conf/application.properties 文件，添加 MySQL 数据源的 URL、用户名和密码等信息。

在 Nacos 的 application.properties 文件中配置外置 MySQL 数据源的示例，具体如下。

```
### Count of DB:
db.num=1
### Connect URL of DB:
db.url.0=jdbc:mysql://127.0.0.1:3306/nacos?characterEncoding=utf8&connectTime
out=1000&socketTimeout=3000&autoReconnect=true&useUnicode=true&useSSL=false&serve
rTimezone=UTC
db.user.0=nacos
db.password.0=nacos
```

在上述代码中，db.num 用于设置数据源的个数，数据源信息包括 db.url、db.user 和 db.password，其中 db.url 用于指定数据源连接信息，db.user 和 db.password 分别表示连接数据源的用户名和密码。如果有多个数据源，通过".索引"的方式区分数据源信息，索引从 0 开始。

本案例的重点是演示 Nacos 的集群部署，并选择使用默认内置的数据源。

3. 以集群模式启动 Nacos

完成 Nacos 所有节点的信息设置后，依次启动 Nacos。以集群模式并且使用内置数据源启动 Nacos 的命令如下。

```
startup.cmd -m cluster -p embedded
```

上述命令通过执行 startup.cmd 脚本来启动 Nacos 节点，其中"-m cluster"表示启动模式为 cluster，即集群模式，"-p embedded"表示使用内置的数据源。

打开 3 个命令行窗口，分别进入 nacos01、nacos02、nacos03 的 bin 目录，并在该目录中执行"startup.cmd -m cluster -p embedded"命令启动 Nacos。以 nacos03 为例，启动信息如图 2-11 所示。

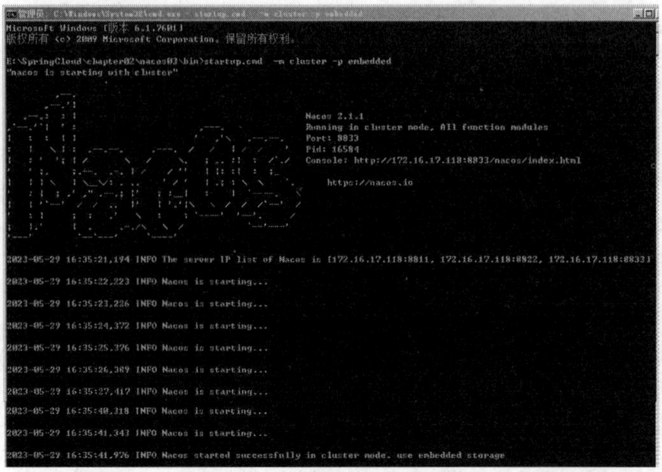

图2-11　nacos03启动信息

从图 2-11 可以看到，执行启动命令后，命令行窗口中提示 "nacos is starting with cluster"，说明当前 Nacos 以集群模式进行启动，最后一行提示信息表明 Nacos 启动成功。

此时，访问任何一个节点的 Nacos 控制台都能看到当前集群的启动情况。以访问 nacos01 的控制台为例，查看集群管理中的节点列表，具体如图 2-12 所示。

图2-12　集群管理的节点列表

从图 2-12 可以看出，当前 Nacos 集群的节点列表中包含 3 个节点。它们的 IP 地址分别为 172.16.17.118:8811、172.16.17.118:8822、172.16.17.118:8833，节点状态为 UP，说明 nacos01、nacos02、nacos03 都成功以集群方式启动，并且当前 3 个节点处于在线状态。

4. 配置客户端信息

在 quickstart-provider 和 quickstart-consumer 模块的 application.yml 文件中，将 spring.cloud.nacos.discovery.server-addr 属性的值都设置为 Nacos 集群管理的节点列表中所有节点的 IP 地址，具体如文件 2-10 和文件 2-11 所示。

文件 2-10　quickstart-provider\src\main\resources\application.yml

```
1  server:
2    #启动端口
3    port: 8001
4  spring:
5    application:
```

```
6      #服务名称
7      name: quickstart-provider
8    cloud:
9      nacos:
10      discovery:
11       server-addr:
12        172.16.17.118:8811,172.16.17.118:8822,172.16.17.118:8833
```

文件 2-11　quickstart-consumer\src\main\resources\application.yml

```
1   server:
2    #启动端口
3    port: 8002
4   spring:
5    application:
6      #服务名称
7      name: quickstart-consumer
8    cloud:
9      nacos:
10      discovery:
11       server-addr:
12        172.16.17.118:8811,172.16.17.118:8822,172.16.17.118:8833
```

5. 测试集群模式

在 IDEA 中依次启动 quickstart-provider 和 quickstart-consumer，在浏览器中访问 http://localhost:8002/nacos/consumer/天宫空间站，效果如图 2-13 所示。

图2-13　服务远程调用（2）

从图 2-13 可以看到，页面中显示了服务提供者 quickstart-provider 对应的服务名称等信息，说明服务消费者 quickstart-consumer 成功远程调用服务提供者 quickstart-provider 中提供的 RESTful 服务。

为了演示当 Nacos 集群中的一个节点下线或宕机后，服务消费者远程调用服务提供者中提供的 RESTful 服务的效果，在此需要下线 Nacos 集群中的一个节点。以下线 nacos03 为例，关闭 nacos03 对应的命令行窗口，此时再刷新图 2-12 所示的页面，效果如图 2-14 所示。

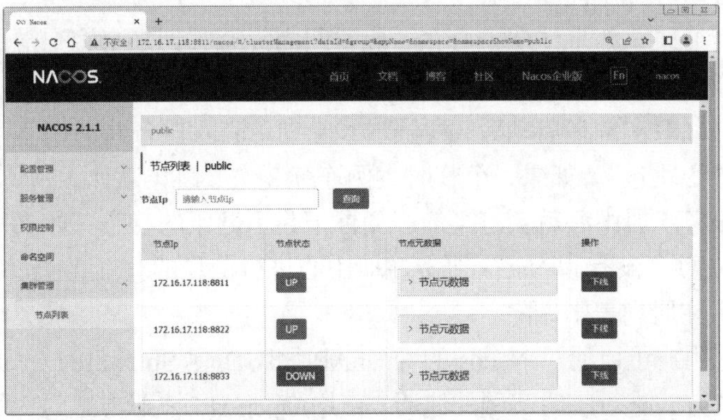

图2-14　下线nacos03后的集群节点列表

从图 2-14 可以看到，集群节点列表中 nacos03 对应的节点状态为 DOWN，说明 nacos03 节点已经下线。

此时，在浏览器中访问 http://localhost:8002/nacos/consumer/天和核心舱，效果如图 2-15 所示。

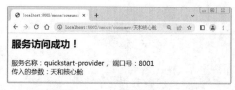

图2-15 服务远程调用（3）

从图 2-15 可以得出，服务消费者 quickstart-consumer 成功远程调用服务提供者 quickstart-provider 中提供的 RESTful 服务，说明 Nacos 集群中某一个节点下线或者宕机后，不会造成整个系统的崩溃。通过 Nacos 的集群部署，可以提高系统的高可用性，确保系统在面对节点故障时仍能正常运行。

2.5 Nacos 健康检查机制

Nacos 注册中心为了确保服务实例能够正常提供服务，不仅提供服务注册与发现功能，还会对服务可用性进行监测，对不健康的和过期的服务进行标识或剔除，维护实例的生命周期，以保证客户端尽可能地查询到可用的服务列表。下面，将对 Nacos 注册中心中的健康检查机制进行讲解。

注册中心对服务的健康检查有两种方式，第一种方式是客户端主动上报，即客户端定期向注册中心上报自身的健康状态。如果在一段时间内没有收到客户端的上报，那么注册中心会认为服务为不健康状态。第二种方式是服务端主动探测，即服务端会主动向客户端发送探测请求，检查客户端是否能够响应探测请求，如果服务端无法通过探测请求与客户端进行连接，注册中心会将该服务标记为不健康状态。

在当前主流的服务注册中心中，常采用 TTL（Time To Live，存活时间）机制进行服务的健康检查，该机制指的是如果服务的客户端在一定时间内没有向服务注册中心发送心跳，那么服务注册中心会认为此服务不健康，进而触发后续的剔除逻辑。此外，对于主动探测方式，不同的注册中心会根据具体场景采用不同的处理方式。Nacos 提供了两种服务类型供用户注册实例时选择，分别为临时实例和永久实例，Nacos 对不同类型的注册实例使用的健康检查机制也不相同，具体如下。

1. 临时实例健康检查机制

临时实例只临时存在于注册中心中，在服务下线或不可用时被注册中心剔除。临时实例会与注册中心保持心跳，如果注册中心在一段时间内没有收到来自客户端的心跳，则会将该实例设置为不健康，并在一段时间后将其剔除。

默认情况下，临时实例在启动后，每隔 5 秒会向 Nacos 服务注册中心发送一个包含当前服务基本信息的"心跳包"。如果一个临时实例连续 3 次心跳（默认 15 秒）没有和 Nacos 进行信息的交互，服务注册中心就会将当前服务标记为不健康的状态。如果一个临时实例连续 6 次心跳（默认 30 秒）没有和 Nacos 服务注册中心进行信息的交互，Nacos 服务注册中心会将这个临时实例从注册列表中剔除。

在 Nacos 中，用户可以通过 Nacos 的 OpenAPI 和 SDK（Software Development Kit，软件开发工具包）两种方式进行临时实例的注册。使用 OpenAPI 注册方式时，用户会根据自身需求调用 HTTP 接口对服务进行注册，并通过 HTTP 接口向注册中心发送心跳。在注册服务的同时会注册一个全局的客户端心跳检测的任务。当任务在一段时间内没有收到来自客户端的心跳后，该任务会将客户端标记为不健康，如果在此之后一定时间内还未收到心跳，那么该任务会将客户端剔除。

Nacos 2.x 中，使用 SDK 注册方式实际是通过 RPC 与注册中心保持连接，客户端会定时地通过 RPC 连接向 Nacos 服务注册中心发送心跳，保持连接的存活。如果客户端和注册中心的连接断开，那么注册中心会主动剔除该客户端所注册的服务，达到下线的效果。同时 Nacos 注册中心还会在启动时，注册一个清除过期客户端的定时任务，用于清除那些健康状态超过一定时间的客户端，以保证注册列表的健康和清洁。

临时实例健康检查机制如图 2-16 所示。

图2-16　临时实例健康检查机制

2. 永久实例健康检查机制

默认情况下，Nacos 服务注册中心中注册的服务都是临时实例，如果想标记一个服务为永久实例，可以在 application.yml 配置文件中，通过配置 spring.cloud.nacos.discovery.ephemeral 属性实现，配置的示例如下。

```
spring:
  cloud:
    nacos:
      discovery:
        ephemeral: false
```

在上述代码中，spring.cloud.nacos.discovery.ephemeral 属性用于指定当前项目启动时注册到 Nacos 中的实例类型，其值默认为 true，即注册的实例类型为临时实例。这里设置为 false 表示注册的实例类型为永久实例。

对于永久实例，它们会永久地存在于注册中心，直到被手动删除。Nacos 采用注册中心探测机制进行永久实例的健康检查，而不是依靠服务实例主动向注册中心上报心跳。

在永久实例初始化时，服务注册中心会根据客户端选择的协议类型注册探测的定时任务。Nacos 内置了三种探测的协议：HTTP、TCP 以及 MySQL。一般情况下，HTTP 和 TCP 已经可以满足绝大多数的健康检查场景需要。MySQL 协议主要用于特殊的健康检查场景，例如数据库的主备架构中，需要通过服务名对外提供访问，并需要确定当前访问数据库是否为主库，此时的健康检查接口是一个检查数据库是否为主库的 MySQL 命令。永久实例健康检查机制如图 2-17 所示。

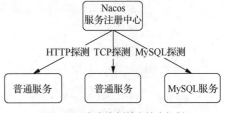

图2-17　永久实例健康检查机制

永久实例在被主动删除前一直存在，即使在注册实例的客户端进程已经停止的情况下，Nacos 服务注册中心也会定时执行健康探测任务，持续探测服务的健康状态，并且将无法探测成功的实例标记为不健康，直到主动删除。

2.6　本章小结

　　本章主要对 Nacos 的服务注册与发现进行了讲解。首先讲解了服务注册与发现机制；然后讲解了 Nacos 简介；接着通过实战案例进行了 Nacos 入门演示，展示了如何搭建 Nacos 服务端环境、服务提供者以及服务消费者；最后讲解了 Nacos 服务端集群部署和 Nacos 健康检查机制。通过本章的学习，读者可以对 Nacos 的服务注册与发现有一个初步认识，为后续学习 Spring Cloud 做好铺垫。

2.7　本章习题

一、填空题

　　1. _____是服务注册与发现机制中负责管理和维护服务的注册信息的核心组件。

　　2. Nacos 服务端能够作为服务注册中心和_____使用，分别支持服务注册与发现。

　　3. 如果直接双击 Nacos 目录中 bin 文件夹下的 startup.cmd，Nacos 将会以_____模式启动。

　　4. Spring Cloud 提供了_____注解，用于启用服务注册与发现功能。

　　5. Nacos 提供了两种服务类型供用户注册实例时选择，分别为临时实例和_____实例。

二、判断题

　　1. 服务注册是指将一个服务的信息注册到服务注册中心中。（　　　）

　　2. 默认情况下，Nacos 中服务的分组名称是 DEFAULT_GROUP。（　　　）

　　3. Nacos 服务端不支持集群模式的启动。（　　　）

　　4. 登录 Nacos 控制台的默认用户名和密码都为 admin。（　　　）

　　5. spring.cloud.nacos.discovery.server-addr 配置项用于指定 Nacos 服务端的地址。（　　　）

三、选择题

　　1. 下列选项中，服务注册与发现机制不能解决的问题是（　　　）。

　　　　A. 链路追踪

　　　　B. 动态更新可用的服务实例列表

　　　　C. 负载均衡

　　　　D. 故障转移和熔断

　　2. 下列选项中，对于服务注册与发现机制的实现描述错误的是（　　　）。

　　　　A. 当服务提供者的实例发生变化时，服务注册中心需要通知服务消费者同步最新的服务实例地址列表

　　　　B. 服务注册的自注册模式下，服务实例自主实现服务注册和注销

　　　　C. 服务发现的客户端发现模式中，客户端负责确定服务提供者的可用实例地址列表和负载均衡策略

　　　　D. 服务发现的服务端发现模式中，服务客户端与服务注册中心实现了解耦

3. 下列选项中，对于 RestTemplate 的描述错误的是（　　　）。

   A. RestTemplate 是 Spring 框架提供的用于进行 HTTP 通信的类

   B. 通过 RestTemplate 默认只能发送 GET 请求

   C. 使用 RestTemplate 可以调用外部的 RESTful 服务

   D. 使用 getForObject()方法时，需要指定请求的 URL 地址

4. 下列选项中，对于 Nacos 的集群部署描述错误的是（　　　）。

   A. 将 Nacos 服务器部署为集群，可以提高系统的高可用性

   B. 创建一个 Nacos 节点就能构成集群

   C. 使用命令 "startup.cmd　-m cluster" 启动 Nacos，表示启动模式为集群模式

   D. Nacos 集群中某一个节点下线或者宕机后，不会造成整个系统的崩溃

5. 下列选项中，关于 Nacos 健康检查机制的临时实例说法错误的是（　　　）。

   A. 临时实例只临时存在于注册中心中

   B. 临时实例在服务下线或不可用时不会被注册中心剔除，只能手动进行剔除

   C. 默认情况下，Nacos 服务注册中心中注册的服务都是临时实例

   D. 默认情况下，临时实例在启动后，每隔 5 秒会向 Nacos 服务注册中心发送一个包含当前服务基本信息的 "心跳包"

第 3 章

负载均衡组件

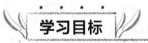
◆ 了解负载均衡概况，能够简述负载均衡的作用，以及服务端负载均衡和客户端负载均衡的区别

◆ 熟悉 Ribbon 概况，能够简述 Ribbon 是什么，以及 Ribbon 内置的负载均衡策略

◆ 掌握 Ribbon 入门案例，能够在 Spring Boot 项目中使用 Ribbon 实现负载均衡

◆ 掌握 Spring Cloud LoadBalancer 快速入门案例，能够使用 Spring Cloud LoadBalancer 实现负载均衡

拓展阅读

在微服务架构中，服务的数量和状态随时在变化，为了提高系统的稳定性和可靠性，需要确保每个请求都被正确地分配到可用的服务实例上，并且负载也被均匀分配到服务实例上，这就需要使用负载均衡实现。Ribbon 和 Spring Cloud LoadBalancer 是微服务架构中常用的负载均衡组件，本章将基于 Ribbon 和 Spring Cloud LoadBalancer 对负载均衡组件进行讲解。

3.1 负载均衡概述

负载均衡（Load Balancing）是一种网络技术，通过将数据、请求等网络流量分配到多台服务器上处理，从而增强数据处理能力、增加吞吐量、提高网络可用性和灵活性、提升系统性能。在现代计算机系统中，负载均衡具有重要的地位，并广泛应用于互联网、云计算、大数据等领域。

在 Web 架构中，负载均衡器通常是一个重要的组成部分，它可以帮助 Web 应用程序提高性能和可用性，如果 Web 架构中不使用负载均衡可能会遇到许多挑战。不使用负载均衡的 Web 架构，如图 3-1 所示。

图3-1　不使用负载均衡的Web架构

在图 3-1 中，客户端通过网络与 Web 服务端相连，当大量用户同时访问服务器时，如果超过其处理能力，会导致响应速度变慢或服务器宕机等问题，从而影响用户体验。

对此，可以在后端引入一个负载均衡器和至少一个额外的 Web 服务器缓解这类问题。通常情况下，所有的后端服务器会保证提供相同的内容，负载均衡器将负载进行平衡、分配到多台后端服务器上运行，协同完成工作任务。

通过负载均衡器的负载分配，各个服务器能够更好地协同处理客户端的请求。根据负载均衡器部署的位置，可以将负载均衡分为服务端负载均衡和客户端负载均衡。下面对这两种方式分别进行讲解。

1．服务端负载均衡

服务端负载均衡是一种通过在客户端和服务端之间建立负载均衡服务器来平衡客户端和服务端之间负载的方式，负载均衡服务器可以通过硬件设备（如 F5）实现，也可以通过软件（如 Nginx）实现。负载均衡服务器会维护一个当前可用的服务端清单，并通过心跳检测来剔除故障的服务端节点，以保证服务端清单中都是可以正常访问的服务端节点。当客户端发送请求到该服务器的时候，该服务器会按某种负载均衡算法或策略从维护的可用服务端清单中取出一个服务端的地址，然后进行转发。

服务端负载均衡工作原理如图 3-2 所示。

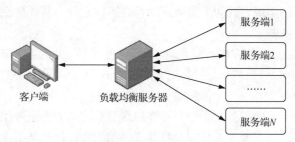

图3-2　服务端负载均衡工作原理

通过图 3-2 可以得出，服务端负载均衡工作原理可以归纳为以下几个步骤。

① 客户端发起请求并到达负载均衡服务器。

② 负载均衡服务器分析请求，根据负载均衡算法或策略选择具体的服务端进行请求处理。

③ 负载均衡服务器将请求转发给选择的服务端。

④ 服务端处理请求并将结果返回给负载均衡服务器。

⑤ 负载均衡服务器将结果返回给客户端。

2．客户端负载均衡

客户端负载均衡与服务端负载均衡的最大区别之一在于服务端清单存储的位置。客户端负载均衡将负载均衡逻辑以代码的形式封装在客户端上，即负责负载均衡的组件位于客户端。客户端中的负载均衡组件拉取服务注册中心中可用服务端的清单，然后通过负载均衡算法为请求选取一个服务端实例，并访问该实例，以实现负载均衡。客户端负载均衡中需要通过心跳机制维护服务端清单的健康性，这个步骤需要与服务注册中心配合完成。

客户端负载均衡工作原理如图 3-3 所示。

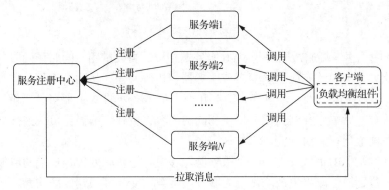

图3-3　客户端负载均衡工作原理

通过图 3-3 可以得出，客户端负载均衡工作原理可以归纳为以下几个步骤。

① 服务端将服务注册到服务注册中心。

② 客户端从服务注册中心拉取可用服务端清单，将其保存在客户端本地数据结构中。

③ 客户端通过负载均衡算法选择合适的服务端。

④ 客户端根据选择的服务端从服务端清单中选择一个服务端实例，并将请求发送给该实例。

3. 服务端负载均衡和客户端负载均衡的区别

服务端负载均衡和客户端负载均衡都可以分摊流量和负载，从而提高系统的性能、可用性和灵活性，但两者的实现方式和工作原理都存在不同之处，具体区别如下。

（1）负载均衡服务器

服务端负载均衡需要在客户端和服务端之间建立一个独立的负载均衡服务器。客户端负载均衡将负载均衡的逻辑以代码的形式封装到客户端上，因此不需要单独建立负载均衡服务器。

（2）服务注册中心

服务端负载均衡不需要服务注册中心；客户端负载均衡需要服务注册中心，在客户端负载均衡中，所有的客户端和服务端都需要将其提供的服务注册到服务注册中心上。

（3）可用服务端清单存储的位置

服务端负载均衡的可用服务端清单存储在负载均衡服务器上；客户端负载均衡的所有客户端都维护了一份可用服务端清单，这些服务端清单都是从服务注册中心获取的。

（4）负载均衡的时机

服务端负载均衡中请求先发送到负载均衡服务器，然后由负载均衡服务器通过负载均衡算法，在多个服务端中选择一个进行访问，即先发送请求，再进行负载均衡。

客户端负载均衡在发送请求前，由客户端的负载均衡器通过负载均衡算法选择一个服务器，然后进行访问，即先进行负载均衡，再发送请求。

（5）客户端对服务提供方信息的掌握

由于服务端负载均衡是在客户端发送请求后进行的，因此服务端负载均衡的客户端并不知道到底是哪个服务端提供的服务。客户端负载均衡在客户端发送请求前进行负载均衡，因此客户端能够知道是由哪个服务端提供的服务。

4. 常见的负载均衡算法

服务端负载均衡和客户端负载均衡对请求进行负载均衡都会基于一定的算法，常见的负载均衡算法如下。

（1）轮询算法

基于轮询算法会将请求依次分配给不同的服务器，每个服务器按照轮流的方式被选中以处理请求。

（2）随机算法

基于随机算法会随机选择一个服务器处理请求，在分布式系统中，可以通过一致性哈希算法来实现。

（3）最少连接数算法

基于最少连接数算法会选取当前连接数最少的服务器处理请求，以此来保证当前服务器处理负载最轻。

（4）加权轮询算法

基于加权轮询算法会引入权重值，将请求按权重值分配给不同的服务器，以达到更好的负载均衡效果。

（5）IP 地址哈希算法

基于 IP 地址哈希算法会将请求的源 IP 地址进行哈希计算，得到一定范围的哈希值，根据哈希值将请求转发给特定的一个服务器。

（6）一致性哈希算法

基于一致性哈希算法会通过哈希函数将服务节点映射到一个固定的哈希环上，当服务请求到达时，将服务请求映射到哈希环上的一个点，并从映射的点开始沿环的顺时针方向查找第一个遇到的服务节点。一旦找到对应的服务节点，就将服务请求转发给这个节点进行处理。

（7）最短响应时间算法

基于最短响应时间算法会根据每个服务器的平均响应时间，选取一个响应时间最短的服务器来处理请求，以此来提高系统的响应速度和稳定性。

（8）加权最短响应时间算法

基于加权最短响应时间算法会引入权重值，系统将询问当前响应时间较短且权重较高的服务器来处理请求，从而尽可能地均衡负载并提供良好的性能。

不同的负载均衡算法有不同的优缺点，读者可以根据实际业务场景和系统架构的具体情况，选用不同的负载均衡算法来提高系统的性能和可用性。

3.2　Ribbon 概述

Ribbon 是 Netflix 公司发布的开源组件，其主要功能是提供客户端的负载均衡和服务调用。通过 Ribbon 可以将面向服务的 RestTemplate 请求转换为具有负载均衡能力的服务调用。Ribbon 的设计思想是将负载均衡逻辑从服务端转移到客户端，以实现灵活而自由的负载均衡策略的维护和管理。

Ribbon 主要包含以下核心模块。

① Ribbon 核心负载均衡模块：包括负载均衡的核心算法和逻辑，以及支持不同种类负

载均衡策略的接口和抽象类。

② Ribbon 客户端模块：包括 HTTP 和 TCP 客户端，支持不同的请求协议和方式。

③ Ribbon 服务发现模块：支持多种服务发现和注册中心的集成，如 Nacos、Eureka、Consul、ZooKeeper 等。

④ Ribbon 负载均衡配置模块：提供灵活的负载均衡配置方式，可以通过配置文件或代码实现负载均衡策略和规则的配置和管理。

Ribbon 提供了 IRule 接口和 7 个 IRule 接口的实现类定义的负载均衡策略，开发者可以根据实际业务场景和系统需求进行选择和配置，具体如表 3-1 所示。

表 3-1 Ribbon 负载均衡策略

负载均衡策略	描述
RoundRobinRule	线性轮询策略，按照一定的顺序依次选取服务实例
RandomRule	随机策略，随机选取一个服务实例
RetryRule	重试策略，按照 RoundRobinRule 策略来获取服务实例，如果获取的服务实例为 null 或已经失效，则在指定的时间之内（默认的时间为 500 毫秒）不断地进行重试，如果超过指定时间依然没有获取到服务实例则返回 null
WeightedResponseTimeRule	权重策略，根据平均响应时间计算所有服务实例的权重，响应时间越短的服务实例权重越大，被调用的概率越大。刚启动时，如果统计信息不足，则使用 RoundRobinRule 策略，等信息足够时，再切换到 WeightedResponseTimeRule
BestAvailableRule	最佳策略，遍历所有服务实例，过滤故障或失效的服务实例，然后选择并发量最小的服务实例
AvailabilityFilteringRule	可用过滤策略，先过滤故障和请求数超过阈值的服务实例，再从剩下的服务实例中轮询调用
ZoneAvoidanceRule	区域权衡策略，综合判断服务所在区域的性能和服务的可用性，来选择服务实例。Ribbon 默认的负载均衡策略，在没有设置区域环境时，该策略按照轮询的方式选取服务实例

Ribbon 提供了多种负载均衡策略，开发者也可以自行设置特定的负载均衡策略，可以通过配置类中注入和配置文件中修改配置的方式设置负载均衡策略，示例如下。

在配置类中注入负载均衡策略。

```
@Configuration
public class RibbonConfiguration {
    @Bean
    public IRule ribbonRule() {
        // 负载均衡策略
        return new RandomRule();
    }
}
```

在配置文件中修改配置来调整 Ribbon 的负载均衡策略。

```
quickstart-product: # 被调用的微服务名称
  ribbon:
    NFLoadBalancerRuleClassName: com.netflix.loadbalancer.RandomRule
```

在上述代码中，quickstart-product 为被调用的微服务名称，NFLoadBalancerRuleClassName 用于指定具体的负载均衡策略。

3.3 Ribbon 入门案例

了解完 Ribbon 的相关概念后，本节将通过一个 Ribbon 入门案例，演示基于 Spring Boot

和 Nacos，结合 Ribbon 实现请求的负载均衡，具体如下。

1. 创建项目父工程

为了规范项目依赖的版本，可以创建一个父工程，在父工程中指定依赖的版本。由于 Netflix 官方不再对 Ribbon 进行维护，Spring Cloud 从 2020 版本开始移除了 Ribbon，Nacos 从 2021 版本开始也不再默认集成 Ribbon。虽然 Netflix 官方不再对 Ribbon 进行维护、更新，但 Ribbon 的高稳定性和内置的丰富负载均衡策略，使 Ribbon 在业内被广泛认可，在一些项目中得到大规模应用。

本案例基于 Spring Cloud Alibaba 2.2.1.RELEASE 使用 Ribbon。在 IDEA 中创建一个名为 loadBalancer 的 Maven 工程，创建好之后在工程的 pom.xml 文件中声明 Spring Cloud、Spring Cloud Alibaba、Spring Boot 的相关依赖，具体如文件 3-1 所示。

文件 3-1　loadBalancer\pom.xml

```
1  <?xml version="1.0" encoding="UTF-8"?>
2  <project xmlns="http://maven.apache.org/POM/4.0.0"
3          xmlns:xsi="http://www.w3.org/2001/XMLSchema-instance"
4          xsi:schemaLocation="http://maven.apache.org/POM/4.0.0
5          http://maven.apache.org/xsd/maven-4.0.0.xsd">
6      <modelVersion>4.0.0</modelVersion>
7      <groupId>com.itheima</groupId>
8      <artifactId>loadBalancer</artifactId>
9      <version>1.0-SNAPSHOT</version>
10     <properties>
11         <maven.compiler.source>11</maven.compiler.source>
12         <maven.compiler.target>11</maven.compiler.target>
13         <project.build.sourceEncoding>UTF-8</project.build.sourceEncoding>
14         <spring-cloud.version>Hoxton.SR3</spring-cloud.version>
15         <spring-cloud-alibaba.version>
16         2.2.1.RELEASE</spring-cloud-alibaba.version>
17         <spring-boot.version>2.2.5.RELEASE</spring-boot.version>
18     </properties>
19 <dependencyManagement>
20     <dependencies>
21         <dependency>
22             <groupId>org.springframework.cloud</groupId>
23             <artifactId>spring-cloud-dependencies</artifactId>
24             <version>${spring-cloud.version}</version>
25             <type>pom</type>
26             <scope>import</scope>
27         </dependency>
28         <dependency>
29             <groupId>com.alibaba.cloud</groupId>
30             <artifactId>spring-cloud-alibaba-dependencies</artifactId>
31             <version>${spring-cloud-alibaba.version}</version>
32             <type>pom</type>
33             <scope>import</scope>
34         </dependency>
35         <dependency>
36             <groupId>org.springframework.boot</groupId>
37             <artifactId>spring-boot-dependencies</artifactId>
38             <version>${spring-boot.version}</version>
39             <type>pom</type>
40             <scope>import</scope>
41         </dependency>
42     </dependencies>
43 </dependencyManagement>
```

```
44      <build>
45         <plugins>
46            <plugin>
47               <groupId>org.springframework.boot</groupId>
48               <artifactId>spring-boot-maven-plugin</artifactId>
49            </plugin>
50         </plugins>
51      </build>
52   </project>
```

2. 创建服务提供者模块

下面创建一个服务提供者的模块。在 loadBalancer 工程中创建一个名为 provider 的 Maven 子模块，并在该模块的 pom.xml 文件中引入对应的依赖，具体如文件 3-2 所示。

文件 3-2　provider\pom.xml

```
1    <?xml version="1.0" encoding="UTF-8"?>
2    <project xmlns="http://maven.apache.org/POM/4.0.0"
3          xmlns:xsi="http://www.w3.org/2001/XMLSchema-instance"
4          xsi:schemaLocation="http://maven.apache.org/POM/4.0.0
5          http://maven.apache.org/xsd/maven-4.0.0.xsd">
6       <parent>
7          <artifactId>loadBalancer</artifactId>
8          <groupId>com.itheima</groupId>
9          <version>1.0-SNAPSHOT</version>
10      </parent>
11      <modelVersion>4.0.0</modelVersion>
12      <artifactId>provider</artifactId>
13      <properties>
14         <maven.compiler.source>11</maven.compiler.source>
15         <maven.compiler.target>11</maven.compiler.target>
16         <project.build.sourceEncoding>UTF-8</project.build.sourceEncoding>
17      </properties>
18      <dependencies>
19         <dependency>
20            <groupId>com.alibaba.cloud</groupId>
21            <artifactId>
22              spring-cloud-starter-alibaba-nacos-discovery</artifactId>
23         </dependency>
24         <dependency>
25            <groupId>org.springframework.boot</groupId>
26            <artifactId>spring-boot-starter-web</artifactId>
27         </dependency>
28      </dependencies>
29   </project>
```

在上述代码中，第 20～22 行代码引入的 spring-cloud-starter-alibaba-nacos-discovery 依赖中集成了 Ribbon 的依赖。

3. 配置服务提供者信息

设置完 provider 模块的依赖后，在 provider 模块中创建配置文件 application.yml，并在该配置文件中配置服务名称、Nacos 服务端地址等信息，具体如文件 3-3 所示。

文件 3-3　provider\src\main\resources\application.yml

```
1    server:
2      #启动端口
3      port: ${port:8001}
4    spring:
5      application:
6        #服务名称
```

```
7        name: provider
8      cloud:
9        nacos:
10         discovery:
11           # Nacos 服务端的地址
12           server - addr: 127.0.0.1:8848
```

在上述代码中，第 3 行代码使用动态传入端口号的方式，这样可以根据启动时传入的参数动态配置端口，实现同一个服务开启多个服务实例，如果不传入参数则使用 8001 作为端口。

4. 创建服务提供者的控制器类

在 provider 模块的 java 目录下创建包 com.itheima.controller，在该包下创建名为 ProviderController 的控制器类，并在该类中创建方法处理对应的请求，具体如文件 3-4 所示。

文件 3-4　ProviderController.java

```
1  import org.springframework.beans.factory.annotation.Value;
2  import org.springframework.web.bind.annotation.GetMapping;
3  import org.springframework.web.bind.annotation.PathVariable;
4  import org.springframework.web.bind.annotation.RestController;
5  @RestController
6  public class ProviderController {
7      @Value("${spring.application.name}")
8      private String appName;
9      @Value("${server.port}")
10     private String serverPort;
11     @GetMapping(value = "/nacos/service/{str}")
12     public String nacosService(@PathVariable("str") String str) {
13         return "<h2>服务访问成功! </h2>服务名称: "+appName+", 端口号: "
14             + serverPort +"<br /> 传入的参数: " + str;
15     }
16 }
```

在上述代码中，第 5~16 行代码定义名为 ProviderController 的控制器类，其中第 7~10 行代码将配置文件中的 spring.application.name 和 server.port 属性值分别注入变量 appName 和 serverPort 中。第 11~15 行代码中定义方法 nacosService()用于映射 URL 为 "/nacos/service/{str}" 的请求，方法中将当前服务的名称、端口号、传入的参数作为响应进行返回。

5. 创建服务提供者的项目启动类

在 provider 模块的 com.itheima 包下创建项目的启动类，具体如文件 3-5 所示。

文件 3-5　ProviderApp.java

```
1  import org.springframework.boot.SpringApplication;
2  import org.springframework.boot.autoconfigure.SpringBootApplication;
3  import org.springframework.cloud.client.discovery.EnableDiscoveryClient;
4  @SpringBootApplication
5  @EnableDiscoveryClient
6  public class ProviderApp {
7      public static void main(String[] args) {
8          SpringApplication.run(ProviderApp.class, args);
9      }
10 }
```

在上述代码中，第 5 行代码使用@EnableDiscoveryClient 注解启用当前项目 Spring Cloud 的服务注册与发现功能。

6. 创建服务消费者模块

下面，创建一个服务消费者的模块。在 loadBalancer 工程中创建一个名为 consumer 的

Maven 子模块，在模块的 pom.xml 文件中引入对应的依赖。服务消费者需要通过 Ribbon 使用负载均衡进行服务调用，当前版本的 Nacos 服务注册与发现模块中包含 Ribbon 的依赖，对此不需要额外引入 Ribbon 的依赖，具体如文件 3-6 所示。

文件 3-6   consumer\pom.xml

```
1   <?xml version="1.0" encoding="UTF-8"?>
2   <project xmlns="http://maven.apache.org/POM/4.0.0"
3          xmlns:xsi="http://www.w3.org/2001/XMLSchema-instance"
4          xsi:schemaLocation="http://maven.apache.org/POM/4.0.0
5          http://maven.apache.org/xsd/maven-4.0.0.xsd">
6     <parent>
7         <artifactId>loadBalancer</artifactId>
8         <groupId>com.itheima</groupId>
9         <version>1.0-SNAPSHOT</version>
10    </parent>
11    <modelVersion>4.0.0</modelVersion>
12    <artifactId>consumer</artifactId>
13    <properties>
14        <maven.compiler.source>11</maven.compiler.source>
15        <maven.compiler.target>11</maven.compiler.target>
16        <project.build.sourceEncoding>UTF-8</project.build.sourceEncoding>
17    </properties>
18    <dependencies>
19        <dependency>
20            <groupId>com.alibaba.cloud</groupId>
21            <artifactId>
22               spring-cloud-starter-alibaba-nacos-discovery</artifactId>
23         </dependency>
24        <dependency>
25            <groupId>org.springframework.boot</groupId>
26            <artifactId>spring-boot-starter-web</artifactId>
27        </dependency>
28    </dependencies>
29 </project>
```

7. 配置服务消费者信息

设置完 consumer 模块的依赖之后，调用在注册中心注册的服务之前需要在项目中配置服务消费者的基本信息。在 consumer 模块中创建配置文件 application.yml，并在该配置文件中配置服务名称、Nacos 服务端地址等信息，具体如文件 3-7 所示。

文件 3-7   consumer\src\main\resources\application.yml

```
1   server:
2     #启动端口
3     port: 8002
4   spring:
5     application:
6       #服务名称
7       name: consumer
8     cloud:
9      nacos:
10      discovery:
11       # Nacos 服务端的地址
12         server-addr: 127.0.0.1:8848
```

在上述代码中，使用 spring.application.name 指定当前服务的名称为 consumer，使用 spring.cloud.nacos.discovery.server-addr 配置 Nacos 服务端的地址。

8. 创建服务消费者的项目启动类

Spring Cloud 提供了 @LoadBalanced 注解用于开启 RestTemplate 的客户端负载均衡功能，使用此注解后，RestTemplate 会结合 Ribbon 组件实现客户端负载均衡。此时使用 RestTemplate 进行服务调用时可以通过服务名称进行调用，需要注意的是，服务名称作为调用地址的一部分时，其需要来自在注册中心中已经注册且可用的服务实例。

在 consumer 模块的 java 目录下创建包 com.itheima，在包下创建项目的启动类，并且在该启动类中创建 RestTemplate 对象交给 Spring 管理，同时开启负载均衡功能，具体如文件 3-8 所示。

文件 3-8　ConsumerApp.java

```
1   import org.springframework.boot.SpringApplication;
2   import org.springframework.boot.autoconfigure.SpringBootApplication;
3   import org.springframework.context.annotation.Bean;
4   import org.springframework.cloud.client.loadbalancer.LoadBalanced;
5   import org.springframework.web.client.RestTemplate;
6   @SpringBootApplication
7   public class ConsumerApp {
8       public static void main(String[] args) {
9           SpringApplication.run(ConsumerApp.class, args);
10      }
11      //创建 RestTemplate 对象交给 Spring 管理，并开启负载均衡
12      @Bean
13      @LoadBalanced
14      public RestTemplate getRestTemplate() {
15          return new RestTemplate();
16      }
17  }
```

在上述代码中，第 13 行代码在 getRestTemplate() 方法上使用 @LoadBalanced 注解进行标注，后续使用 RestTemplate 对象进行服务消费时，会自动执行 Ribbon 的负载均衡策略。

9. 创建服务消费者的控制器类

在 consumer 模块的 java 目录下创建包 com.itheima.controller，在该包下创建名为 ConsumerController 的控制器类，并在该类中创建方法使用 RestTemplate 远程调用服务提供者所提供的服务，具体如文件 3-9 所示。

文件 3-9　ConsumerController.java

```
1   import org.springframework.beans.factory.annotation.Autowired;
2   import org.springframework.web.bind.annotation.GetMapping;
3   import org.springframework.web.bind.annotation.PathVariable;
4   import org.springframework.web.bind.annotation.RestController;
5   import org.springframework.web.client.RestTemplate;
6   @RestController
7   public class ConsumerController {
8       @Autowired
9       private RestTemplate restTemplate;
10      @GetMapping(value = "/nacos/consumer/{str}")
11      public String getService(@PathVariable("str") String str) {
12          return  restTemplate.getForObject("http://provider/nacos/service/"
13                  + str, String.class);
14      }
15  }
```

在上述代码中，第 12 行代码中 RestTemplate 调用服务时使用的 URL，没有使用固定的 IP 地址信息，而是使用服务名称 provider。

10. 开启多个服务实例

为了实现负载均衡对客户端请求的分配，服务器需要至少提供两个相同的服务，此处通过在 IDEA 中设置端口参数的方式将同一服务开启多个服务实例。不同版本的 IDEA 开启多个服务实例的位置可能不一样，但是对应的添加开启多个服务实例的选项是一样的，下面以 IDEA 2022.2.2 为例进行演示。

在 IDEA 的工具栏中单击并打开程序运行设置的下拉框，选择运行设置，具体如图 3-4 所示。

图3-4 选择运行设置

在图 3-4 中选中"Edit Configurations..."进入程序运行设置对话框，具体如图 3-5 所示。

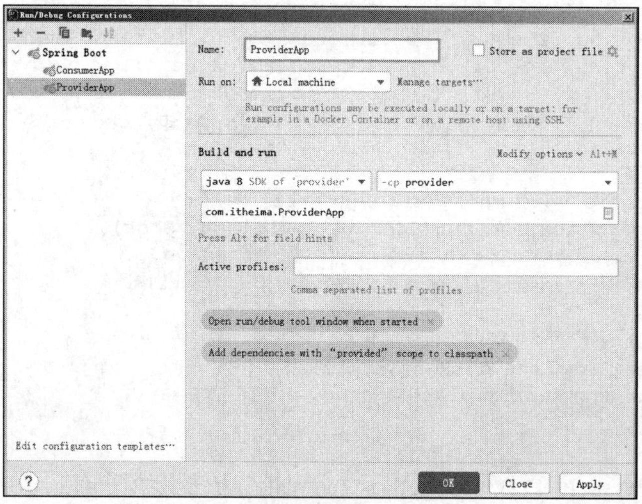

图3-5 程序运行设置对话框

为了后续方便区分不同的 Provider 服务实例，在图 3-5 中将 ProviderApp 的"Name"修改为 ProviderApp8001。接着单击并打开"Modify options"下拉框，会弹出可添加的运行选项，具体如图 3-6 所示。

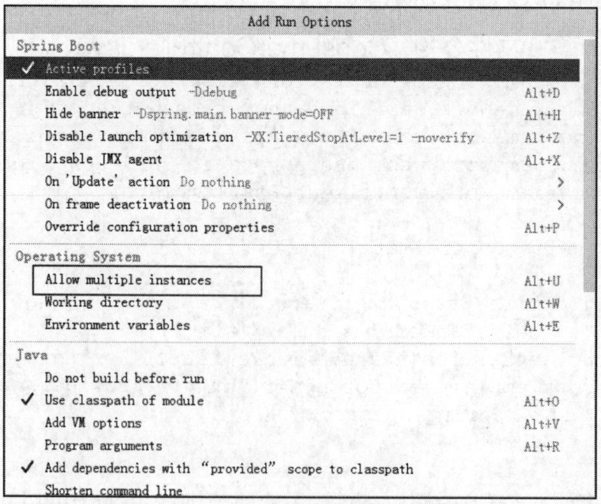

图3-6 可添加的运行选项

在图 3-6 中单击选中"Allow multiple instances"，设置允许启动多个实例，设置后在程序运行设置对话框中单击"Apply"按钮保存刚才的设置。

在程序运行设置对话框中的左侧选中 ProviderApp8001 后，单击左侧上方的复制图标复制 ProviderApp8001，接着将复制的 ProviderApp8001 的"Name"修改为 ProviderApp8011。为了确保 ProviderApp8011 和 ProviderApp8001 同时运行时不会发生端口冲突，在 ProviderApp8011 右侧单击并打开"Modify options"下拉框，选中"Add VM options"，此时会在 ProviderApp8011 右侧的界面中多出一行用于设置运行时参数的文本框，具体如图 3-7 所示。

图3-7　新增"VM options"文本框

在图 3-7 的"VM options"文本框中输入"-D port=8011"，其中-D 表示后面设置的是配置参数，port 为服务端口，此处 port 需要和文件 3-3 中第 3 行${port:8001}的 port 保持一致，8011 是赋给 port 的值，为自定义的值，需要确保不和其他程序发生端口冲突。设置完毕，在图 3-7 中单击"OK"按钮保存所有配置信息。

11. 测试服务调用效果

依次启动 Nacos 服务端、ProviderApp8001、ProviderApp8011、ConsumerApp，启动成功后，在浏览器中访问 http://localhost:8848/nacos 进入 Nacos 控制台，查看控制台中服务管理的服务列表，具体如图 3-8 所示。

图3-8　Nacos服务列表

从图 3-8 可以看到，服务名为 provider 的服务启动了 2 个实例，都处于健康状态。说明通过在 IDEA 中设置端口参数的方式成功开启 2 个 provider 服务实例。

在浏览器中访问 http://localhost:8002/nacos/consumer/北斗三号系统，效果如图 3-9 所示。

图3-9　第一次访问

从图 3-9 可以看到页面中显示服务提供者的端口号是 8011，说明服务消费者通过服务名称成功调用服务提供者所提供的服务。

再次在浏览器中访问 http://localhost:8002/nacos/consumer/北斗三号系统，效果如图 3-10 所示。

图3-10　第二次访问

从图 3-10 可以看到页面中显示服务提供者的端口号是 8001，说明此时提供服务的实例和第一次访问时的服务实例不一样。

接着在浏览器中第三次访问 http://localhost:8002/nacos/consumer/北斗三号系统，效果如图 3-11 所示。

图3-11　第三次访问

从图 3-11 可以看到页面中显示服务提供者的端口号是 8011，说明此时提供服务的实例和第一次访问时的服务实例一样。

从图 3-9～图 3-11 所示的三次访问结果可以得出，服务消费者使用轮询的方式对服务提供者发起请求，即根据 Ribbon 默认的负载均衡策略进行请求的分配。

3.4　Spring Cloud LoadBalancer 快速入门

虽然 Ribbon 在过去十几年中一直是 Spring Cloud 中最受欢迎的负载均衡库之一，但随着

Netflix 官方停止维护 Ribbon，它的未来也不太明朗。对于新的 Spring Cloud 项目，如果需要使用负载均衡功能，Spring Cloud 官方推荐使用 Spring Cloud LoadBalancer。

Spring Cloud LoadBalancer 是一个由 Spring Cloud 提供的客户端负载均衡库，它可以与多种负载均衡器进行集成。Spring Cloud LoadBalancer 内部使用了客户端负载均衡算法来选择服务实例，同时也支持通过 SPI（Service Provider Interface，服务提供者接口）机制扩展负载均衡策略。

Spring Cloud LoadBalancer 内置了两种常用的负载均衡策略，分别为随机分配策略（RandomLoadBalancer）和轮询分配策略（RoundRobinLoadBalancer）。随机分配策略将请求随机分配给可用的服务实例，而轮询分配策略按顺序依次将请求分配给每个可用的服务实例。

默认情况下，Spring Cloud LoadBalancer 使用轮询分配策略，如果想设置服务采用随机分配策略，可以创建随机分配策略的配置类，再为服务指定随机分配策略。Spring Cloud LoadBalancer 提供了@LoadBalancerClient 和@LoadBalancerClients 注解，可以指定服务的负载均衡策略，具体说明如下。

① @LoadBalancerClient 注解标注负载均衡客户端的信息，示例如下。

```
@LoadBalancerClient(name ="provider",
                    configuration = LoadBalancerConfig.class)
```

在上述代码中，name 属性用于指定当前负载均衡策略生效的服务名称，configuration 属性用于指定负载均衡策略的配置类，对应的配置类需要实现 LoadBalancerClientConfiguration 接口。

② @LoadBalancerClients 是 Spring Cloud LoadBalancer 用于标注多个负载均衡客户端的信息的注解，@LoadBalancerClients注解中通过value属性可以指定多个服务的负载均衡策略，其值为多个负载均衡客户端的信息的数组，示例如下。

```
@LoadBalancerClients(value = {
        @LoadBalancerClient(name = "loadbalancer-provider",
                            configuration = CustomRandomConfig.class),
        @LoadBalancerClient(name = "loadbalancer-log",
                            configuration = CustomRoundRobinConfig.class)},
        defaultConfiguration = {LoadBalancerConfig.class})
```

在上述代码中，@LoadBalancerClients 注解的 value 属性对应的值为包含 2 个元素的数组，数组中分别指定服务名称为 loadbalancer-provider 和 loadbalancer-log 的服务对应的负载均衡策略配置类。defaultConfiguration 属性用于指定默认负载均衡配置类，在所有标注的客户端中均适用，避免在每个客户端上都进行相同的配置。

在 Spring Boot 项目中集成 Spring Cloud LoadBalancer 非常简单，只需在项目的 pom.xml 文件中导入 Spring Cloud LoadBalancer 的启动器依赖，并使用@LoadBalanced 注解来加载 RestTemplate 实例即可。在使用 RestTemplate 发送 HTTP 请求时，Spring Cloud LoadBalancer 会基于服务注册中心自动完成负载均衡的工作。

下面，基于 3.3 节中的 Ribbon 入门案例进行修改，使用 Spring Cloud LoadBalancer 替换 Ribbon 实现负载均衡。为了读者可以更好地理解如何修改默认的负载均衡策略，本案例的负载均衡策略不使用默认的轮询分配策略，而使用随机分配策略，具体如下。

1．修改版本号

Spring Cloud 从 2020 的版本开始推荐使用 Spring Cloud LoadBalancer，Nacos 从 2021 的版本开始不再默认集成Ribbon。对此可以对文件3-1进行修改，在项目loadBalancer的pom.xml文件中修改对应框架的版本号，修改后如文件3-10所示。

文件 3-10   loadBalancer\pom.xml

```
1   <?xml version="1.0" encoding="UTF-8"?>
2   <project xmlns="http://maven.apache.org/POM/4.0.0"
3          xmlns:xsi="http://www.w3.org/2001/XMLSchema-instance"
4          xsi:schemaLocation="http://maven.apache.org/POM/4.0.0
5          http://maven.apache.org/xsd/maven-4.0.0.xsd">
6       <modelVersion>4.0.0</modelVersion>
7       <groupId>com.itheima</groupId>
8       <artifactId>loadBalancer</artifactId>
9       <version>1.0-SNAPSHOT</version>
10      <properties>
11          <maven.compiler.source>11</maven.compiler.source>
12          <maven.compiler.target>11</maven.compiler.target>
13          <project.build.sourceEncoding>UTF-8</project.build.sourceEncoding>
14          <spring-cloud.version>2021.0.5</spring-cloud.version>
15          <spring-cloud-alibaba.version>
16                         2021.0.5.0</spring-cloud-alibaba.version>
17          <spring-boot.version>2.6.13</spring-boot.version>
18      </properties>
19  <dependencyManagement>
20      <dependencies>
21          <dependency>
22              <groupId>org.springframework.cloud</groupId>
23              <artifactId>spring-cloud-dependencies</artifactId>
24              <version>${spring-cloud.version}</version>
25              <type>pom</type>
26              <scope>import</scope>
27          </dependency>
28          <dependency>
29              <groupId>com.alibaba.cloud</groupId>
30              <artifactId>spring-cloud-alibaba-dependencies</artifactId>
31              <version>${spring-cloud-alibaba.version}</version>
32              <type>pom</type>
33              <scope>import</scope>
34          </dependency>
35          <dependency>
36              <groupId>org.springframework.boot</groupId>
37              <artifactId>spring-boot-dependencies</artifactId>
38              <version>${spring-boot.version}</version>
39              <type>pom</type>
40              <scope>import</scope>
41          </dependency>
42      </dependencies>
43      </dependencyManagement>
44      <build>
45          <plugins>
46              <plugin>
47                  <groupId>org.springframework.boot</groupId>
48                  <artifactId>spring-boot-maven-plugin</artifactId>
49              </plugin>
50          </plugins>
51      </build>
52  </project>
```

2. 导入 Spring Cloud LoadBalancer 的启动器依赖

Nacos 中不包含 Spring Cloud LoadBalancer 的依赖，但 Spring Cloud 提供了 Spring Cloud LoadBalancer 的启动器依赖，在文件 3-6 的 consumer 模块的 pom.xml 文件中导入 Spring Cloud LoadBalancer 的启动器依赖，具体如文件 3-11 所示。

文件 3-11　consumer\pom.xml

```xml
1  <?xml version="1.0" encoding="UTF-8"?>
2  <project xmlns="http://maven.apache.org/POM/4.0.0"
3          xmlns:xsi="http://www.w3.org/2001/XMLSchema-instance"
4          xsi:schemaLocation="http://maven.apache.org/POM/4.0.0
5          http://maven.apache.org/xsd/maven-4.0.0.xsd">
6      <parent>
7          <artifactId>loadBalancer</artifactId>
8          <groupId>com.itheima</groupId>
9          <version>1.0-SNAPSHOT</version>
10     </parent>
11     <modelVersion>4.0.0</modelVersion>
12     <artifactId>consumer</artifactId>
13     <properties>
14         <maven.compiler.source>8</maven.compiler.source>
15         <maven.compiler.target>8</maven.compiler.target>
16         <project.build.sourceEncoding>UTF-8</project.build.sourceEncoding>
17     </properties>
18     <dependencies>
19         <dependency>
20             <groupId>com.alibaba.cloud</groupId>
21             <artifactId>
22                 spring-cloud-starter-alibaba-nacos-discovery</artifactId>
23         </dependency>
24         <dependency>
25             <groupId>org.springframework.boot</groupId>
26             <artifactId>spring-boot-starter-web</artifactId>
27         </dependency>
28         <dependency>
29             <groupId>org.springframework.cloud</groupId>
30             <artifactId>spring-cloud-starter-loadbalancer</artifactId>
31         </dependency>
32     </dependencies>
33 </project>
```

3. 定义负载均衡配置类

在 consumer 模块的 java 目录下创建包 com.itheima.config，在包下创建负载均衡配置类，并在该配置类中创建随机分配策略的负载均衡策略类，具体如文件 3-12 所示。

文件 3-12　LoadBalancerConfig.java

```java
1  import org.springframework.cloud.client.ServiceInstance;
2  import org.springframework.cloud.loadbalancer.core.RandomLoadBalancer;
3  import org.springframework.cloud.loadbalancer.core.ReactorLoadBalancer;
4  import org.springframework.cloud.loadbalancer.core.
5                              ServiceInstanceListSupplier;
6  import org.springframework.cloud.loadbalancer.support.
7                              LoadBalancerClientFactory;
8  import org.springframework.context.annotation.Bean;
9  import org.springframework.core.env.Environment;
10 public class LoadBalancerConfig {
11     @Bean
12     public ReactorLoadBalancer<ServiceInstance> randomLoadBalancer(
13         Environment environment,
14         LoadBalancerClientFactory loadBalancerClientFactory){
15         String name = environment.getProperty(
16                 LoadBalancerClientFactory.PROPERTY_NAME);
17         return new RandomLoadBalancer(loadBalancerClientFactory.
18         getLazyProvider(name, ServiceInstanceListSupplier.class),name);
19     }
20 }
```

在上述代码中，第 15~16 行代码获取@LoadBalancerClient 注解中指定的服务提供方的服务名称；第 17~18 行代码创建了一个 RandomLoadBalancer 的实例，其中 loadBalancer ClientFactory 为负载均衡客户端工厂，用于创建并缓存负载均衡客户端，getLazyProvider()方法根据服务实例列表提供者 ServiceInstanceListSupplier，以及服务名称返回一个缓存好的服务实例。

4．配置负载均衡策略

定义好负载均衡策略的配置类后，需要在配置类中进行配置，以便项目启动后使用对应的负载均衡策略。在文件 3-8 的 ConsumerApp 类中通过@LoadBalancerClient 注解配置指定的负载均衡策略，具体如文件 3-13 所示。

文件 3-13　ConsumerApp.java

```
1   import com.itheima.config.LoadBalancerConfig;
2   import org.springframework.boot.SpringApplication;
3   import org.springframework.boot.autoconfigure.SpringBootApplication;
4   import org.springframework.cloud.client.loadbalancer.LoadBalanced;
5   import org.springframework.cloud.loadbalancer.annotation.
6       LoadBalancerClient;
7   import org.springframework.context.annotation.Bean;
8   import org.springframework.web.client.RestTemplate;
9   @SpringBootApplication
10  @LoadBalancerClient(name ="provider",
11                  configuration = LoadBalancerConfig.class)
12  public class ConsumerApp {
13      public static void main(String[] args) {
14          SpringApplication.run(ConsumerApp.class, args);
15      }
16      //创建 RestTemplate 交给 Spring 管理
17      @Bean
18      @LoadBalanced
19      public RestTemplate getRestTemplate() {
20          return new RestTemplate();
21      }
22  }
```

在上述代码中，第 10~11 行代码指定调用名为 provider 的服务时，基于 LoadBalancerConfig 配置类中的负载均衡策略对请求进行负载均衡。第 18 行代码使用@LoadBalanced 注解为 RestTemplate 实例启用客户端负载均衡。

5．测试服务调用效果

依次启动 Nacos 服务端、ProviderApp8001、ProviderApp8011、ConsumerApp，启动成功后，在浏览器中访问 http://localhost:8002/nacos/consumer/神舟十五号，效果如图 3-12 所示。

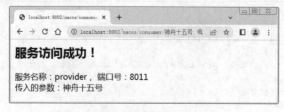

图3-12　随机分配策略第一次访问

从图 3-12 可以看到页面中显示服务提供者的端口号是 8011。

再次在浏览器中访问 http://localhost:8002/nacos/consumer/神舟十五号，效果如图 3-13 所示。

图3-13　随机分配策略第二次访问

从图 3-13 可以看到页面中依旧显示服务提供者的端口号是 8011，说明此时提供服务的实例和第一次访问时的服务实例一样。

接着在浏览器中第三次访问 http://localhost:8002/nacos/consumer/神舟十五号，效果如图 3-14 所示。

图3-14　随机分配策略第三次访问

从图 3-14 可以看到页面中显示服务提供者的端口号是 8001，说明通过负载均衡由多个实例提供了服务，并且负载均衡的策略不是默认的轮询分配策略，而是随机分配策略。

如果读者想使用 Spring Cloud LoadBalancer 默认的负载均衡策略，即轮询分配策略，只需将文件 3-13 中第 10～11 行代码注释即可。使用 Spring Cloud LoadBalancer 默认的轮询分配策略的效果，和使用 Ribbon 的线性轮询策略的效果一样，在此不再进行演示。

3.5　本章小结

本章主要对负载均衡组件进行了讲解。首先讲解了负载均衡概述；然后讲解了 Ribbon 概述和 Ribbon 入门案例；最后讲解了 Spring Cloud LoadBalancer 快速入门。通过本章的学习，读者可以对微服务架构中的负载均衡组件有一个初步认识，为后续学习 Spring Cloud 做好铺垫。

3.6　本章习题

一、填空题

1. ＿＿＿＿＿＿负载均衡将负载均衡逻辑以代码的形式封装在客户端上。

2. 使用负载均衡算法中的＿＿＿＿＿＿算法，每个服务器会按照轮流的方式被选中以处理请求。

3. Ribbon 负载均衡策略中，在没有设置区域环境的情况下，区域权衡策略与＿＿＿＿＿策略类似。

4. Ribbon 负载均衡策略中，重试策略默认的重试时间为＿＿＿＿＿毫秒。

5. Spring Cloud 提供的_____注解用于标注一个负载均衡客户端的信息。

二、判断题

1. Ribbon 的主要设计思想是在客户端实现负载均衡。（   ）
2. Ribbon 可以向 Nacos 的服务注册中心请求获取可用服务列表。（   ）
3. 默认情况下，Spring Cloud LoadBalancer 使用轮询分配策略。（   ）
4. Spring Cloud LoadBalancer 没有内置负载均衡策略，需要自定义负载均衡策略。（   ）
5. Ribbon 客户端模块包括 HTTP 和 TCP 客户端，支持不同的请求协议和方式。（   ）

三、选择题

1. 下列选项中，关于服务端负载均衡和客户端负载均衡的区别描述错误的是（   ）。
   A. 客户端负载均衡不需要单独建立负载均衡服务器
   B. 服务端负载均衡需要服务注册中心
   C. 服务端负载均衡的客户端并不知道到底是哪个服务端提供的服务
   D. 使用客户端负载均衡时先进行负载均衡，再发送请求

2. 下列选项中，对于 Ribbon 负载均衡策略描述错误的是（   ）。
   A. RoundRobinRule 为线性轮询策略
   B. RandomRule 为随机策略，也是 Ribbon 默认的负载均衡策略
   C. BestAvailableRule 为最佳策略
   D. ZoneAvoidanceRule 为区域权衡策略

3. 下列选项中，对于常见的负载均衡算法描述错误的是（   ）。
   A. 随机算法：随机选择一个服务器处理请求
   B. 最少连接数算法：选取当前连接数最少的服务器处理请求
   C. 加权轮询算法：引入权重值，将请求按权重值分配给不同的服务器
   D. 一致性哈希算法：将请求的源 IP 地址进行哈希计算，得到一定范围的哈希值，根据哈希值将请求转发给特定的一个服务器

4. 下列选项中，Spring Cloud LoadBalancer 默认使用的策略是（   ）。
   A. 轮询分配策略
   B. 随机分配策略
   C. 最佳策略
   D. 权重策略

5. 下列注解中，用于开启 RestTemplate 的客户端负载均衡功能的是（   ）。
   A. @LoadBalancerClient
   B. @LoadBalanced
   C. @LoadBalancerClients
   D. @EnableDiscoveryClient

第**4**章

声明式服务调用组件 OpenFeign

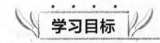
◆ 了解 OpenFeign 概况，能简述使用 OpenFegin 的便利性，以及 OpenFegin 的常用注解

◆ 掌握 OpenFeign 入门案例，能够使用 OpenFeign 完成服务调用

◆ 了解 OpenFeign 工作原理，能够简述 OpenFeign 实现远程服务调用的流程

◆ 掌握 OpenFeign 的超时控制配置，能够使用自定义 OpenFeign 的超时控制

◆ 掌握 OpenFeign 的日志级别配置，能够使用全局配置和局部配置两种方式实现 OpenFeign 的日志级别配置

◆ 了解 OpenFeign 的数据压缩配置，能够简述 OpenFeign 数据压缩配置的实现方法

拓展阅读

微服务架构中服务之间的调用比较频繁，如果使用传统的 REST API 调用方式需要编写大量重复代码，使得代码编写和维护变得烦琐。为了解决这个问题，一些公司提供了更为便捷的声明式服务调用组件,通过声明式服务调用组件可以避免手动编写大量的 REST API 调用代码，从而简化了服务间的调用和维护。Spring Cloud OpenFeign（后续简称为 OpenFeign）是当前主流的声明式服务调用组件之一，本章将对声明式服务调用组件 OpenFeign 进行讲解。

4.1 OpenFeign 概述

虽然 RestTemplate 是 Spring 内置的 HTTP 客户端工具类，但在微服务架构的场景下，使用 RestTemplate 进行 HTTP 请求时存在很多不便之处，具体如下。

① 代码冗长。在使用 RestTemplate 进行 HTTP 请求时，需要编写完整的请求和响应处

理代码，这会导致代码冗长，也会增加代码的维护难度。

② 缺乏声明式的服务调用。使用 RestTemplate 进行服务调用时，需要手动构建 HTTP 请求，无法通过声明式的方式来进行服务调用。

③ 负载均衡和服务发现不够灵活。对于需要进行负载均衡和服务发现的场景，RestTemplate 需要通过手动编写代码实现。

针对上述问题，目前市场上出现了许多声明式服务调用组件，这些组件大部分都是基于注解实现的，开发人员只需要定义一个服务接口，并在该接口中使用注解来描述服务调用的参数、路径、请求头等信息，提供一组方法来请求该服务，从而减少了手动编写 HTTP 客户端的代码量，提高了代码的可读性和可维护性。

在众多声明式服务调用组件中，Netflix 公司发布的 Feign 是业内名气最大、最受欢迎的声明式服务调用组件之一。Feign 能够通过读取 Java 接口上的注解，来生成一个注解驱动的 REST 客户端，此外，Feign 还集成了 Ribbon 负载均衡器，在服务间进行负载均衡，让服务之间的调用更加高效、稳定和灵活。

2019 年 Netflix 公司宣布 Feign 组件正式进入停更维护状态，于是 Spring 官方便基于 Feign 推出了一个名为 OpenFeign 的组件作为微服务架构系统中 Feign 的替代方案。OpenFeign 是 Spring Cloud 对 Feign 的二次封装，它具有 Feign 的所有功能，并在 Feign 的基础上增加了对 Spring MVC（Model-View-Controller，模型–视图–控制器）注解的支持，例如@RequestMapping、@GetMapping 和 @PostMapping 等。使用 OpenFegin 进行远程服务调用时，常用注解如表 4-1 所示。

表 4-1　OpenFegin 的常用注解

注解	说明
@RequestMapping	Spring MVC 的注解，通过该注解来指定控制器（Controller）可以处理哪些 URL 请求
@GetMapping	Spring MVC 的注解，用来映射 GET 类型的请求，相当于@RequestMapping(method = RequestMethod.GET)
@PostMapping	Spring MVC 的注解，用来映射 POST 类型的请求，相当于@RequestMapping(method = RequestMethod.POST)
@FeignClient	OpenFegin 的注解，标注在接口上，用于声明该接口是一个 Feign 客户端，通过 Feign 客户端可以自动处理 HTTP 请求的发送和响应的解析
@EnableFeignClients	OpenFegin 的注解，用于开启 Feign 客户端的自动化配置功能

上述注解中，前三个都是 Spring MVC 的注解，用于指定或映射请求。@FeignClient 注解和@EnableFeignClients 注解是 OpenFeign 常用且核心的注解，下面对这两个注解进行进一步讲解，具体如下。

（1）@FeignClien

在使用 OpenFeign 调用其他服务之前，需要使用@FeignClient 注解声明对应的 Feign 客户端。@FeignClient 注解中包含一个名为 value 的属性，该属性用于指定该 Feign 客户端要调用的远程服务的名称，具体示例如下。

```
@FeignClient(value = "product-service")
public interface ProductService {
  @GetMapping("/findNameById")
  String findNameById(Integer id);
}
```

在上述代码中，ProductService 接口指定了远程服务调用的信息，其中使用@FeignClient

注解声明当前接口为一个 Feign 客户端，并且指定了该 Feign 客户端所调用的远程服务的名称为 product-service。在该接口中定义了一个名为 findNameById 的方法，用于以 GET 请求方式向服务提供方发送 URL 为 "/findNameById" 的调用请求。OpenFeign 会解析这些注解并生成一个动态代理对象，这个代理对象会将接口调用转化为一个远程服务调用的请求，并发送给目标服务。

（2）@EnableFeignClients

@EnableFeignClients 注解可以开启 Feign 客户端功能。使用@EnableFeignClients 注解后，程序默认会扫描该注解所标注的类所在的包及其子包下所有文件，并根据标注了@FeignClient 注解的接口中定义的方法和参数生成代理对象，开发人员可以使用标注了@FeignClient 注解的接口来调用其他服务中的 REST 服务。

@EnableFeignClients 注解可以通过如下属性指定扫描的 Feign 客户端接口。

① basePackages：指定要扫描的 Feign 客户端接口所在的包，多个值可以使用逗号分隔。默认值为空数组，表示从标注了@EnableFeignClients 注解的配置类所在包开始扫描。

② basePackageClasses：指定要扫描的 Feign 客户端接口所在的类，多个值可以使用逗号分隔。默认值为空数组，表示从标注了@EnableFeignClients 注解的配置类所在包开始扫描。

OpenFeign 在项目启动阶段会默认扫描指定目录下所有被@FeignClient 注解标注的接口，并基于动态代理机制为每个接口生成一个代理对象，该代理对象实现了@FeignClient 标注的接口的所有方法。OpenFeign 的底层调用都委托给该代理对象，该代理对象会被添加到 Spring 上下文中，可以注入本地的服务中。当本地服务调用接口中的方法时，实际上触发了代理对象的方法，只要服务提供方的服务遵循了 RESTful 原则，开发人员就可以使用类似在本地服务中调用本地方法的方式，轻松地调用其他远程服务。

4.2　OpenFeign 入门案例

了解完 OpenFeign 的相关概念后，本节将通过一个简单的入门案例，演示在 Spring Boot 项目中使用 OpenFeign 完成服务调用，具体如下。

1. 创建项目父工程

创建一个父工程，在父工程中管理项目依赖的版本。在 IDEA 中创建一个名为 openFeign 的 Maven 工程，由于本案例基于 Spring Boot 项目，并且 OpenFeign 需要基于注册中心获取服务信息，因此需要在工程的 pom.xml 文件中声明 Spring Cloud、Spring Cloud Alibaba、Spring Boot 的相关依赖，具体如文件 4-1 所示。

文件 4-1　openFeign\pom.xml

```
1  <?xml version="1.0" encoding="UTF-8"?>
2  <project xmlns="http://maven.apache.org/POM/4.0.0"
3        xmlns:xsi="http://www.w3.org/2001/XMLSchema-instance"
4        xsi:schemaLocation="http://maven.apache.org/POM/4.0.0
5        http://maven.apache.org/xsd/maven-4.0.0.xsd">
6     <modelVersion>4.0.0</modelVersion>
7     <groupId>com.itheima</groupId>
8     <artifactId>openFeign</artifactId>
9     <packaging>pom</packaging>
10    <version>1.0-SNAPSHOT</version>
```

```
11    <properties>
12        <maven.compiler.source>11</maven.compiler.source>
13        <maven.compiler.target>11</maven.compiler.target>
14        <project.build.sourceEncoding>UTF-8</project.build.sourceEncoding>
15        <spring-cloud.version>2021.0.5</spring-cloud.version>
16        <spring-cloud-alibaba.version>
17            2021.0.5.0</spring-cloud-alibaba.version>
18        <spring-boot.version>2.6.13</spring-boot.version>
19    </properties>
20    <dependencyManagement>
21        <dependencies>
22            <dependency>
23                <groupId>org.springframework.cloud</groupId>
24                <artifactId>spring-cloud-dependencies</artifactId>
25                <version>${spring-cloud.version}</version>
26                <type>pom</type>
27                <scope>import</scope>
28            </dependency>
29            <dependency>
30                <groupId>com.alibaba.cloud</groupId>
31                <artifactId>spring-cloud-alibaba-dependencies</artifactId>
32                <version>${spring-cloud-alibaba.version}</version>
33                <type>pom</type>
34                <scope>import</scope>
35            </dependency>
36            <dependency>
37                <groupId>org.springframework.boot</groupId>
38                <artifactId>spring-boot-dependencies</artifactId>
39                <version>${spring-boot.version}</version>
40                <type>pom</type>
41                <scope>import</scope>
42            </dependency>
43        </dependencies>
44    </dependencyManagement>
45    <dependencies>
46    </dependencies>
47    <build>
48        <plugins>
49            <plugin>
50                <groupId>org.springframework.boot</groupId>
51                <artifactId>spring-boot-maven-plugin</artifactId>
52            </plugin>
53        </plugins>
54    </build>
55 </project>
```

2. 创建服务提供者模块

下面创建一个服务提供者的模块。在 openFeign 工程中创建一个名为 provider 的 Maven 子模块，并引入对应的依赖，具体如文件 4-2 所示。

文件 4-2   provider\pom.xml

```
1  <?xml version="1.0" encoding="UTF-8"?>
2  <project xmlns="http://maven.apache.org/POM/4.0.0"
3          xmlns:xsi="http://www.w3.org/2001/XMLSchema-instance"
4          xsi:schemaLocation="http://maven.apache.org/POM/4.0.0
5          http://maven.apache.org/xsd/maven-4.0.0.xsd">
6      <parent>
7          <artifactId>openFeign</artifactId>
8          <groupId>com.itheima</groupId>
9          <version>1.0-SNAPSHOT</version>
```

```
10        </parent>
11        <modelVersion>4.0.0</modelVersion>
12        <artifactId>provider</artifactId>
13        <properties>
14            <maven.compiler.source>11</maven.compiler.source>
15            <maven.compiler.target>11</maven.compiler.target>
16            <project.build.sourceEncoding>UTF-8</project.build.sourceEncoding>
17        </properties>
18        <dependencies>
19            <dependency>
20                <groupId>com.alibaba.cloud</groupId>
21                <artifactId>
22                spring-cloud-starter-alibaba-nacos-discovery</artifactId>
23            </dependency>
24            <dependency>
25                <groupId>org.springframework.boot</groupId>
26                <artifactId>spring-boot-starter-web</artifactId>
27            </dependency>
28        </dependencies>
29 </project>
```

3. 配置服务提供者信息

设置完 provider 模块的依赖后，在 provider 模块中创建全局配置文件 application.yml，并在该配置文件中配置服务名称、Nacos 服务端地址等信息，具体如文件 4-3 所示。

文件 4-3　provider\src\main\resources\application.yml

```
1  server:
2    #启动端口
3    port: 8001
4  spring:
5    application:
6      #服务名称
7      name: provider
8    cloud:
9      nacos:
10      discovery:
11        # Nacos 服务端的地址
12        server-addr: 127.0.0.1:8848
```

在上述代码中，使用 spring.application.name 指定当前服务的名称为 provider，使用 spring.cloud.nacos.discovery.server-addr 配置 Nacos 服务端的地址。

4. 创建服务提供者的控制器类

在 provider 模块的 java 目录下创建包 com.itheima.controller，在该包下创建名为 Project Controller 的控制器类，并在该类中创建方法处理对应的请求，具体如文件 4-4 所示。

文件 4-4　ProjectController.java

```
1  import org.springframework.beans.factory.annotation.Value;
2  import org.springframework.web.bind.annotation.GetMapping;
3  import org.springframework.web.bind.annotation.PathVariable;
4  import org.springframework.web.bind.annotation.RestController;
5  @RestController
6  public class ProjectController{
7      @Value("${spring.application.name}")
8      private String appName;
9      @Value("${server.port}")
10     private String serverPort;
11     @GetMapping(value = "/project/{name}")
```

```
12        public String findProject(@PathVariable("name") String name) {
13            return "<h2>服务访问成功! </h2>服务名称: "+appName+", 端口号: "
14                    + serverPort +"<br /> 查询的项目: " + name;
15        }
16 }
```

在上述代码中，第 5~16 行代码定义名为 ProjectController 的控制器类，其中第 11~15 行代码中定义方法 findProject()用于映射 URL 为 "/project/{name}" 的请求，其中{name}为调用该服务时传递过来的参数。

5. 创建服务提供者的项目启动类

在 provider 模块的 com.itheima 包下创建项目的启动类，具体如文件 4-5 所示。

文件 4-5　ProviderApp.java

```
1 import org.springframework.boot.SpringApplication;
2 import org.springframework.boot.autoconfigure.SpringBootApplication;
3 import org.springframework.cloud.client.discovery.EnableDiscoveryClient;
4 @SpringBootApplication
5 public class ProviderApp {
6     public static void main(String[] args) {
7         SpringApplication.run(ProviderApp.class, args);
8     }
9 }
```

6. 创建服务消费者模块

下面创建一个服务消费者的模块，在该模块中使用 OpenFeign 远程调用 provider 模块中提供的服务。在 openFeign 工程中创建一个名为 consumer 的 Maven 子模块，在模块的 pom.xml 文件中引入对应的依赖，具体如文件 4-6 所示。

文件 4-6　consumer\pom.xml

```
1 <?xml version="1.0" encoding="UTF-8"?>
2 <project xmlns="http://maven.apache.org/POM/4.0.0"
3         xmlns:xsi="http://www.w3.org/2001/XMLSchema-instance"
4         xsi:schemaLocation="http://maven.apache.org/POM/4.0.0
5         http://maven.apache.org/xsd/maven-4.0.0.xsd">
6     <parent>
7         <artifactId>openFeign</artifactId>
8         <groupId>com.itheima</groupId>
9         <version>1.0-SNAPSHOT</version>
10    </parent>
11    <modelVersion>4.0.0</modelVersion>
12    <artifactId>consumer</artifactId>
13    <properties>
14        <maven.compiler.source>11</maven.compiler.source>
15        <maven.compiler.target>11</maven.compiler.target>
16        <project.build.sourceEncoding>UTF-8</project.build.sourceEncoding>
17    </properties>
18    <dependencies>
19        <dependency>
20            <groupId>com.alibaba.cloud</groupId>
21            <artifactId>
22              spring-cloud-starter-alibaba-nacos-discovery</artifactId>
23        </dependency>
24        <dependency>
25            <groupId>org.springframework.boot</groupId>
26            <artifactId>spring-boot-starter-web</artifactId>
27        </dependency>
28        <dependency>
```

```
29        <groupId>org.springframework.cloud</groupId>
30        <artifactId>spring-cloud-starter-loadbalancer</artifactId>
31     </dependency>
32     <dependency>
33        <groupId>org.springframework.cloud</groupId>
34        <artifactId>spring-cloud-starter-openfeign</artifactId>
35     </dependency>
36   </dependencies>
37 </project>
```

在上述代码中，第 32～35 行代码引入的依赖为 Spring Cloud 提供的 OpenFeign 启动器依赖。

7. 配置服务消费者信息

设置完 consumer 模块的依赖后，在 consumer 模块中创建全局配置文件 application.yml，并在该配置文件中配置服务名称、Nacos 服务端地址等信息，具体如文件 4-7 所示。

文件 4-7　consumer\src\main\resources\application.yml

```
1  server:
2    #启动端口
3    port: 8002
4  spring:
5    application:
6      #服务名称
7      name: consumer
8    cloud:
9      nacos:
10       discovery:
11         # Nacos 服务端的地址
12         server-addr: 127.0.0.1:8848
```

在上述代码中，使用 spring.application.name 指定当前服务的名称为 consumer，使用 spring.cloud.nacos.discovery.server-addr 配置 Nacos 服务端的地址。

8. 创建 Feign 客户端接口

在 consumer 模块的 java 目录下创建包 com.itheima.service，在包下创建 Feign 客户端的接口，在该接口中声明要调用的服务，具体如文件 4-8 所示。

文件 4-8　ProjectService.java

```
1  import org.springframework.cloud.openfeign.FeignClient;
2  import org.springframework.web.bind.annotation.GetMapping;
3  import org.springframework.web.bind.annotation.PathVariable;
4  //指定需要调用的服务名称
5  @FeignClient(name="provider")
6  public interface ProjectService {
7      //调用的请求路径
8      @GetMapping( "/project/{name}")
9      public String findProject(@PathVariable("name") String name);
10 }
```

在上述代码中，第 5 行代码使用@FeignClient 注解声明当前接口是名为 provider 的服务客户端，即通过该接口可以调用服务 provider 下的 REST 接口。第 8～9 行代码定义了一个名为 findProject 的方法，表示以 GET 请求方式向服务提供方发送 URL 为"/project/{name}"的调用请求，其中{name}为传入的参数，该 URL 和请求方式需要和 provider 中提供的 REST 接口保持一致。

9．创建服务消费者的控制器类

在 consumer 模块的 java 目录下创建包 com.itheima.controller，在该包下创建名为 ConsumerController 的控制器类，在该类中注入 ProjectService 对象，并通过该对象远程调用服务提供者所提供的方法，具体如文件 4-9 所示。

文件 4-9　ConsumerController.java

```
1  import com.itheima.service.ProjectService;
2  import org.springframework.beans.factory.annotation.Autowired;
3  import org.springframework.web.bind.annotation.GetMapping;
4  import org.springframework.web.bind.annotation.PathVariable;
5  import org.springframework.web.bind.annotation.RestController;
6  @RestController
7  public class ConsumerController {
8      @Autowired
9      private ProjectService projectService;
10     @GetMapping(value = "/consumer/{name}")
11     public String getService(@PathVariable("name") String name) {
12         return  projectService.findProject(name);
13     }
14 }
```

在上述代码中，第 8～9 行代码注入 ProjectService 对象，第 12 行代码通过 ProjectService 对象调用 findProject()方法实现远程服务调用。

10．创建服务消费者的项目启动类

在 consumer 模块的 java 目录下的 com.itheima 包下创建项目的启动类，并且在该启动类中使用@EnableFeignClients 注解开启 Feign 客户端功能，具体如文件 4-10 所示。

文件 4-10　ConsumerApp.java

```
1  import org.springframework.boot.SpringApplication;
2  import org.springframework.boot.autoconfigure.SpringBootApplication;
3  import org.springframework.cloud.openfeign.EnableFeignClients;
4  @SpringBootApplication
5  @EnableFeignClients
6  public class ConsumerApp {
7      public static void main(String[] args) {
8          SpringApplication.run(ConsumerApp.class, args);
9      }
10 }
```

在上述代码中，第 5 行代码在类上标注@EnableFeignClients，项目启动时会自动扫描 com.itheima 包下所有标注@FeignClient 注解的接口，并生成对应的代理对象。

11．测试服务调用效果

依次启动 Nacos 服务端、ProviderApp、ConsumcrApp，启动成功后，在浏览器中访问 http://localhost:8002/consumer/嫦娥五号，具体如图 4-1 所示。

图4-1　服务远程调用

　　从图 4-1 可以看到页面中显示服务提供者的服务名称和端口号分别为 provider 和 8001，说明 consumer 成功通过 OpenFeign 访问到 provider 中的 REST 接口，实现了服务的远程调用。

4.3　OpenFeign 工作原理

　　通过对 4.2 节入门案例的学习，相信读者能够通过 OpenFeign 实现远程服务调用。为了让读者能更好地理解 OpenFeign 的工作原理，下面对通过 OpenFeign 实现远程服务调用的流程进行分析、讲解。

　　OpenFeign 实现远程服务调用的流程如图 4-2 所示。

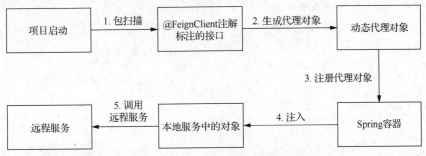

图4-2　OpenFeign实现远程服务调用的流程

　　从图 4-2 可以看出，OpenFeign 实现远程服务调用主要通过接口基于动态代理生成的对象，下面根据图 4-2 所示的流程通过 OpenFeign 包扫描原理、OpenFeign 动态代理原理和 OpenFeign 发送请求的原理对 OpenFeign 工作原理进行讲解。

1. OpenFeign 包扫描原理

　　OpenFeign 包扫描主要涉及@EnableFeignClients 注解，项目启动时，如果检测到有@EnableFeignClients 注解，则会扫描指定包下被@FeignClient 注解标注的接口。下面，从@EnableFeignClients 注解入手，分析 OpenFeign 远程调用服务的工作原理。

　　查看@EnableFeignClients 注解的源代码，具体如下。

```
@Retention(RetentionPolicy.RUNTIME)
@Target({ElementType.TYPE})
@Documented
@Import({FeignClientsRegistrar.class})
public @interface EnableFeignClients {
    String[] value() default {};
    String[] basePackages() default {};
    Class<?>[] basePackageClasses() default {};
    Class<?>[] defaultConfiguration() default {};
    Class<?>[] clients() default {};
}
```

　　从上述代码可以看到，@EnableFeignClients 注解中使用 Spring 框架的@Import 注解导入了 FeignClientsRegistrar 类。

　　打开 FeignClientsRegistrar 类的源代码进行查看，FeignClientsRegistrar 类实现了 ImportBeanDefinitionRegistrar 接口。在 Spring Boot 启动的过程中会调用 FeignClientsRegistrar 类中重写的 registerBeanDefinitions()方法，该方法的代码如下。

```
public void registerBeanDefinitions(AnnotationMetadata metadata,
      BeanDefinitionRegistry registry) {
   this.registerDefaultConfiguration(metadata, registry);
   this.registerFeignClients(metadata, registry);
}
```

从上述代码可以看到，registerBeanDefinitions()方法分别调用了 registerDefaultConfiguration()方法和 registerFeignClients()方法，其中 registerDefaultConfiguration()方法用来注册默认的配置类，其作用是为所有的 Feign 客户端提供一些共享的配置，该方法会在 Feign 客户端首次启动时自动执行，将默认配置注入整个 Feign 客户端的运行环境中，以便在后续的请求中使用。registerFeignClients()方法会扫描被@FeignClient 注解标注的接口，并生成相应的代理类，然后，会根据配置文件中的属性值，将生成的代理类实例化并注入 Spring 容器中。

接着查看 registerFeignClients()方法的源代码，具体如下。

```
1   public void registerFeignClients(AnnotationMetadata metadata,
2         BeanDefinitionRegistry registry) {
3      LinkedHashSet<BeanDefinition> candidateComponents =
4         new LinkedHashSet();
5      Map<String, Object> attrs = metadata.getAnnotationAttributes(
6         EnableFeignClients.class.getName());
7      Class<?>[] clients = attrs == null ? null :
8         (Class[])((Class[])attrs.get("clients"));
9      if (clients != null && clients.length != 0) {
10        Class[] var12 = clients;
11        int var14 = clients.length;
12        for(int var16 = 0; var16 < var14; ++var16) {
13           Class<?> clazz = var12[var16];
14           candidateComponents.add(
15              new AnnotatedGenericBeanDefinition(clazz));
16        }
17     } else {
18        ClassPathScanningCandidateComponentProvider scanner =
19           this.getScanner();
20        scanner.setResourceLoader(this.resourceLoader);
21        scanner.addIncludeFilter(new AnnotationTypeFilter(
22           FeignClient.class));
23        Set<String> basePackages = this.getBasePackages(metadata);
24        Iterator var8 = basePackages.iterator();
25        while(var8.hasNext()) {
26           String basePackage = (String)var8.next();
27           candidateComponents.addAll(scanner.findCandidateComponents(
28              basePackage));
29        }
30     }
31     Iterator var13 = candidateComponents.iterator();
32     while(var13.hasNext()) {
33        BeanDefinition candidateComponent =
34           (BeanDefinition)var13.next();
35        if (candidateComponent instanceof AnnotatedBeanDefinition) {
36           AnnotatedBeanDefinition beanDefinition =
37              (AnnotatedBeanDefinition)candidateComponent;
38           AnnotationMetadata annotationMetadata =
39              beanDefinition.getMetadata();
40           Assert.isTrue(annotationMetadata.isInterface(),
41              "@FeignClient can only be specified on an interface");
42           Map<String, Object> attributes = annotationMetadata.
43        getAnnotationAttributes(FeignClient.class.getCanonicalName());
44           String name = this.getClientName(attributes);
```

```
45          this.registerClientConfiguration(registry, name,
46              attributes.get("configuration"));
47          this.registerFeignClient(registry, annotationMetadata,
48              attributes);
49       }
50     }
51  }
```

在上述代码中，第 3～4 行代码创建一个集合用于存放后续扫描到的候选组件，第 5～8 行代码获取@EnableFeignClients 注解上的属性 clients 的值，并将其赋给变量 clients。

第 9～17 行代码中当 clients 不为空并且长度不等于 0 时，遍历 clients 数组，为每个元素都创建一个 AnnotatedGenericBeanDefinition 类型的 BeanDefinition 对象，并将其加入 candidateComponents 集合中。

当 clients 为空或者长度等于 0 时执行第 18～30 行代码，代码中创建一个 ClassPathScanningCandidateComponentProvider 类型的扫描器对象 scanner 用于包扫描。scanner 对象指定资源加载器和要扫描的注解类型@FeignClient，然后获取指定 basePackages 的所有候选组件，将其添加至 candidateComponents 集合中，其中 basePackages 默认为@EnableFeignClients 所标注的类所在的包及子包。

第 31～50 行代码获取 candidateComponents 集合的迭代器对象后，通过该迭代器对象遍历 candidateComponents 集合，找出其中被@FeignClient 注解标注的接口，将其注册成 BeanDefinition 对象。此处需要注意的是，只能在接口上使用@FeignClient 注解。其中第 47～48 行代码调用 registerFeignClient()方法，registerFeignClient()方法代码如下。

```
1  private void registerFeignClient(BeanDefinitionRegistry registry,
2   AnnotationMetadata annotationMetadata, Map<String, Object> attributes) {
3     String className = annotationMetadata.getClassName();
4     Class clazz = ClassUtils.resolveClassName(className,
5        (ClassLoader)null);
6     ConfigurableBeanFactory beanFactory = registry instanceof
7      ConfigurableBeanFactory ? (ConfigurableBeanFactory)registry : null;
8     String contextId = this.getContextId(beanFactory, attributes);
9     String name = this.getName(attributes);
10    FeignClientFactoryBean factoryBean = new FeignClientFactoryBean();
11    factoryBean.setBeanFactory(beanFactory);
12    factoryBean.setName(name);
13    factoryBean.setContextId(contextId);
14    factoryBean.setType(clazz);
15    factoryBean.setRefreshableClient(this.isClientRefreshEnabled());
16    BeanDefinitionBuilder definition =
17     BeanDefinitionBuilder.genericBeanDefinition(clazz, () -> {
18        factoryBean.setUrl(this.getUrl(beanFactory, attributes));
19        factoryBean.setPath(this.getPath(beanFactory, attributes));
20        factoryBean.setDecode404(Boolean.parseBoolean(
21            String.valueOf(attributes.get("decode404"))));
22        Object fallback = attributes.get("fallback");
23        if (fallback != null) {
24           factoryBean.setFallback(fallback instanceof Class ?
25           (Class)fallback : ClassUtils.resolveClassName(
26              fallback.toString(), (ClassLoader)null));
27        }
28        Object fallbackFactory = attributes.get("fallbackFactory");
29        if (fallbackFactory != null) {
30           factoryBean.setFallbackFactory(fallbackFactory instanceof
31           Class ? (Class)fallbackFactory : ClassUtils.resolveClassName(
32              fallbackFactory.toString(), (ClassLoader)null));
```

```
33          }
34          return factoryBean.getObject();
35      });
36      definition.setAutowireMode(2);
37      definition.setLazyInit(true);
38      this.validate(attributes);
39      AbstractBeanDefinition beanDefinition =
40          definition.getBeanDefinition();
41      beanDefinition.setAttribute("factoryBeanObjectType", className);
42      beanDefinition.setAttribute("feignClientsRegistrarFactoryBean",
43          factoryBean);
44      boolean primary = (Boolean)attributes.get("primary");
45      beanDefinition.setPrimary(primary);
46      String[] qualifiers = this.getQualifiers(attributes);
47      if (ObjectUtils.isEmpty(qualifiers)) {
48          qualifiers = new String[]{contextId + "FeignClient"};
49      }
50      BeanDefinitionHolder holder = new BeanDefinitionHolder(beanDefinition,
51          className, qualifiers);
52      BeanDefinitionReaderUtils.registerBeanDefinition(holder, registry);
53      this.registerOptionsBeanDefinition(registry, contextId);
54  }
```

上述代码主要处理@FeignClient 注解中的属性，如 name、url、path 等，并将其绑定到 BeanDefinition 中，最终转换成 FeignClientFactoryBean 对象，该对象用于创建 FeignCientBean。

2. OpenFeign 动态代理原理

上面的源代码解析中提到 FeignClientFactoryBean 对象用于创建 FeignCientBean，在创建 FeignClientBean 的过程中会生成标注@FeignClient 注解的接口对应的代理对象，其中 registerFeignClient()方法中 FeignClientFactoryBean 对象调用的 getObject()所返回的 BeanDefinition Builder 对象就是接口的动态实现类，下面查看动态代理的入口方法 getObject()的代码，具体如下。

```
1  public Object getObject() {
2      return this.getTarget();
3  }
```

从上述代码可以看到，getObject()方法内部调用了 getTarget()方法，getTarget()方法用于获取当前 Feign 客户端所对应的目标服务信息，具体代码如下。

```
1  <T> T getTarget() {
2  FeignContext context = this.beanFactory != null ?
3      (FeignContext)this.beanFactory.getBean(FeignContext.class) :
4      (FeignContext)this.applicationContext.getBean(FeignContext.class);
5  Feign.Builder builder = this.feign(context);
6  if (!StringUtils.hasText(this.url)) {
7      if (LOG.isInfoEnabled()) {
8          LOG.info("For '" + this.name + "' URL not provided. Will try
9              picking an instance via load-balancing.");
10      }
11      if (!this.name.startsWith("http")) {
12          this.url = "http://" + this.name;
13      } else {
14          this.url = this.name;
15      }
16      this.url = this.url + this.cleanPath();
17      return this.loadBalance(builder, context,
18          new Target.HardCodedTarget(this.type, this.name, this.url));
19  } else if (StringUtils.hasText(this.url) && !this.url.startsWith("http"))
20          if (StringUtils.hasText(this.url) && !this.url.startsWith("http"))
```

```
21              {
22                  this.url = "http://" + this.url;
23              }
24          String url = this.url + this.cleanPath();
25          Client client = (Client)this.getOptional(context, Client.class);
26          if (client != null) {
27              if (client instanceof FeignBlockingLoadBalancerClient) {
28                  client =
29                  ((FeignBlockingLoadBalancerClient)client).getDelegate();
30              }
31
32              if (client instanceof RetryableFeignBlockingLoadBalancerClient)
33              {
34                  client =
35          ((RetryableFeignBlockingLoadBalancerClient)client).getDelegate();
36              }
37              builder.client(client);
38          }
39          this.applyBuildCustomizers(context, builder);
40          Targeter targeter = (Targeter)this.get(context, Targeter.class);
41          return targeter.target(this, builder, context,
42              new Target.HardCodedTarget(this.type, this.name, url));
43      }
44 }
```

在上述代码中，第 2～5 行代码从 Spring 容器中获取 FeignContext 对象，并使用其创建 Feign.Builder 对象。

第 6～19 行代码判断 Feign 客户端如果没有指定 URL，那么将会通过负载均衡的方式选择一台目标主机，并返回该主机实例对应的目标服务。

如果 Feign 客户端指定了 URL，则执行第 20～42 行代码将该 URL 与 cleanPath() 方法处理后的路径进行拼接，再调用 applyBuildCustomizers() 方法定制 Builder 配置，并使用 Targeter 对象创建并返回 Feign 客户端对应的代理对象。

对 getTarget() 方法中的代码进一步分析，可以得出不管 Feign 客户端是否指定了 URL，都会通过 Targeter 对象调用 target() 方法，Targeter 实现类有两个，分别是 DefaultTargeter 和 FeignCircuitBreakerTargeter，后者具有熔断和 Fallback 调用能力，而不论是哪个实现类，都需要调用 Feign 类的 builder() 方法构造一个 Feign 客户端对象。构造 Feign 客户端对象的过程中，依赖 ReflectiveFeign 来进行构造。而 Feign 接口的代理对象就是根据 ReflectiveFeign 类的 newInstance() 方法使用动态代理创建的。

综上所述，创建 Feign 客户端对象时，首先会解析 FeignClient 接口上各个方法级别的注解，比如远程接口的 URL、接口请求方式（如 GET、POST 等）、请求参数等。然后将解析到的数据封装成元数据，生成对应的方法级别的代理 MethodHandler。接着使用 Java 的 JDK 原生的动态代理，创建 FeignClient 接口的动态代理 Proxy 对象，这个 Proxy 对象会添加到 Spring 容器中。

3. OpenFeign 发送请求的原理

在生成代理对象后，程序中调用 Feign 服务端接口对应的方法时，通过动态代理对象的 MethodHandler 组件来发送请求。处理代理对象方法调用的入口为 ReflectiveFeign 类中的 invoke() 方法，具体代码如下。

```
1  public Object invoke(Object proxy, Method method, Object[] args)
2          throws Throwable {
```

```
3          if (!"equals".equals(method.getName())) {
4              if ("hashCode".equals(method.getName())) {
5                  return this.hashCode();
6              } else {
7                  return "toString".equals(method.getName()) ? this.toString():
8                  ((InvocationHandlerFactory.MethodHandler)
9                  this.dispatch.get(method)).invoke(args);
10             }
11         } else {
12             try {
13                 Object otherHandler = args.length > 0 && args[0] != null ?
14                     Proxy.getInvocationHandler(args[0]) : null;
15                 return this.equals(otherHandler);
16             } catch (IllegalArgumentException var5) {
17                 return false;
18             }
19         }
20 }
```

在上述代码中，第 3～11 行代码判断如果代理对象调用的方法不是 equals()、hashCode()、toString()，则会从 dispatch 中获取与当前方法对应的 InvocationHandlerFactory.MethodHandler 对象，并调用其 invoke()方法执行实际的请求操作，其中 dispatch 指向了一个 HashMap，该 HashMap 中包含 FeignClient 每个接口的 MethodHandler 类。

InvocationHandlerFactory.MethodHandler 提供了两个实现类用于处理代理对象方法调用的逻辑，分别为 DefaultMethodHandler 和 SynchronousMethodHandler。其中 DefaultMethodHandler 主要用于异步请求，即开启一个新线程进行实际的请求操作，SynchronousMethodHandler 则主要用于同步请求，即直接在当前线程中发起请求并等待响应结果，默认情况下，使用 SynchronousMethodHandler 来处理 Spring MVC 中的请求。

查看 SynchronousMethodHandler 重写的 invoke()方法，具体代码如下。

```
1  public Object invoke(Object[] argv) throws Throwable {
2      RequestTemplate template = this.buildTemplateFromArgs.create(argv);
3      Request.Options options = this.findOptions(argv);
4      Retryer retryer = this.retryer.clone();
5      while(true) {
6          try {
7              return this.executeAndDecode(template, options);
8          } catch (RetryableException var9) {
9              RetryableException e = var9;
10             try {
11                 retryer.continueOrPropagate(e);
12             } catch (RetryableException var8) {
13                 ……
14             }
15         }
16 }
```

在上述代码中，第 2～3 行代码根据传入的参数创建 RequestTemplate 对象，并获取请求配置信息。第 5～15 行代码循环调用 executeAndDecode()方法执行实际的请求操作并解析响应结果。如果请求失败，则根据 Retryer 的策略判断是否继续重试。其中，executeAndDecode() 方法会根据传入的 RequestTemplate 对象构造出一个 Request 对象，并使用 FeignClient 实例执行该请求。

综上所述，OpenFeign 工作原理大致为：OpenFeign 根据@EnableFeignClients 注解扫描指定位置带有@FeignClient 注解的接口，然后对应的接口生成动态代理对象。动态代理对象中引用包含接口方法的 MethodHandler，MethodHandler 里面又包含解析注解后的元数据。发起请求时，MethodHandler 会生成一个请求。最后从服务列表中选取对应的服务，发起远程服务调用。

4.4　OpenFeign 常见配置

随着微服务架构的流行和应用程序的复杂性不断增强，开发人员需要更加高效地处理不同服务之间的通信。在使用 OpenFeign 时，可能需要对其设置默认配置之外的其他配置，以满足特定的业务需求和性能要求，其中常见的配置有超时控制配置、日志级别配置、数据压缩配置。下面基于 Spring Cloud 2021.0.5 对 OpenFeign 的这三种配置分别进行讲解。

4.4.1　超时控制配置

OpenFeign 的超时控制指的是对 OpenFeign 客户端与服务器之间请求和响应的时间限制，以确保在规定的时间内收到响应，避免由于网络延迟或其他原因导致长时间等待。OpenFeign 客户端和服务端之间请求和响应的时间主要有两种，一是建立连接所用的时间，默认最长连接等待时间为 10 秒，二是建立连接后从服务器读取可用资源的时间，默认最长读取等待时间为 60 秒。

为了应对不同的连接需求，开发者可以在 application.yml 或 application.properties 配置文件中通过如下两个属性设置客户端和服务端之间的最长连接等待时间，以及最长读取等待时间。

① feign.client.config.{default|servicename}.connectTimeout：指定 OpenFeign 客户端和服务端建立连接的最长连接等待时间。

② feign.client.config.{default|servicename}.readTimeout：指定 OpenFeign 客户端和服务端建立连接后从服务端读取可用资源的最长读取等待时间。

上述两个属性中，{default|servicename}表示值可以为 default 或者 servicename。其中值为 default 时表示客户端在进行服务连接和服务请求时的默认配置，servicename 为 OpenFeign 客户端的名称，也就是服务端注册到注册中心的名称，当前设置只在使用 OpenFeign 客户端 provider 进行服务连接和服务请求时生效。

OpenFeign 超时控制配置的示例如下。

```
feign:
  client:
    config:
      default:
        connectTimeout: 5000
        readTimeout: 5000
      provider:
        connectTimeout: 5000
        readTimeout: 5000
```

在上述示例中，feign.client.config.default.connectTimeout 用于指定默认 OpenFeign 客户端和服务端建立连接的最长连接等待时间为 5000 毫秒，即 5 秒，feign.client.config.default.read Timeout 用于指定默认 OpenFeign 客户端和服务端建立连接后从服务端读取可用资源的最长读取等待时间为 5000 毫秒，即 5 秒。provider 为 OpenFeign 客户端的名称，也就是服务端注册到注册中心的名称，当前设置只在使用 OpenFeign 客户端 provider 进行服务连接和服务请求时生效。

开发中通常可以将 connectTimeout 设置得相对短一些，而把 readTimeout 设置得相对长一些，这是因为网络状况一般较为稳定，连接时很少出现问题，但是读取时因为数据下载时的网络波动，出现问题的可能性更大一些。

下面，基于 OpenFeign 的入门案例进行超时控制的相关修改，演示 OpenFeign 的超时控制效果，具体如下。

（1）修改服务提供方的服务响应时间

为了查看超时控制的效果，修改文件 4-4 中的 findProject()方法，在 findProject()方法中返回数据之前休眠 6 秒，模拟从服务端处理请求的响应时间至少为 6 秒。修改后代码如文件 4-11 所示。

文件 4-11　ProjectController.java

```
1  import org.springframework.beans.factory.annotation.Value;
2  import org.springframework.web.bind.annotation.GetMapping;
3  import org.springframework.web.bind.annotation.PathVariable;
4  import org.springframework.web.bind.annotation.RestController;
5  @RestController
6  public class ProjectController {
7      @Value("${spring.application.name}")
8      private String appName;
9      @Value("${server.port}")
10     private String serverPort;
11     @GetMapping(value = "/project/{name}")
12     public String findProject(@PathVariable("name") String name)
13       throws InterruptedException {
14       Thread.sleep(6000);
15       return "<h2>服务访问成功！</h2>服务名称："+appName+", 端口号："
16           + serverPort +"<br /> 查询的项目: " + name;
17     }
18 }
```

在上述代码中，第 14 行代码表示当前线程休眠 6 秒。

（2）测试服务调用效果

依次启动 Nacos 服务端、ProviderApp、ConsumerApp，启动成功后，在浏览器中访问 http://localhost:8002/consumer/东方红一号，在比 6 秒长一些的时间后会显示服务调用结果，具体如图 4-3 所示。

图4-3　服务调用结果

从图 4-3 可以得出服务调用成功，说明从服务端读取可用资源的时间在 6 秒时，客户端可以正常获取到服务端响应的内容。

（3）设置最长连接等待时间

在 consumer 模块的 application.yml 文件中设置最长连接等待时间，此处将建立连接的最长连接等待时间和连接后从服务端读取可用资源的最长读取等待时间都设置为 5 秒，具体如文件 4-12 所示。

文件 4-12　consumer\src\main\resources\application.yml

```
1   server:
2     #启动端口
3     port: 8002
4   spring:
5    application:
6      #服务名称
7      name: consumer
8    cloud:
9      nacos:
10      discovery:
11        server-addr: 127.0.0.1:8848
12  feign:
13   client:
14     config:
15       default:
16         connectTimeout: 5000
17         readTimeout: 5000
```

在上述代码中，第 12～17 行代码将建立连接的最长连接等待时间和连接后从服务端读取可用资源的最长读取等待时间都设置为 5 秒。

（4）测试超时后的服务调用效果

重启 ConsumerApp，在浏览器中访问 http://localhost:8002/consumer/东方红一号，等待 5 秒后页面显示服务调用结果，具体如图 4-4 所示。

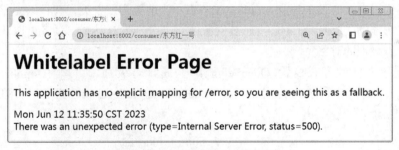

图4-4　超时控制后的服务调用效果

从图 4-4 可以得出服务调用失败，此时 IDEA 的 ConsumerApp 控制台输出异常信息 "java.net.SocketTimeoutException: Read timed out"，说明超时控制配置已生效，当从服务端读取可用资源的最长读取等待时间大于 5 秒时，服务调用超时。

4.4.2　日志级别配置

在 Spring Boot 项目中，开发人员可以在全局配置文件中通过 logging.level 属性控制整个应用程序中日志输出的级别，但想根据不同的需求，进一步查看使用 OpenFeign 时 Feign 客户端的日志，可以通过配置 OpenFeign 中 Feign 客户端的日志级别实现。通过配置 Feign 客户端的不同日志级别可以控制输出的日志记录请求和响应的信息，以方便调试和排查问题。OpenFeign 中 Feign 客户端的日志级别为 NONE、BASIC、HEADERS 和 FULL，具体说明如下。

① NONE：不记录任何日志，是 OpenFeign 的默认日志级别，其性能最佳，适合用于生产环境。

② BASIC：仅记录请求方法、URL、响应状态码、执行时间，适合用于在生产环境中追踪问题。

③ HEADERS：在 BASIC 级别的记录内容基础上，记录请求和响应的 Header 信息。

④ FULL：记录请求和响应的 Header、Body 和元数据，适合用于在开发和测试环境中定位问题。

根据 OpenFeign 日志级别的作用范围，可以将 OpenFeign 日志级别配置分为全局配置和局部配置，其中全局配置指的是配置的日志级别信息适用于调用所有的远程服务，局部配置指的是配置的日志级别信息仅适用于调用指定的远程服务。下面分别对这两种配置方式进行讲解。

1. 全局配置

OpenFeign 日志级别的全局配置可以通过配置类和配置文件两种方式实现。其中通过配置类的方式实现时，只需在配置类中创建一个 Logger.Level 对象交由 Spring 管理即可，其中 Logger.Level 对象可以通过 Logger 类中的 Level 枚举创建，示例如下。

```
@Configuration
public class OpenFeignConfig {
    @Bean
    public Logger.Level feignLoggerLevel(){
        return Logger.Level.BASIC;
    }
}
```

在上述代码中，通过@Configuration 注解表示当前类为配置类，并且该配置类需要在项目启动时被扫描到。返回的 Logger.Level 对象的日志级别为 BASIC，读者可以通过这种方式获取其他日志级别的对象。

通过配置文件的方式设置 OpenFeign 的全局日志级别，可以在 application.yml 或 application.properties 中通过 feign.client.config.default.logger-level 属性指定，示例如下。

```
feign:
  client:
    config:
      default:
        logger-level: FULL
```

在上述代码中，指定 OpenFeign 的全局日志级别为 FULL。

2. 局部配置

OpenFeign 日志级别的局部配置和全局配置很类似，也可以通过配置类和配置文件的方式实现。其中通过配置类实现局部配置时，需要在配置类中创建一个 Logger.Level 对象交由 Spring 管理，但不需要使用@Configuration 注解标注，而是在指定的 Feign 接口中，通过 @FeignClient 注解的 configuration 属性指定，示例如下。

```
@FeignClient(name="provider",configuration = OpenFeignConfig.class )
```

在上述代码中，指定调用服务名称为 provider 中的服务时，使用 OpenFeignConfig 配置类中的日志记录信息。

通过配置文件的方式设置 OpenFeign 的局部日志级别，可以在 application.yml 或 application.properties 中通过 feign.client.config.{servicename}.logger-level 属性指定，其中 {servicename}为服务名称，示例如下。

```
feign:
  client:
    config:
      provider:
        logger-level: NONE
```

在上述代码中，指定调用服务名称为 provider 的服务时，OpenFeign 的日志级别为 NONE。

需要注意的是，由于 Spring Boot 默认的应用程序日志级别是 INFO，而 OpenFeign 控制 Feign 客户端的日志输出级别是 DEBUG 级别，INFO 级别是高于 DEBUG 级别的，所以默认情况下 DEBUG 级别的 Feign 客户端的日志信息不会进行输出。对此，在输出 Feign 客户端的日志信息之前，不管是全局配置还是局部配置，都需要先将 OpenFeign 接口的日志级别设置成 DEBUG 级别，示例如下。

```
logging:
  level:
    com.itheima.service: DEBUG
```

在上述代码中，将 com.itheima.service 包下所有接口的日志级别设置为 DEBUG。

下面，基于 OpenFeign 的入门案例进行日志记录的相关修改，演示 OpenFeign 中不同日志级别的输出效果，具体如下。

（1）配置日志级别

在文件 4-12 中，配置 Feign 客户端的日志级别，具体如文件 4-13 所示。

文件 4-13　consumer\src\main\resources\application.yml

```
1  server:
2    #启动端口
3    port: 8002
4  spring:
5    application:
6      #服务名称
7      name: consumer
8    cloud:
9      nacos:
10      discovery:
11        server-addr: 127.0.0.1:8848
12  feign:
13    client:
14      config:
15        provider:
16          logger-level: FULL
17          connectTimeout: 5000
18          readTimeout: 5000
19  logging:
20    level:
21      com.itheima.service: DEBUG
```

在上述代码中，第 12～16 行代码指定服务名称为 provider 的 Feign 客户端的日志级别为 FULL。第 19～21 行代码指定 com.itheima.service 包下所有 Feign 接口的日志输出级别为 DEBUG。

（2）测试日志输出效果

将文件 4-11 中第 14 行线程休眠的代码进行注释后，依次启动 Nacos 服务端、ProviderApp、ConsumerApp，启动成功后，在浏览器中访问 http://localhost:8002/consumer/CASC，此时 IDEA

中 ConsumerApp 的控制台输出日志信息如图 4-5 所示。

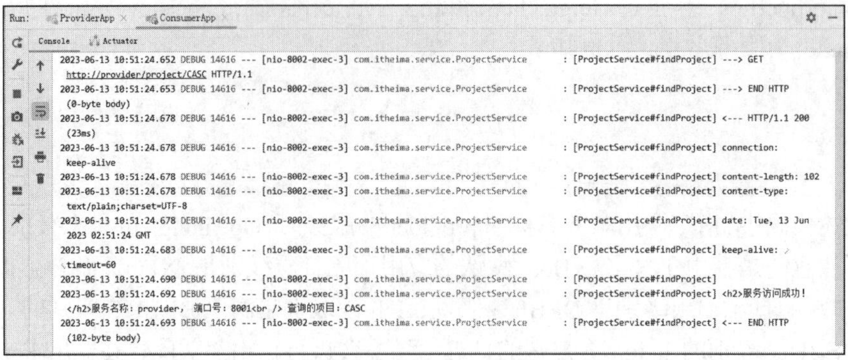

图4-5　ConsumerApp的控制台输出日志信息（1）

从图 4-5 中可以看到，通过 OpenFeign 发送远程服务调用请求时，控制台输出了记录最详细的请求和响应信息，包括 Header 信息和 Body 内容等 FULL 日志级别的信息。

为了查看不同日志级别的信息，以及体验通过配置类配置日志级别的效果，下面将 OpenFeign 中 Feign 客户端的日志级别修改为 BASIC 进行演示。

（1）创建配置类

在 consumer 模块中创建包 com.itheima.config，在该包中创建配置类，并在配置类中创建 OpenFeign 日志级别为 BASIC 的 Logger.Level 对象交由 Spring 管理，具体如文件 4-14 所示。

文件 4-14　OpenFeignConfig.java

```java
1  import feign.Logger;
2  import org.springframework.context.annotation.Bean;
3  public class OpenFeignConfig {
4      @Bean
5      public Logger.Level feignLoggerLevel(){
6          return Logger.Level.BASIC;
7      }
8  }
```

在上述代码中，第 3~8 行代码创建了一个配置类 OpenFeignConfig，其中第 4~7 行创建一个日志级别为 BASIC 的 Logger.Level 对象交由 Spring 管理。OpenFeignConfig 类上并没有使用@Configuration 标注，所以该配置类为局部配置方式的配置类。

（2）指定配置文件

在文件 4-8 的@FeignClient 注解中指定日志级别信息所在的配置文件，具体如文件 4-15 所示。

文件 4-15　ProjectService.java

```java
1   import com.itheima.config.OpenFeignConfig;
2   import org.springframework.cloud.openfeign.FeignClient;
3   import org.springframework.web.bind.annotation.GetMapping;
4   import org.springframework.web.bind.annotation.PathVariable;
5   //指定需要调用的服务名称
6   @FeignClient(name="provider",configuration = OpenFeignConfig.class )
7   public interface ProjectService {
8       //调用的请求路径
9       @GetMapping( "/project/{name}")
10      public String findProject(@PathVariable("name") String name);
11  }
```

在上述代码中，第 6 行代码通过 @FeignClient 注解的 configuration 属性指定访问 provider 中的服务时加载的配置文件为 OpenFeignConfig 类。

（3）测试日志输出效果

为了测试当前日志级别的效果是源于配置类，在文件 4-13 中，将第 16 行设置的日志级别进行注释。依次启动 Nacos 服务端、ProviderApp、ConsumerApp，启动成功后，在浏览器中再次访问 http://localhost:8002/consumer/CASC，此时 IDEA 中 ConsumerApp 的控制台输出日志信息如图 4-6 所示。

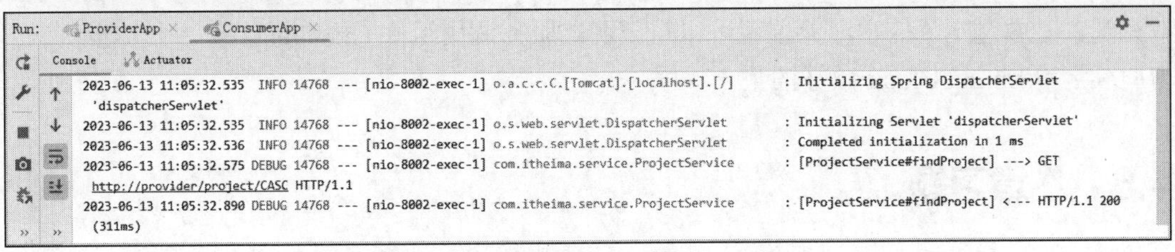

图4-6　ConsumerApp的控制台输出日志信息（2）

从图 4-6 中可以看到，通过 OpenFeign 发送远程服务调用请求时，控制台输出了请求 URL、响应状态码、执行时间等 BASIC 日志级别的信息。

4.4.3　数据压缩配置

在网络请求过程中，大量的数据传输可能会造成网络堵塞，从而影响用户体验。为了提升用户体验，我们可以对传输的数据进行压缩处理。OpenFeign 提供了 GZIP 压缩功能，可以对请求和响应数据进行压缩，从而减少通信过程中的性能损耗。

OpenFeign 默认不会开启数据压缩功能，开发者可以在项目的 application.yml 或 application.properties 配置文件中通过配置进行开启，示例如下。

```
feign:
  compression:
    request:
      enabled: true
    response:
      enabled: true
```

在上述代码中分别开启 Feign 中请求和响应的数据压缩功能。这样配置之后，在使用 OpenFeign 发送请求或接收响应时，就会自动对传输的数据进行压缩和解压缩了。

如果想对数据压缩做一些细致的设置，例如，指定压缩请求的 MIME TYPE 类型，并设置请求压缩的最小阈值，示例如下。

```
feign:
  compression:
    request:
      enabled: true
      mime-types: text/xml,application/xml,application/json
      min-request-size: 2048
```

上述代码开启请求的数据压缩，mime-types 指定压缩的类型可以为 text/xml、application/xml、application/json，min-request-size 指定压缩请求的最小阈值为 2048 字节，即只有超过这个大小的请求才会被进行压缩。这些设置可以控制压缩的细节，因为如果对所有请求进行压缩，性能开销更大。

需要注意的是，启用数据压缩功能会增加 CPU（Central Processing Unit，中央处理器）负载，因此需要根据实际情况权衡利弊并进行适当的调整。

4.5　本章小结

本章主要对声明式服务调用组件 OpenFeign 进行了讲解。首先讲解了 OpenFeign 概述；然后讲解了 OpenFeign 入门案例；接着讲解了 OpenFeign 工作原理；最后讲解了 OpenFeign 常见配置。通过本章的学习，读者可以对声明式服务调用组件 OpenFeign 有一个初步认识，为后续学习 Spring Cloud 做好铺垫。

4.6　本章习题

一、填空题

1. @EnableFeignClients 注解通过＿＿＿＿＿属性指定要扫描的 Feign 客户端接口所在的包。

2. ＿＿＿＿注解可以将接口声明为远程服务的客户端。

3. OpenFeign 客户端和服务端之间默认的最长连接等待时间为＿＿＿＿秒。

4. OpenFeign 默认的日志级别是＿＿＿＿。

5. OpenFeign 提供了＿＿＿＿压缩功能，可以对请求和响应数据进行压缩。

二、判断题

1. OpenFeign 是 Spring Cloud 对 Feign 的二次封装，它具有 Feign 的所有功能。（　　）

2. 项目启动阶段会默认扫描@EnableFeignClients 注解指定目录下，所有被@FeignClient 注解标注的接口。（　　）

3. OpenFeign 客户端和服务端建立连接后，从服务器读取可用资源默认的最长读取等待时间为 30 秒。（　　）

4. OpenFeign 日志级别的全局配置，指的是配置的日志级别信息适用于调用的所有远程服务。（　　）

5. OpenFeign 默认会自动开启数据压缩功能。（　　）

三、选择题

1. 下列选项中，关于 OpenFeign 描述错误的是（　　）。

　　A．OpenFeign 是 Netflix 公司发布的

　　B．OpenFeign 在 Feign 的基础上增加了对 Spring MVC 注解的支持

　　C．基于 OpenFegin 可以进行远程服务调用

　　D．OpenFeign 是对 Feign 的二次封装

2. 下列选项中，用于开启 Feign 客户端的自动化配置功能的注解是（　　）。

　　A．@GetMapping　　　　　　　　　　　　B．@PostMapping

　　C．@FeignClient　　　　　　　　　　　　 D．@EnableFeignClients

3. 下列选项中，对于 OpenFeign 中 Feign 客户端的日志级别描述错误的是（　　）。

　　A．NONE 表示不记录任何日志

B. BASIC 仅记录请求方法、URL、响应状态码、执行时间，是 OpenFeign 默认日志级别

C. HEADERS 在 BASIC 级别的记录内容基础上，记录请求和响应的 Header 信息

D. FULL 记录请求和响应的 Header、Body 和元数据

4. 下列选项中，关于 OpenFeign 工作原理描述错误的是（　　　）。

A. @EnableFeignClients 注解可以省略不写，OpenFeign 会自动扫描项目中所有带有 @FeignClient 注解的接口

B. @EnableFeignClients 注解中使用 Spring 框架的@Import 注解导入了 FeignClients Registrar 类

C. @EnableFeignClients 注解会自动扫描指定位置带有@FeignClient 注解的接口

D. OpenFeign 会对@FeignClient 注解标注的接口生成动态代理对象，而不需要手动实现这些接口

5. 下列选项中，对于@FeignClient 注解的作用描述正确的是（　　　）。

A. 用来映射 GET 类型的请求

B. 用来映射 POST 类型的请求

C. 用于标注一个接口，声明这个接口是一个远程服务的客户端

D. 用于开启 Feign 客户端的自动化配置功能

第5章

服务容错组件Sentinel

学习目标

◆ 了解服务容错概况，能简述常见的服务容错方案和服务容错组件

◆ 了解 Sentinel 概况，能够简述 Sentinel 的特点，以及资源和规则的概念

◆ 掌握 Sentinel 控制台的使用，能够独立启动和登录 Sentinel 控制台

◆ 掌握 Sentinel 快速入门案例的要点，能够通过 Sentinel 实现流量控制

◆ 掌握 Sentinel 资源的定义，能够通过 SphU、SphO 和注解的方式定义 Sentinel 资源

◆ 掌握 Sentinel 规则的定义，能够通过本地代码定义和 Sentinel 控制台动态定义两种方式定义 Sentinel 规则

◆ 掌握 Sentinel 整合应用，能够将 Sentinel 和 Spring Cloud Alibaba、OpenFeign 进行整合，实现调用拥有流量控制的远程服务

在当今互联网时代，服务的可用性和稳定性越来越重要。然而，即使是经过了精心设计和开发的系统，也难免会出现故障和异常情况。为了应对这些问题并提高系统的容错性和稳定性，Sentinel 应运而生。Sentinel 以流量为切入点，从流量控制、熔断降级、系统负载保护等多个维度提高系统的容错性和稳定性，是微服务架构中主流的服务容错组件之一。本章将对 Sentinel 的相关知识进行讲解。

5.1 服务容错概述

在微服务架构中，服务之间的依赖性很高，一旦某个服务出现故障或者延迟，就会影响整个系统的可用性和性能。因此，如何保证服务容错性是微服务架构设计中的一个重要问题。如何提高系统弹性、避免因为单点故障导致整个系统崩溃，成为微服务架构中服务容错需要解决的核心问题。下面对服务容错中的服务雪崩、常见的服务容错方案、常见的服务容错组件进行讲解。

1．服务雪崩

在分布式系统中，由于网络原因或服务自身问题，服务无法保证百分之百的可用性。如果一个服务出现不可用或响应时间过长的问题，那么调用该服务的线程可能会被阻塞。如果此时有大量请求涌入，就会造成多个线程阻塞等待。由于各个服务之间存在依赖关系，一旦某个核心服务发生故障，可能会引发其他服务不可用的情况，这会进一步导致整个系统的负载骤增、资源饱和，最终导致整个系统崩溃。这种现象类似于雪崩，一旦开始，很难控制，会影响整个系统，业内称这种现象为服务雪崩，这是服务故障的一种严重后果。

假设系统中有服务 A、服务 B、服务 C 三个服务，其中服务 A 依赖于服务 B，服务 B 依赖于服务 C。当某一时刻服务 C 发生故障无法再提供服务，但服务 B 依旧在不断地调用服务 C 时，导致服务雪崩，具体如图 5-1 所示。

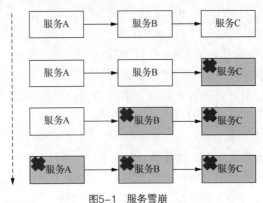

图5-1　服务雪崩

从图 5-1 中可以看到，由于服务 C 发生故障后无法正常提供服务，导致服务 B 一直拿不到服务 C 的响应结果，这个时候会有大量线程阻塞、堆积在服务 B，最终导致服务 B 崩溃。按照同样的逻辑，服务 A 在不断调用已经崩溃的服务 B 之后，最终也会发生故障直接崩溃，从而导致整个服务链发生故障。

服务雪崩的发生原因有多种，如服务容量设计不合理、高并发下某个方法响应缓慢，或者某台机器资源耗尽等。虽然开发者无法完全避免服务雪崩的发生，但可以通过足够的容错措施来保证一个服务出现问题时，不会影响到其他服务的正常运行。因此，在程序开发过程中应当重视容错机制的设计与实现，以确保系统的稳定性和可靠性。

2．常见的服务容错方案

在微服务架构中，服务之间的通信和协作十分复杂，一旦某个服务出现故障或者延迟，就有可能影响整个系统的性能和可用性。因此，为了保证系统的稳定性和可靠性，常见的做法是采用服务容错方案。常见的服务容错方案有服务隔离、超时控制、限流控制、熔断机制、降级处理，下面对这几种方案分别进行说明。

（1）服务隔离

服务隔离指将系统拆分为多个独立运行的模块，以避免单点故障，并提高系统的可用性和稳定性。在出现故障时，它能够将问题和影响限制在模块内部，不会扩散风险，不会波及其他模块，也不会影响整体系统服务。

线程池隔离和信号量隔离是服务隔离的常见隔离方式，其中线程池隔离将不同的服务请求划分到不同的线程池中进行处理，以避免单个请求的处理时间过长而影响其他请求的处理效率。信号量隔离则通过控制同时访问某一资源的线程数来控制服务负载，防止过多请求同时访问该资源导致服务宕机或响应缓慢。

（2）超时控制

在进行网络通信时，可能存在网络阻塞、请求处理缓慢等问题，导致请求无法得到及时响应。超时控制通过设置一个合理的请求时间上限，当请求时间超过该上限时，自动取消请求并返回错误信息，防止用户长时间等待。超时控制可以强制保证服务的延迟不会超过预期的范围，从而提升用户体验。

（3）限流控制

在高并发场景下，服务端可能会因为请求压力过大导致系统崩溃或变得不可用。限流控制可以通过设置最大请求数或平均请求数，在达到限制数后暂停新的请求，防止系统过载。限流控制可以有效地分摊请求压力，提升服务的稳定性。

（4）熔断机制

当服务端出现异常或超时时，如果客户端不断重试请求，会给服务端带来更大的压力，进而导致整个系统崩溃。熔断机制可以监控服务失败率或异常率，当它们达到一定阈值时，自动熔断服务，将请求转发到备用服务或直接返回错误信息。熔断机制可以避免服务端负载过大导致系统崩溃，从而保证系统的可用性。

（5）降级处理

当系统出现故障或异常情况时，为了尽快恢复服务，可能需要进行熔断降级。降级处理可以通过削减功能、减少数据量、简化逻辑等方式，提供一个基本可用的版本来满足用户需求。降级处理可以在服务不可用的情况下仍然提供基本服务，从而保证系统的可用性。

3. 常见的服务容错组件

微服务架构中常见的服务容错组件有 Sentinel、Hystrix 和 Resilience4j，具体说明如下。

（1）Sentinel

Sentinel 是阿里巴巴开源的一款流量治理组件，它提供了熔断机制、降级处理、流量控制等多种容错策略，并支持基于规则的动态配置，从而能够快速适应不同的应用场景。Sentinel 采用更加精细的限流算法，这使得它可以对不同的请求进行更加准确的控制。此外，Sentinel 还提供了丰富的监控和报警功能，帮助开发人员及时发现和解决问题。

（2）Hystrix

Hystrix 是 Netflix 开源的一款优秀的服务容错与保护组件，旨在通过添加延迟容忍和容错逻辑来帮助控制分布式系统中的故障。Hystrix 主要采用断路器模式来实现容错功能，当某个服务出现故障时，Hystrix 能够快速地切换备用服务或执行降级操作，从而保证整个系统的稳定性。此外，Hystrix 还提供了实时监控和统计信息展示等功能，方便开发人员对系统进行调优。

（3）Resilience4j

Resilience4j 是一个基于 Java 8 的轻量级容错框架，可以和 Spring 等依赖注入框架集成，主要提供了断路器模式、限流、重试、缓存、超时等多种容错方案。相比于 Hystrix，Resilience4j 更加灵活和易于扩展，支持自定义限流算法和事件监听器，同时也提供了监控和度量功能，帮助开发人员更好地监测和管理应用程序的状态。

Sentinel、Hystrix 和 Resilience4j 都是微服务架构中常见的服务容错组件，它们都提供了服务容错的方案，但在实现方式上有所不同，具体对比如表 5-1 所示。

表 5-1　Sentinel、Hystrix 和 Resilience4j 的对比

对比项	Sentinel	Hystrix	Resilience4j
隔离方式	信号量隔离	线程池隔离和信号量隔离	信号量隔离
熔断降级策略	基于响应时间、异常比率、异常数	基于异常比率	基于异常比率、响应时间
实时统计实现	滑动窗口算法	滑动窗口算法	Ring Bit Buffer，即环形缓冲区
动态规则配置	支持多种数据源	支持多种数据源	有限支持
扩展性	多个扩展点	插件的形式	接口的形式
基于注解的支持	支持	支持	支持
限流	基于 QPS（Queries-Per-Second，每秒查询率），支持基于调用关系的限流	有限的支持	Rate Limiter，即基于令牌桶算法实现的多线程限流器
流量整形	支持预热模式、匀速器模式、预热排队模式	不支持	支持简单的 Rate Limiter 模式
系统自适应保护	支持	不支持	不支持
控制台	提供开箱即用的控制台，可配置规则、查看秒级监控、发现机器等	简单地监控查看	不提供控制台，可对接其他监控系统

需要说明的是，Netflix 在 2018 年宣布停止对 Hystrix 的维护和更新，如果是新的项目，推荐使用 Sentinel 或 Resilience4j 以便获得更好的支持和更新。如果项目中使用 Spring Cloud Alibaba 框架，并需要更精细、准确的限流算法，则可以优先选择 Sentinel。本书其他章节也都基于 Spring Cloud Alibaba 进行讲解，所以本章后续主要对 Sentinel 进行讲解。

5.2　Sentinel 简介

5.2.1　Sentinel 概述

Sentinel 是阿里巴巴出品的面向分布式、多语言异构化服务架构的流量治理组件，主要以流量为切入点，从流量路由、流量控制、流量整形、熔断降级、系统自适应过载保护、热点流量防护等多个维度来帮助开发者保障微服务的稳定性。下面对 Sentinel 的特点、核心概念和主要构成进行讲解。

1. Sentinel 的特点

Sentinel 成为越来越多企业和开发者选择的服务容错组件主要得益于 Sentinel 的以下特点。

① 丰富的应用场景：Sentinel 在阿里巴巴被广泛使用，其应用场景几乎涵盖阿里巴巴近 10 年积累的丰富流量场景，包括秒杀、双十一零点持续洪峰、热点商品探测、预热、消息队列削峰填谷等多样化的场景。

② 易于使用，快速接入：Sentinel 提供了易于使用的 SPI 扩展接口，允许开发者快速定制自己的代码逻辑，例如，定制规则管理、调整数据源等。Sentinel 开源生态广泛，针对 Dubbo、Spring Cloud、gRPC、Zuul、Reactor、Quarkus 等框架只需要引入适配模块即可快速接入。

③ 多维度的流量控制：Sentinel 可以从资源粒度、调用关系、指标类型、控制效果等多维度进行流量控制，这使 Sentinel 在流量管理方面具有了更加广泛和深入的应用场景。

④ 可视化的监控和规则管理：Sentinel 提供简单、易用的控制台，通过 Sentinel 控制台，用户可以方便地创建、修改、删除和查询各种流量控制规则，也可以查看实时的流量数据、警报信息和运行状态。同时，Sentinel 控制台还提供了丰富的图表和报告功能，帮助用户更好地理解和分析流量数据，以及优化应用程序的性能和稳定性。

2. Sentinel 的核心概念

在开始使用 Sentinel 之前，为能让读者更好地理解和应用 Sentinel，在此先对 Sentinel 中资源和规则这两个核心概念进行讲解，具体说明如下。

① 资源：Sentinel 的资源可以是 Java 应用程序中的任何内容，例如，由应用程序提供的服务，或由应用程序调用的其他应用提供的服务，甚至可以是一段代码。只要是通过 Sentinel 的 API 定义的代码，就是资源，能够被 Sentinel 保护。大部分情况下，可以使用方法签名、URL、服务名称作为资源名来标识资源。

② 规则：Sentinel 的规则指的是围绕资源而设定的规则。Sentinel 支持流量控制、熔断降级、系统保护、来源访问控制和热点参数等多种规则，所有这些规则都可以动态实时调整。

3. Sentinel 的主要构成

使用 Sentinel 可以帮助用户有效地管理和控制应用程序的流量，Sentinel 主要分为 Sentinel 核心库和 Sentinel 控制台两部分，具体说明如下。

① Sentinel 核心库：Sentinel 核心库是一个独立的 Java 客户端，不依赖于任何框架或库，能够运行于 Java 8 及更高版本的运行时环境中。同时，Sentinel 核心库还为 Spring Cloud、Dubbo 等框架提供了良好的支持。

② Sentinel 控制台（Dashboard）：Sentinel 控制台是 Sentinel 的重要构成部分，主要用于管理推送规则、实时监控系统、查询系统的机器列表和健康情况等信息。通过 Sentinel 控制台，用户可以方便地查看应用程序的运行状态、性能指标和流量数据，并且进行实时的流量控制和故障排除。

Sentinel 核心库不依赖于 Sentinel 控制台，但是两者结合使用可以更加有效地提高工作效率。因此，建议用户结合 Sentinel 核心库和 Sentinel 控制台使用 Sentinel，以获得更好的使用体验和效果。

5.2.2　Sentinel 控制台

Sentinel 控制台是 Sentinel 的一个非常重要的组件，通过它，用户可以方便且直观地观察和管理被 Sentinel 保护的服务，它也是用户进行规则配置和管理的主要途径。Sentinel 控制台包含的主要功能具体如下。

① 查看机器列表以及健康情况：Sentinel 控制台能够收集 Sentinel 客户端发送的心跳包，判断机器是否在线。

② 监控：Sentinel 控制台通过 Sentinel 客户端暴露的监控 API，可以实现秒级的实时监控。

③ 规则管理和推送：通过 Sentinel 控制台，我们还能够针对资源管理和推送规则。

④ 鉴权：从 Sentinel 1.6.0 起，Sentinel 控制台引入基本的登录功能，默认用户名和密码都为 sentinel。

使用 Sentinel 控制台之前，需要对 Sentinel 控制台进行获取和启动。Sentinel 控制台提供了对应的 JAR 包，开发者可以先下载 Sentinel 控制台的 JAR 包，然后在本地环境启动该 JAR 包，启动成功后可以通过浏览器访问 Sentinel 控制台的页面进行使用。这种方式相对简单，方便用户在本地环境进行开发和测试，下面通过这种方式对 Sentinel 控制台的获取和启动进行讲解。

1. 获取 Sentinel 控制台

在 Sentinel 官网中访问 Sentinel 控制台的下载页面，在该下载页面中下载最新版本 Sentinel 控制台的 JAR 包，如图 5-2 所示。

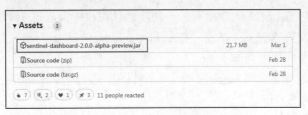

图5-2　下载Sentinel控制台JAR包

下载完成后会得到对应的 Sentinel 控制台 JAR 包，本书配套的资源中提供了 sentinel-dashboard-2.0.0-alpha-preview.jar 文件，读者可以选择自行下载或者直接使用该文件。

2. 启动 Sentinel 控制台

启动 Sentinel 控制台需要 JDK 版本为 1.8 及以上版本的环境支持，所以在启动 Sentinel 控制台之前需要确保当前计算机成功安装了 JDK。打开命令行窗口，跳转到 Sentinel 控制台 JAR 包所在的目录，执行以下命令启动 Sentinel 控制台。

```
java -Dserver.port=8090 -jar sentinel-dashboard-2.0.0-alpha-preview.jar
```

上述命令中，-Dserver.port 指定 Sentinel 控制台的访问端口为 8090，该选项为可选项，如不对端口进行指定，默认端口为 8080。sentinel-dashboard-2.0.0-alpha-preview.jar 为 Sentinel 控制台 JAR 包名称，读者可以根据自己下载的 Sentinel 控制台 JAR 包名称对执行的命令进行修改。

成功启动 Sentinel 控制台后，可以在浏览器中访问 http://localhost:8090/，页面会跳转到 Sentinel 控制台的登录页面，具体如图 5-3 所示。

图5-3　Sentinel控制台的登录页面

使用默认的用户名和密码登录 Sentinel 控制台，登录成功后跳转到 Sentinel 控制台首页，具体如图 5-4 所示。

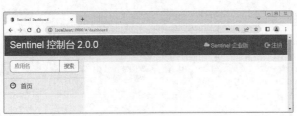

图5-4　Sentinel控制台首页（1）

由于尚未将 Sentinel 客户端接入 Sentinel 控制台，在图 5-4 中的 Sentinel 控制台首页没有显示与其他功能相关的内容。

5.3　Sentinel 快速入门

为了让读者能对 Sentinel 的作用有一个初步的认识，下面通过一个案例演示 Sentinel 的快速入门，案例中使用 Sentinel 的流量控制对 Sentinel 的资源进行容错保护。使用 Sentinel 进行资源保护，主要实现思路如下。

① 引入 Sentinel 依赖。将 Sentinel 整合到项目中，通过引入 Sentinel 的依赖和配置文件，让 Sentinel 成为项目的一部分。

② 定义资源。常见定义资源的方式有：对主流框架进行适配、使用 Sentinel 提供的显式 API、使用@SentinelResource 注解，开发者可以选择其中任意一种方式来定义需要被保护的资源。

③ 定义规则。根据 Sentinel 支持的规则定制自己的规则，Sentinel 支持的规则有流量控制规则、熔断降级规则、系统保护规则、来源访问控制规则和热点参数规则，这些规则可以保护资源的稳定性和安全性，避免出现意外的问题。

④ 检验规则是否生效。运行程序，观察规则是否生效，查看效果。如果规则没有生效，可以检查配置是否正确，或者修改规则的阈值等参数，以达到预期的效果。

下面基于上述实现思路，完成 Sentinel 的快速入门案例，具体如下。

1. 创建 Spring Boot 项目并引入相关依赖

创建一个名为 sentinel_quickstart 的 Spring Boot 项目，在该项目的 pom.xml 文件中引入 Sentinel 核心库依赖和 Spring Web 的启动器依赖。为了方便查看客户端的流控及健康情况等信息，可以将客户端接入控制台，对此也在项目中引入 Transport 模块的依赖，具体如文件 5-1 所示。

文件 5-1　sentinel_quickstart\pom.xml

```
1  <?xml version="1.0" encoding="UTF-8"?>
2  <project xmlns="http://maven.apache.org/POM/4.0.0"
3      xmlns:xsi="http://www.w3.org/2001/XMLSchema-instance"
4      xsi:schemaLocation="http://maven.apache.org/POM/4.0.0
5      https://maven.apache.org/xsd/maven-4.0.0.xsd">
6  <modelVersion>4.0.0</modelVersion>
7  <parent>
8      <groupId>org.springframework.boot</groupId>
9      <artifactId>spring-boot-starter-parent</artifactId>
10     <version>2.7.6</version>
11     <relativePath/>
12  </parent>
13  <groupId>com.itheima</groupId>
14  <artifactId>sentinel_quickstart</artifactId>
15  <version>0.0.1-SNAPSHOT</version>
16  <name>sentinel_quickstart</name>
17  <description>sentinel_quickstart</description>
18  <properties>
19      <java.version>11</java.version>
20  </properties>
21  <dependencies>
```

```
22          <dependency>
23              <groupId>org.springframework.boot</groupId>
24              <artifactId>spring-boot-starter-web</artifactId>
25          </dependency>
26          <!--Sentinel 核心库依赖-->
27          <dependency>
28              <groupId>com.alibaba.csp</groupId>
29              <artifactId>sentinel-core</artifactId>
30              <version>1.8.6</version>
31          </dependency>
32          <!--将本地应用接入本地控制台的依赖-->
33          <dependency>
34              <groupId>com.alibaba.csp</groupId>
35              <artifactId>sentinel-transport-simple-http</artifactId>
36              <version>1.8.6</version>
37          </dependency>
38      </dependencies>
39      <build>
40          <plugins>
41              <plugin>
42                  <groupId>org.springframework.boot</groupId>
43                  <artifactId>spring-boot-maven-plugin</artifactId>
44              </plugin>
45          </plugins>
46      </build>
47  </project>
```

在上述代码中，第 21～25 行代码引入基于 Spring Boot 构建 Web 应用程序的依赖，便于开发者在程序中构建基于 Spring MVC 的 Web 应用程序。第 27～31 行代码引入 Sentinel 核心库依赖，其版本为 1.8.6。第 33～37 行代码引入 Transport 模块的依赖，让客户端能和 Sentinel 控制台进行通信。

2．定义资源

资源是 Sentinel 中的核心概念之一，最常见的资源之一是代码中的 Java 方法。Sentinel 中的资源可以很灵活地定义，例如，使用 Sentinel 中的 SphU 类手动定义资源，SphU 提供 try-catch 风格的 API，通过 SphU 的 entry()方法指定容错处理的入口，并以抛出异常的方式定义资源。Sentinel 定义资源的方式有很多，后续会一一进行讲解，此处读者只需先了解 SphU 抛出异常的方式可以定义资源即可。

在 sentinel_quickstart 项目中创建包 com.itheima.controller，并在该包中创建控制器类，控制器类中定义一个用于处理请求的方法，具体如文件 5-2 所示。

文件 5-2　TestController.java

```
1   import com.alibaba.csp.sentinel.Entry;
2   import com.alibaba.csp.sentinel.SphU;
3   import com.alibaba.csp.sentinel.slots.block.BlockException;
4   import org.springframework.web.bind.annotation.GetMapping;
5   import org.springframework.web.bind.annotation.RestController;
6   @RestController
7   public class TestController {
8       @GetMapping("hello")
9       public void hello(){
10          try (Entry entry = SphU.entry("Hello")){
11              System.out.println( "少年强则国强！");//被保护的资源
12          } catch (BlockException e) {
13              e.printStackTrace();
```

```
14              System.out.println(  "系统繁忙，请稍候");//被限流或者降级的处理
15          }
16      }
17  }
```

在上述代码中，第 10 行代码的 SphU 的 entry()是对资源进行流量控制的入口，此处指定资源名为 Hello。第 11 行被 try 代码块包含的业务逻辑为被保护的资源。当访问资源发生限流后会抛出 BlockException，执行第 13～14 行代码，在 catch 代码块中进行限流后的逻辑处理。

3. 定义规则

关于 Sentinel 所支持的规则及对应的定义会在后续内容中详细讲解，此处，通过指定资源允许通过的请求个数，定义对应的流控规则进行演示。Sentinel 提供相关 API 供开发者定制对应的规则，其中使用 FlowRule 类表示流控规则，可以通过 new 的方式创建 FlowRule 对象，并根据资源名设置流控规则的作用对象、定义限流规则类型等。

在文件 5-2 中新增用于定义限流规则的方法，具体如文件 5-3 所示。

文件 5-3　TestController.java

```java
1   import com.alibaba.csp.sentinel.Entry;
2   import com.alibaba.csp.sentinel.SphU;
3   import com.alibaba.csp.sentinel.slots.block.BlockException;
4   import com.alibaba.csp.sentinel.slots.block.RuleConstant;
5   import com.alibaba.csp.sentinel.slots.block.flow.FlowRule;
6   import com.alibaba.csp.sentinel.slots.block.flow.FlowRuleManager;
7   import org.springframework.web.bind.annotation.GetMapping;
8   import org.springframework.web.bind.annotation.RestController;
9   import javax.annotation.PostConstruct;
10  import java.util.ArrayList;
11  import java.util.List;
12  @RestController
13  public class TestController {
14      @GetMapping("hello")
15      public String hello(){
16          ……
17      }
18      @PostConstruct
19      public void initFlowRules(){
20          //1.创建存放流控规则的集合
21          List<FlowRule> rules = new ArrayList<FlowRule>();
22          //2.创建流控规则对应的对象
23          FlowRule rule = new FlowRule();
24          //设置流控规则针对的资源
25          rule.setResource("Hello");
26          //设置流控规则类型，此处设置 RuleConstant.FLOW_GRADE_QPS 类型
27          rule.setGrade(RuleConstant.FLOW_GRADE_QPS);
28          //设置以 QPS 为单位来表示每秒最多能通过的请求个数
29          rule.setCount(2);
30          //将流控规则添加到集合中
31          rules.add(rule);
32          //3.加载流控规则
33          FlowRuleManager.loadRules(rules);
34      }
35  }
```

在上述代码中，第 18～34 行代码定义限流规则，其中第 18 行代码使用@PostConstruct 注解标注 initFlowRules()方法，使 initFlowRules()方法在 TestController 对象注入 Spring 容器完成后立即执行。

第 19～34 行代码定义方法实现限流规则的细节，同一个资源可以同时有多个限流规则，其中第 21 行代码创建存放限流规则的集合；第 23 行代码创建流量控制规则对应的对象；第 25 行代码设置流控规则针对的资源是名为 Hello 的资源；第 27 行代码设置流控规则类型，此处选择的 RuleConstant.FLOW_GRADE_QPS 表示以 QPS 为单位来限制流量；第 29 行代码设置每秒只能通过 2 个请求访问资源；第 31～33 行代码将设置的规则添加到限流规则的集合中，并将该集合加载到规则管理器中。

4．创建启动类和配置项目启动参数

资源和规则都定义好之后，可以对资源进行访问以校验对应的规则是否生效。在 sentinel_quickstart 项目的 com.itheima 包下创建项目的启动类，具体如文件 5-4 所示。

文件 5-4　SentinelQuickStartApplication.java

```
1  import org.springframework.boot.SpringApplication;
2  import org.springframework.boot.autoconfigure.SpringBootApplication;
3  @SpringBootApplication
4  public class SentinelQuickStartApplication {
5      public static void main(String[] args) {
6          SpringApplication.run(SentinelQuickStartApplication.class, args);
7      }
8  }
```

为了使项目可以和 Sentinel 控制台正常通信，可以对项目配置启动参数。配置的 JVM（Java Virtual Machine，Java 虚拟机）参数如下。

```
1  -Dcsp.sentinel.dashboard.server=localhost:8090
2  -Dproject.name=SentinelQuickStart
```

上述参数中，第一行参数用于设置 Sentinel 控制台的主机地址和端口，第二行参数用于设置本地应用在 Sentinel 控制台中的名称。

在 IDEA 中单击并打开程序运行设置的下拉框，选中 "Edit Configurations..." 进入程序运行设置对话框，在该对话框中的 "VM options" 文本框中配置项目的启动参数，具体如图 5-5 所示。

图5-5　配置项目的启动参数

5．检验规则效果

依次启动 Sentinel 控制台和 sentinel_quickstart 项目，此时 IDEA 控制台会输出与 Sentinel 日志相关的信息，具体如图 5-6 所示。

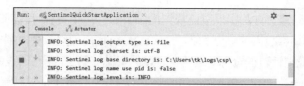

图5-6　与Sentinel日志相关的信息

从图 5-6 可以看到，控制台输出了 Sentinel 日志的编码、日志目录、日志级别等信息，读者如果后续需要查看对应的日志信息可以到对应的日志目录中查看。

由于客户端中对项目的"/hello"映射路径设置的流量控制规则为每秒只能通过 2 个请求，此时在浏览器中访问 http://localhost:8080/hello，先以每秒低于 2 次的速度慢速刷新页面后，再以每秒高于 2 次的速度快速刷新页面，控制台输出访问结果信息如图 5-7 所示。

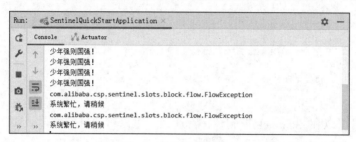

图5-7　访问结果信息

从图 5-7 中可以看出，一开始访问时可以正常执行并输出了 4 条语句，后续抛出了 2 次 FlowException，说明一开始慢速访问资源时，所有请求都能正常访问到资源，当访问速度高于每秒 2 次时，会进行流量控制。

此时在浏览器中访问 http://localhost:8090/，登录 Sentinel 控制台后，Sentinel 控制台首页如图 5-8 所示。

图5-8　Sentinel控制台首页（2）

从图 5-8 可以看到，Sentinel 控制台首页左侧多了一个名为"SentinelQuickStart"的下拉列表，下拉列表中包含实时监控、流控规则等菜单，说明 Sentinel 客户端成功接入 Sentinel 控制台。

　　单击 "SentinelQuickStart" 下拉列表中的菜单，可以查看和修改 SentinelQuickStart 客户端对应的信息，例如，单击 "实时监控" 查看 SentinelQuickStart 的实时监控，如图 5-9 所示。

　　从图 5-9 可以看到，实时监控页面通过图和表格两种方式显示了访问资源的实时情况，其中通过 QPS 有 4 次，拒绝 QPS 有 2 次，和 IDEA 控制台输出的信息相吻合。

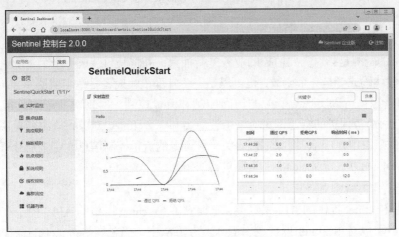

图5-9　实时监控页面

　　Sentinel 控制台的实时监控仅存储 5 分钟以内的数据，如果需要持久化实时监控的数据，需要通过调用实时监控接口来定制，如果读者想要持久化实时监控的数据，可以参考 Sentinel 官方文档进行了解，在此不进一步讲解。需要注意的是，虽然 Sentinel 控制台的实时监控可以存储 5 分钟以内的数据，但是如果 60 秒之内没有新的请求访问资源，Sentinel 控制台实时监控页面则不再显示对应的监控数据。

　　通过 Sentinel 控制台也可以对规则进行编辑，例如单击 "流控规则" 进入流控规则页面，如图 5-10 所示。

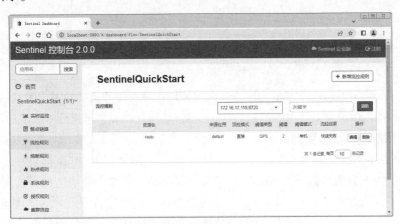

图5-10　流控规则页面

　　从图 5-10 可以看到，当前客户端的资源 Hello 的流量访问阈值为 2，如果想进行修改，可以单击右侧的 "编辑" 按钮进行修改，修改过程的各种操作都通过可视化的界面进行，相对比较简单，在此不进行演示。

5.4　Sentinel 资源和规则的定义

通过对 5.3 节 Sentinel 快速入门的学习，相信读者对 Sentinel 资源和规则有了初步的了解。为了能更好地通过流量控制帮助开发者保障微服务的稳定性，Sentinel 提供了多种方式进行资源和规则的定义，下面分别对 Sentinel 资源和规则的定义进行详细讲解。

5.4.1　Sentinel 资源的定义

Sentinel 的资源是指对需要监控的业务进行抽象，并将其封装成一个个资源进行管理。资源可以是一段代码或者是一个函数，也可以是一个外部依赖或者是一个数据库表。通过准确地定义和管理资源，可以实现对资源的访问控制和流量控制，实现对业务的监控和保护。在 Sentinel 中，每个被保护的资源都对应一个资源名和一个 Entry 对象，资源名是用于标识和区分不同资源的字符串，Entry 对象则包含关于该资源的流量控制信息。定义资源有多种方式，下面对使用不同的方式定义 Sentinel 资源进行讲解。

1．抛出异常方式定义资源

SphU 是 Sentinel 提供的 API 工具类，它提供了 try-catch 风格的 API，用于在代码中保护资源。开发者可以将 Sentinel 保护逻辑嵌入业务方法中，当触发 Sentinel 的保护时，会抛出异常进行处理。由于 SphU 不需要对方法进行任何的修改和注解，因此可以非常灵活地进行资源保护，适用于一些传统 J2EE（Java 2 Platform Enterprise Edition，Java 2 平台企业版）架构中的应用。但是，使用 SphU 会对业务代码和维护带来一定的复杂度，因此需要开发人员拥有一定的开发经验和技能。

5.3 节 Sentinel 快速入门中使用的就是 SphU 抛出异常的方式定义资源，SphU 中提供了 entry() 方法用于创建并返回一个与指定资源名对应的 Entry 对象，该方法会记录统计数据并执行给定资源的规则检查。通过 SphU 抛出异常的方式定义资源的语法格式如下。

```
try (Entry entry = SphU.entry("resourceName")) {
    // 被保护的业务逻辑
    // 业务代码
} catch (BlockException ex) {
    // 资源访问阻止，被限流或被降级
    // 在此处进行相应的处理操作
}
```

在上述代码中，resourceName 为资源名，可使用任意有业务语义的字符串来表示。当资源被调用时如果出现限流会抛出 BlockException，可以通过捕获异常来进行限流之后的逻辑处理。

2．返回布尔值方式定义资源

在 Sentinel 中还有一个可以定义资源的对象工具类 SphO，其 API 风格是基于 if-else 语句的方式实现的。开发者可以通过 SphO 来定义需要保护的资源，使用这种方式定义资源时，当资源发生了限流之后会返回 false，开发者可以根据返回值进行限流之后的逻辑处理。

SphO 同样提供了 entry() 方法用于记录统计数据并执行给定资源的规则检查，以对资源进行保护。通过 SphO 返回布尔值方式定义资源的语法格式如下。

```
if (SphO.entry("自定义资源名")) {
    // 务必保证 finally 会被执行
    try {
    // 被保护的业务逻辑
```

```
  // 业务代码
  } finally {
    SphO.exit();
  }
} else {
  // 资源访问阻止，被限流或被降级
  // 在此处进行相应的处理操作
}
```

在上述代码中，调用 SphO.entry()方法后，需要显式地调用 SphO.exit()退出资源保护范围，释放相应的资源，否则会影响 Sentinel 的监控指标的准确性，并且可能会出现资源锁死的问题，抛出 ErrorEntryFreeException 异常。

3. 注解方式定义资源

Sentinel 支持通过@SentinelResource 注解定义资源。@SentinelResource 是 Sentinel 提供的一个注解，通过在需要保护的业务方法上添加@SentinelResource 注解，Sentinel 可以自动为该方法生成一个资源点，并基于该资源点执行限流、熔断降级等保护策略。

@SentinelResource 注解的常用属性如表 5-2 所示。

表 5-2　@SentinelResource 注解的常用属性

属性	说明
value	用于指定资源名，必须项，需要保持唯一性
entryType	用于指定入口类型，可选项，表示该资源的调用类型，默认值为 EntryType.OUT，表示外部接口的调用。如设置值为 EntryType.IN 表示内部方法的调用
blockHandler	用于指定处理 BlockException 的方法，即触发流控规则时执行的方法
fallback	用于指定资源方法在抛出异常的时候提供处理逻辑的方法
defaultFallback	用于指定默认的 fallback 处理方法，与 fallback 属性类似，但是该属性指定的方法可以作为全局的默认降级处理方法使用，即当所有指定的降级处理方法都无法处理时会调用该方法
exceptionsToIgnore	用于指定忽略的异常类型列表，表示在该列表中的异常类型不会计入异常统计结果中，也不会进入 fallback 逻辑中，而是会原样抛出

表 5-2 中，blockHandler 属性和 fallback 属性都用于指定处理异常的方法，但两者的具体使用有所不同，具体如下。

（1）blockHandler 属性

blockHandler 属性指定的方法用于处理 BlockException 异常，blockHandler 属性指定的方法有如下要求。

① 指定的方法的访问范围需要是 public。

② 返回值类型需要与 blockHandler 属性所在业务方法的返回值类型相同。

③ 参数类型需要和资源方法的参数类型相匹配，并且最后增加一个类型为 BlockException 的参数。

（2）fallback 属性

fallback 属性指定的方法可以针对除被 exceptionsToIgnore 属性排除的异常类型之外的其他所有类型的异常进行处理，fallback 属性指定的方法有如下要求。

① 返回值类型必须与 fallback 属性所在业务方法返回值类型一致。

② 方法参数列表需要和 fallback 属性所在业务方法的参数列表一致，或者可以额外多一

个 Throwable 类型的参数用于接收对应的异常。

③ 默认需要和 fallback 属性所在业务方法在同一个类中，如果希望指定其他类的方法，则可以通过 fallbackClass 属性指定对应类的 Class 对象，注意对应的方法必须被 static 修饰，否则无法解析。

需要注意的是，在 1.6.0 之前的版本中 fallback 指定的方法只针对降级异常（DegradeException）进行处理，不能针对业务异常进行处理。

从上面的描述可以得出，blockHandler 属性指定的方法会在原方法被限流/降级/系统保护的时候调用，而 fallback 属性指定的方法会针对所有类型的异常。如果@SentinelResource 注解同时配置了 blockHandler 属性和 fallback 属性，则资源被限流/降级/系统保护而抛出 BlockException 时只会进入 blockHandler 属性指定方法的处理逻辑。若未配置 blockHandler 属性、fallback 属性和 defaultFallback 属性，则资源被限流/降级/系统保护时会将 BlockException 直接抛出。

通过@SentinelResource 注解的方式定义资源的示例如下。

```java
public class TestService {
    // 业务方法
    @SentinelResource(value = "hello", blockHandler = "exceptionHandler",
                      fallback = "helloFallback")
    @GetMapping("hello")
    public String hello(String id) {
        return "我是业务方法";
    }
    // BlockException 处理方法，参数最后多一个 BlockException，其余与资源方法一致
    public String exceptionHandler(String id, BlockException ex) {
        ex.printStackTrace();
        return "我在被限流/降级/系统保护的时候调用" ;
    }
    // fallback 指定的方法，方法签名与资源方法一致或添加一个 Throwable 类型的参数
    public String helloFallback(String id) {
        return "我可以针对所有类型的异常进行处理";
    }
}
```

4. 异步调用方式定义资源

Sentinel 支持异步调用链路的统计。在异步调用中，需要通过 SphU.asyncEntry() 方法定义资源，并通常需要在异步的回调函数中调用 exit()方法。

通过异步调用方式定义资源的语法如下。

```java
try {
    AsyncEntry entry = SphU.asyncEntry("resourceName");
    // 异步调用
    doAsync(userId, result -> {
        try {
            // 在此处处理异步调用的结果
        } finally {
            // 在回调结束后调用 exit()
            entry.exit();
        }
    });
} catch (BlockException ex) {
// 异常处理
}
```

在上述代码中，执行 SphU 的 asyncEntry()方法不会影响当前调用线程的 Context。

5.4.2　Sentinel 规则的定义

Sentinel 的规则是指用于监控和保护资源的一组条件或策略，Sentinel 的规则与 Sentinel 处理请求的流程紧密相关，Sentinel 的规则定义了如何对请求进行监控、评估和处理。Sentinel 支持多种类型的规则，包括流量控制规则、熔断降级规则、系统保护规则、授权控制规则等规则，下面分别对这些规则的常用定义方式进行讲解。

1. 流量控制规则

在 Sentinel 中，流量控制规则主要用于限制请求的速率和数量。开发者可以使用 FlowRule 定义流量控制规则，并通过设置 FlowRule 相关属性的值，实现对流量的细粒度管理和保护。FlowRule 中常用的属性如表 5-3 所示。

表 5-3　FlowRule 中常用的属性

属性	说明
resource	用于指定资源名
count	用于指定限流阈值
grade	用于指定限流阈值类型
limitApp	用于指定流控针对的调用来源
strategy	用于指定调用关系限流策略，包含直接、链路、关联
controlBehavior	用于指定流控效果，包含直接拒绝、预热排队、匀速排队、慢启动
clusterMode	用于指定是否集群限流

流量控制规则的限流阈值的类型有并发线程数和 QPS 两种，其中并发线程数是指同时发起请求的线程数。在这种阈值类型下，Sentinel 会统计正在执行被保护方法的线程数量，当线程数量超出设定的阈值时，Sentinel 会拒绝一部分请求并返回限流异常。在 QPS 类型下，当 QPS 超过某个阈值的时候，则采取措施进行流量控制。

流量控制规则的定义有两种方式，分别为通过本地代码定义和在 Sentinel 控制台动态定义，具体如下。

（1）通过本地代码定义

Sentinel 提供了一个管理 FlowRule 的类 FlowRuleManager，通过 FlowRule 的属性定义具体的流量规则后，可以调用 FlowRuleManager.loadRules()方法来以硬编码的方式定义流量控制规则，具体示例如下。

```
private void initFlowQpsRule() {
    List<FlowRule> rules = new ArrayList<>();
    FlowRule rule = new FlowRule("resourceName");
    rule.setCount(20);
    rule.setGrade(RuleConstant.FLOW_GRADE_QPS);
    rule.setLimitApp("default");
    rules.add(rule);
    FlowRuleManager.loadRules(rules);
}
```

（2）在 Sentinel 控制台动态定义

Sentinel 控制台支持新增和编辑流量控制规则，这两种操作都通过对应的对话框实现。

这两个对话框中包含的表单项一致，用于编辑和新增流量控制规则，其中新增流控规则的对话框如图 5-11 所示。

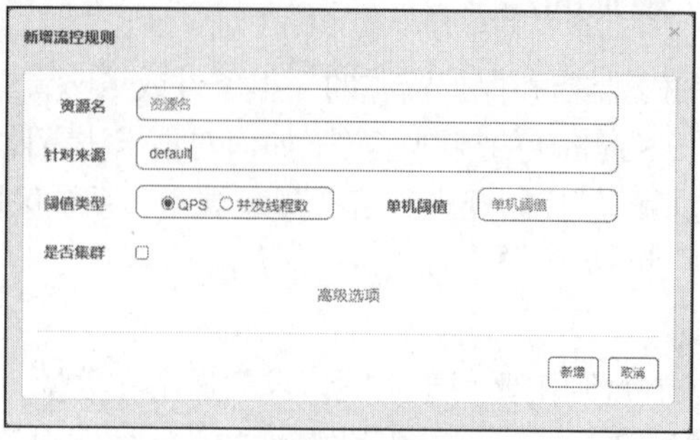

图5-11 新增流控规则的对话框

从图 5-11 可以看出，新增流量控制规则和硬编码的方式一样，可以设置流量控制规则的属性值。读者可以根据需求自行选择使用定义流量控制规则的方式。

2. 熔断降级规则

在 Sentinel 中，熔断降级规则用于对系统的请求成功率、响应时间等指标进行监控和调控，以确保系统能够在负载过大或异常情况下正常响应请求。开发者可以使用 DegradeRule 定义熔断降级规则，并通过设置 DegradeRule 相关属性的值实现熔断降级的功能，DegradeRule 中常用的属性如表 5-4 所示。

表5-4 DegradeRule 中常用的属性

属性	说明
resource	用于指定资源名
grade	用于指定熔断策略，支持慢调用比例、异常比例、异常数策略
count	慢调用比例模式下用于指定慢调用临界 RT；异常比例和异常数模式下用于指定对应的阈值
timeWindow	用于指定熔断时长，单位为秒
minRequestAmount	用于指定熔断触发的最小请求数，请求数小于该值时即使异常比例超出阈值也不会熔断，1.7.0 版本后引入
statIntervalMs	用于指定统计时长，单位为毫秒，1.8.0 版本后引入
slowRatioThreshold	用于指定慢调用比例阈值，仅慢调用比例模式有效，1.8.0 版本后引入

熔断降级规则可以通过本地代码定义和在 Sentinel 控制台动态定义，具体如下。

（1）通过本地代码定义

Sentinel 提供了一个管理 DegradeRule 的类 DegradeRuleManager，通过 DegradeRule 的属性定义具体的熔断降级规则后，可以调用 DegradeRuleManager.loadRules()方法来以硬编码的方式定义熔断降级规则，具体示例如下。

```
private void initDegradeRule() {
    List<DegradeRule> rules = new ArrayList<>();
    DegradeRule rule = new DegradeRule();
    rule.setResource("hello");
    rule.setCount(10);
    rule.setGrade(RuleConstant.DEGRADE_GRADE_RT);
    rule.setTimeWindow(10);
    rules.add(rule);
    DegradeRuleManager.loadRules(rules);
}
```

（2）在 Sentinel 控制台动态定义

新增和编辑熔断规则可以通过 Sentinel 控制台实现，这两种操作都通过对应的对话框实现。这两个对话框中包含的表单项一致，其中新增熔断规则的对话框如图 5-12 所示。

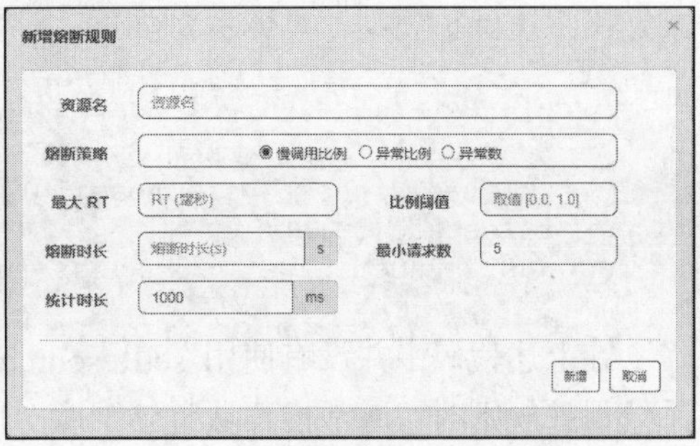

从图 5-12 可以看出，新增熔断规则和硬编码的方式一样，可以设置熔断规则对应的资源名、熔断策略等属性的值。

图5-12　新增熔断规则的对话框

3. 系统保护规则

系统保护规则从应用级别对入口流量进行控制，从单台机器的 LOAD、CPU 使用率、平均 RT、入口 QPS 和并发线程数等多个维度监控应用指标，让系统尽可能在保持最大吞吐量的同时保证系统整体的稳定性。

系统保护规则是针对应用整体维度的，而不是资源维度的，并且仅对入口流量生效。入口流量指的是进入应用的入口类型值为 EntryType.IN 的流量，例如，Web 服务或 Dubbo 服务端接收的请求都属于入口流量。

系统保护规则的阈值有如下类型。

① LOAD：仅对 Linux/Unix-like 机器生效，以系统的 LOAD1（系统负载在过去 1 分钟内的平均值）作为启发指标，进行自适应系统保护。当系统 LOAD1 超过设定的启发值，且系统当前的并发线程数超过估算的系统容量时才会触发系统保护。

② RT：RT 为 Response Time 的缩写，即服务调用的响应时间。当单台机器上所有入口流量的平均 RT 达到阈值时即触发系统保护，单位是毫秒。

③ 线程数：当单台机器上所有入口流量的并发线程数达到阈值时即触发系统保护。

④ 入口 QPS：当单台机器上所有入口流量的 QPS 达到阈值时即触发系统保护。

⑤ CPU 使用率：CPU 使用率指的是 CPU 总量中正在被系统消耗的百分比，当系统 CPU 使用率超过阈值时即触发系统保护，取值范围为 0.0~1.0，在 1.5.0 及以上版本开始引入该类型。

开发者可以使用 SystemRule 定义系统保护规则，并通过设置 SystemRule 相关属性的值实现系统保护的功能，SystemRule 中常用的属性如表 5-5 所示。

表 5-5　SystemRule 中常用的属性

属性	说明
highestSystemLoad	用于指定 LOAD1 启发值，用于触发自适应控制阶段
avgRt	用于指定所有入口流量的平均 RT
maxThread	用于指定入口流量的最大并发线程数
qps	用于指定所有入口流量的 QPS

系统保护规则同样可以通过本地代码定义和在 Sentinel 控制台动态定义，具体如下。

（1）通过本地代码定义

Sentinel 提供了一个管理 SystemRule 的类 SystemRuleManager，通过 SystemRule 的属性定义具体的系统保护规则后，可以调用 SystemRuleManager.loadRules()方法来以硬编码的方

式定义系统保护规则，具体示例如下。

```
private void initSystemRule() {
    List<SystemRule> rules = new ArrayList<>();
    SystemRule rule = new SystemRule();
    rule.setHighestSystemLoad(10);
    rules.add(rule);
    SystemRuleManager.loadRules(rules);
}
```

在上述代码中并没有使用 setResource()设置规则对应的资源名，因为在使用 Sentinel 的系统保护规则时，通常推荐从整体维度对应用的入口流量进行控制，而不是针对每个具体的请求定义规则。如果想要对某些资源进行细粒度限流保护，可以使用流量控制规则、熔断降级规则来进行控制，以更加精确地保护系统。

（2）在 Sentinel 控制台动态定义

在 Sentinel 控制台中可以对系统保护规则进行新增、编辑、删除，新增系统保护规则和编辑系统保护规则都可以在对话框中进行实现，这两个对话框中的表单项一致，其中编辑系统保护规则的对话框如图 5-13 所示。

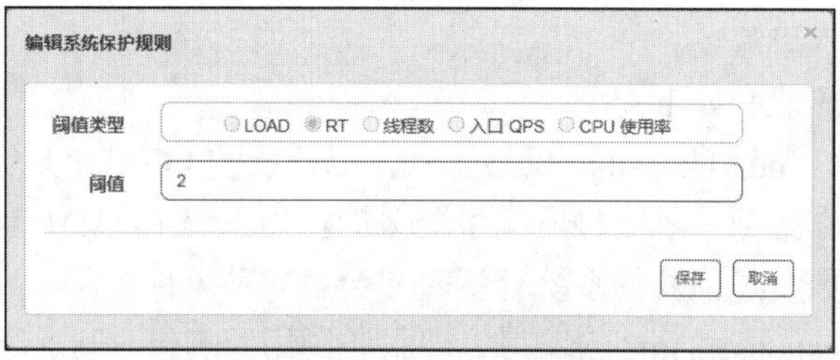

图5-13　编辑系统保护规则的对话框

从图 5-13 可以看出，编辑系统保护规则时，不可以修改阈值类型，只可以修改阈值，如果想要修改阈值类型，可以先对当前系统保护规则进行删除，再新增对应的系统保护规则。

4. 授权控制规则

开发者如果需要根据请求方的来源作判断和控制，则可以通过 Sentinel 的授权控制规则实现。授权控制规则是一种可以对资源的访问进行权限控制、鉴权和认证的规则。在配置授权规则时，通常需要按照资源名、限制类型、限制条件等配置规则。其中，资源名指定需要进行鉴权的资源，限制类型和限制条件用于指定访问该资源的限制规则。如果没有对资源指定限制类型，Sentinel 将会默认为该资源配置黑名单（黑名单模式），只有请求来源不在黑名单中的请求才能通过；如果指定了限制类型为白名单（白名单模式），则只有在白名单中存在的请求才会被允许访问该资源。

开发者可以使用 AuthorityRule 定义授权控制规则，并通过设置 AuthorityRule 相关属性的值实现授权控制的功能，AuthorityRule 中常用的属性如表 5-6 所示。

表 5-6　AuthorityRule 中常用的属性

属性	说明
resource	用于指定资源名
limitApp	用于指定对应的黑名单或白名单，多个应用程序之间用英文逗号分隔，例如 "appA,appB"
strategy	用于指定限制类型，AUTHORITY_WHITE 为白名单模式，AUTHORITY_BLACK 为黑名单模式

授权控制规则可以通过本地代码定义和在 Sentinel 控制台动态定义，具体如下。

（1）通过本地代码定义

Sentinel 提供了一个管理 AuthorityRule 的类 AuthorityRuleManager，通过 AuthorityRule 的属性定义具体的授权控制规则后，可以调用 AuthorityRuleManager.loadRules()方法来以硬编码的方式定义授权控制规则，具体示例如下。

```
private void initAuthorityRule() {
AuthorityRule rule = new AuthorityRule();
rule.setResource("test");
rule.setStrategy(RuleConstant.AUTHORITY_WHITE);
rule.setLimitApp("appA,appB");
AuthorityRuleManager.loadRules(Collections.singletonList(rule));
}
```

（2）在 Sentinel 控制台动态定义

在 Sentinel 控制台中可以对授权规则进行新增、编辑、删除，新增授权规则和编辑授权控制规则都可以在对应的对话框中实现，这两个对话框中的表单项一致，其中编辑授权规则的对话框如图 5-14 所示。

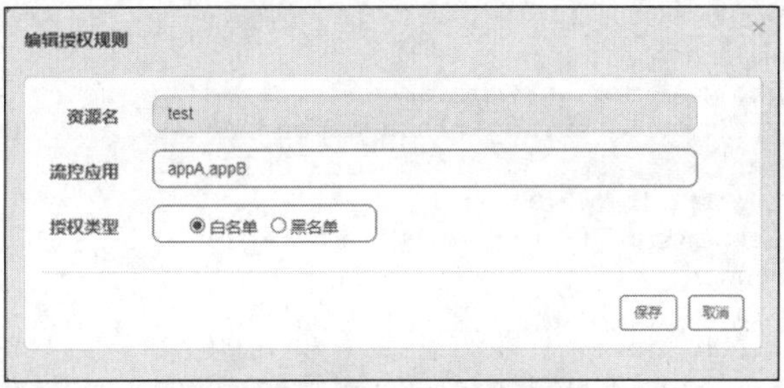

图5-14　编辑授权规则的对话框

从图 5-14 可以看出，编辑授权控制规则时，不可以修改资源名，只可以修改流控应用的名称和授权类型，如果想要修改资源名，可以先对当前授权规则进行删除，再新增对应的授权规则。

5.5　Sentinel 整合应用

Sentinel 对大部分的主流框架都做了适配，使用时只需要引入对应的依赖即可方便地整合 Sentinel。Spring Cloud Alibaba 默认为 Sentinel 整合了 Servlet、RestTemplate 和 Spring WebFlux，可以在运行时灵活地配置和调整流量控制等规则。同时 Sentinel 适配了 OpenFeign，为了读者能更好地对 Sentinel 进行应用，下面通过一个案例将 Sentinel 和 Spring Cloud Alibaba、OpenFeign 进行整合演示，其中服务的注册与发现基于 Nacos，具体实现如下。

1. 创建项目父工程

创建一个父工程，在父工程中管理项目依赖的版本。在 IDEA 中创建一个名为 sentinel_openFeign 的 Maven 工程，由于本案例基于 Spring Boot 项目，并且 OpenFeign 需要基于注册中心获取服务信息，对此在工程的 pom.xml 中声明 Spring Cloud、Spring Cloud Alibaba、Spring Boot 的相关依赖。具体如文件 5-5 所示。

文件 5-5   sentinel_openFeign\pom.xml

```
1   <?xml version="1.0" encoding="UTF-8"?>
2   <project xmlns="http://maven.apache.org/POM/4.0.0"
3           xmlns:xsi="http://www.w3.org/2001/XMLSchema-instance"
4           xsi:schemaLocation="http://maven.apache.org/POM/4.0.0
5           http://maven.apache.org/xsd/maven-4.0.0.xsd">
6       <modelVersion>4.0.0</modelVersion>
7       <groupId>com.itheima</groupId>
8       <artifactId>sentinel_openFeign</artifactId>
9       <packaging>pom</packaging>
10      <version>1.0-SNAPSHOT</version>
11      <properties>
12          <maven.compiler.source>11</maven.compiler.source>
13          <maven.compiler.target>11</maven.compiler.target>
14          <project.build.sourceEncoding>UTF-8</project.build.sourceEncoding>
15          <spring-cloud.version>2021.0.5</spring-cloud.version>
16          <spring-cloud-alibaba.version>
17              2021.0.5.0</spring-cloud-alibaba.version>
18          <spring-boot.version>2.6.13</spring-boot.version>
19      </properties>
20      <dependencyManagement>
21          <dependencies>
22              <dependency>
23                  <groupId>org.springframework.cloud</groupId>
24                  <artifactId>spring-cloud-dependencies</artifactId>
25                  <version>${spring-cloud.version}</version>
26                  <type>pom</type>
27                  <scope>import</scope>
28              </dependency>
29              <dependency>
30                  <groupId>com.alibaba.cloud</groupId>
31                  <artifactId>spring-cloud-alibaba-dependencies</artifactId>
32                  <version>${spring-cloud-alibaba.version}</version>
33                  <type>pom</type>
34                  <scope>import</scope>
35              </dependency>
36              <dependency>
37                  <groupId>org.springframework.boot</groupId>
38                  <artifactId>spring-boot-dependencies</artifactId>
39                  <version>${spring-boot.version}</version>
40                  <type>pom</type>
41                  <scope>import</scope>
42              </dependency>
43          </dependencies>
44      </dependencyManagement>
45      <dependencies>
46      </dependencies>
47      <build>
48          <plugins>
49              <plugin>
50                  <groupId>org.springframework.boot</groupId>
51                  <artifactId>spring-boot-maven-plugin</artifactId>
52              </plugin>
53          </plugins>
54      </build>
55  </project>
```

2. 创建服务提供者模块

下面创建一个服务提供者的模块。在 sentinel_openFeign 工程中创建一个名为 provider 的

Maven 子模块，该子模块需要提供具备容错功能的服务，在 pom.xml 中引入相关依赖，包括 Nacos 服务注册与发现启动器、Spring Web 启动器、Spring Cloud Alibaba 整合 Sentinel 的启动器等的依赖，具体如文件 5-6 所示。

文件 5-6　provider\pom.xml

```
1   <?xml version="1.0" encoding="UTF-8"?>
2   <project xmlns="http://maven.apache.org/POM/4.0.0"
3           xmlns:xsi="http://www.w3.org/2001/XMLSchema-instance"
4           xsi:schemaLocation="http://maven.apache.org/POM/4.0.0
5           http://maven.apache.org/xsd/maven-4.0.0.xsd">
6       <parent>
7           <artifactId>sentinel_openFeign</artifactId>
8           <groupId>com.itheima</groupId>
9           <version>1.0-SNAPSHOT</version>
10      </parent>
11      <modelVersion>4.0.0</modelVersion>
12      <artifactId>provider</artifactId>
13      <properties>
14          <maven.compiler.source>11</maven.compiler.source>
15          <maven.compiler.target>11</maven.compiler.target>
16          <project.build.sourceEncoding>UTF-8</project.build.sourceEncoding>
17      </properties>
18      <dependencies>
19          <dependency>
20              <groupId>com.alibaba.cloud</groupId>
21              <artifactId>
22              spring-cloud-starter-alibaba-nacos-discovery</artifactId>
23          </dependency>
24          <dependency>
25              <groupId>org.springframework.boot</groupId>
26              <artifactId>spring-boot-starter-web</artifactId>
27          </dependency>
28          <dependency>
29              <groupId>com.alibaba.cloud</groupId>
30              <artifactId>spring-cloud-starter-alibaba-sentinel</artifactId>
31          </dependency>
32      </dependencies>
33  </project>
```

3. 配置服务提供者信息

设置完 provider 模块的依赖后，在 provider 模块中创建全局配置文件 application.yml。服务提供者需要将服务注册到 Nacos，并在该配置文件中配置服务名称、Nacos 服务端地址等信息。为了方便对项目进行健康情况管理和规则管理，可以在该配置文件中配置 Sentinel 控制台的信息，以便项目启动时接入 Sentinel 控制台，具体如文件 5-7 所示。

文件 5-7　provider\src\main\resources\application.yml

```
1   server:
2     #启动端口
3     port: 8001
4   spring:
5     application:
6       #服务名称
7       name: provider
8     cloud:
9       nacos:
10        discovery:
11          server-addr: 127.0.0.1:8848
```

```
12      sentinel:
13        transport:
14          dashboard: localhost:8090
```

在上述代码中，使用 spring.cloud.nacos.discovery.server-addr 配置 Nacos 服务端的地址。使用 spring.cloud.sentinel.transport.dashboard 指定接入的 Sentinel 控制台地址。

4. 创建服务提供者的控制器类

在 provider 模块的 java 目录下创建包 com.itheima.controller，在该包下创建名为 ProjectController 的控制器类，在该类中创建处理对应的请求的方法，并将该方法使用@SentinelResource 注解标注以进行流量控制。本案例不对资源的流量控制规则进行硬编码，而是选择使用 Sentinel 控制台动态定义，因此不在 ProjectController 类中定义规则的相关方法，具体如文件 5-8 所示。

文件 5-8   ProjectController.java

```
1   import com.alibaba.csp.sentinel.annotation.SentinelResource;
2   import com.alibaba.csp.sentinel.slots.block.BlockException;
3   import org.springframework.beans.factory.annotation.Value;
4   import org.springframework.web.bind.annotation.GetMapping;
5   import org.springframework.web.bind.annotation.PathVariable;
6   import org.springframework.web.bind.annotation.RestController;
7   @RestController
8   public class ProjectController {
9       @Value("${spring.application.name}")
10      private String appName;
11      @Value("${server.port}")
12      private String serverPort;
13      @GetMapping(value = "/project/{name}")
14      @SentinelResource(value = "findProject",
15              blockHandler ="findProjectBlockHandler")
16      public String findProject(@PathVariable("name") String name)  {
17          return "<h2>服务访问成功！</h2>服务名称："+appName+"，端口号："
18                  + serverPort +"<br /> 查询的项目：" + name;
19      }
20      public String findProjectBlockHandler(@PathVariable("name") String name,
21          BlockException ex)  {
22          System.out.println("排队人数过多！");
23          return "排队人数过多！" ;
24      }
25  }
```

在上述代码中，第 14～15 行代码通过@SentinelResource 注解将当前方法标注为 Sentinel 资源，资源名为 findProject，并通过 blockHandler 属性指定被限流时调用的方法为 findProjectBlockHandler()。

5. 创建服务提供者的项目启动类

在 provider 模块的 com.itheima 包下创建项目的启动类，具体如文件 5-9 所示。

文件 5-9   ProviderApp.java

```
1   import org.springframework.boot.SpringApplication;
2   import org.springframework.boot.autoconfigure.SpringBootApplication;
3   @SpringBootApplication
4   public class ProviderApp {
5       public static void main(String[] args) {
6           SpringApplication.run(ProviderApp.class, args);
7       }
8   }
```

6. 创建服务消费者模块

下面创建一个服务消费者的模块，在该模块中使用 OpenFeign 远程调用 provider 模块中提供的服务。在 openFeign 工程中创建一个名为 consumer 的 Maven 子模块，在模块的 pom.xml 文件中引入 Nacos 服务注册和方法、Spring Web、OpenFeign、Sentinel 等的启动器依赖，具体如文件 5-10 所示。

文件 5-10　consumer\pom.xml

```
1  <?xml version="1.0" encoding="UTF-8"?>
2  <project xmlns="http://maven.apache.org/POM/4.0.0"
3          xmlns:xsi="http://www.w3.org/2001/XMLSchema-instance"
4          xsi:schemaLocation="http://maven.apache.org/POM/4.0.0
5          http://maven.apache.org/xsd/maven-4.0.0.xsd">
6     <parent>
7        <artifactId>sentinel_openFeign</artifactId>
8        <groupId>com.itheima</groupId>
9        <version>1.0-SNAPSHOT</version>
10    </parent>
11    <modelVersion>4.0.0</modelVersion>
12    <artifactId>consumer</artifactId>
13    <properties>
14       <maven.compiler.source>11</maven.compiler.source>
15       <maven.compiler.target>11</maven.compiler.target>
16       <project.build.sourceEncoding>UTF-8</project.build.sourceEncoding>
17    </properties>
18    <dependencies>
19       <dependency>
20          <groupId>com.alibaba.cloud</groupId>
21          <artifactId>
22          spring-cloud-starter-alibaba-nacos-discovery</artifactId>
23       </dependency>
24       <dependency>
25          <groupId>org.springframework.boot</groupId>
26          <artifactId>spring-boot-starter-web</artifactId>
27       </dependency>
28       <dependency>
29          <groupId>org.springframework.cloud</groupId>
30          <artifactId>spring-cloud-starter-openfeign</artifactId>
31       </dependency>
32       <dependency>
33          <groupId>org.springframework.cloud</groupId>
34          <artifactId>spring-cloud-starter-loadbalancer</artifactId>
35       </dependency>
36       <dependency>
37          <groupId>com.alibaba.cloud</groupId>
38          <artifactId>spring-cloud-starter-alibaba-sentinel</artifactId>
39       </dependency>
40    </dependencies>
41 </project>
```

在上述代码中，第 36~39 行代码引入的依赖为 Spring Cloud Alibaba 整合 Sentinel 的启动器依赖。

7. 配置服务消费者信息

设置完 consumer 模块的依赖后，在 consumer 模块中创建全局配置文件 application.yml，并在该配置文件中配置服务名称、Nacos 服务端地址等信息。由于 OpenFeign 默认没有开启对 Sentinel 的支持，因此在该配置文件中需要手动开启 OpenFeign 对 Sentinel 的支持，具体如文件 5-11 所示。

文件 5-11　consumer\src\main\resources\application.yml

```
1   server:
2     #启动端口
3     port: 8002
4   spring:
5     application:
6       #服务名称
7       name: consumer
8     cloud:
9       nacos:
10       discovery:
11         server-addr: 127.0.0.1:8848
12  feign:
13    sentinel:
14      enabled: true
```

在上述代码中，使用 feign.sentinel.enabled 配置项开启 OpenFeign 对 Sentinel 的支持。

8. 创建服务客户端接口

在 consumer 模块的 java 目录下创建包 com.itheima.service，在包下创建 Feign 客户端的接口，在该接口中声明要调用的服务。为了提升用户体验，避免被调用的服务无法使用而导致的直接报错，应在接口中指定熔断降级的实现类，具体如文件 5-12 所示。

文件 5-12　SentinelService.java

```
1   import com.itheima.service.impl.ProjectServiceImpl;
2   import org.springframework.cloud.openfeign.FeignClient;
3   import org.springframework.web.bind.annotation.GetMapping;
4   import org.springframework.web.bind.annotation.PathVariable;
5   //指定需要调用的服务名称
6   @FeignClient(name="provider",fallback = ProjectServiceImpl.class)
7   public interface SentinelService {
8       //调用的请求路径
9       @GetMapping( "/project/{name}")
10      public String findProject(@PathVariable("name") String name);
11  }
```

在上述代码中，第 6 行代码使用@FeignClient 注解声明当前接口是名为 provider 的 Feign 客户端，通过该接口可以调用服务 provider 下的 REST 接口，当远程服务不可用时，Feign 将会调用熔断降级实现类 ProjectServiceImpl 中的方法进行处理。

9. 创建熔断降级实现类

在 consumer 模块的 java 目录下创建包 com.itheima.service.impl，在包下创建 ProjectService 接口的熔断降级实现类，当 ProjectService 接口调用远程服务不可用时，会执行该实现类中重写的方法，具体如文件 5-13 所示。

文件 5-13　ProjectServiceImpl.java

```
1   import com.itheima.service.ProjectService;
2   import org.springframework.stereotype.Component;
3   @Component
4   public class SentinelServiceImpl implements SentinelService{
5       @Override
6       public String findProject(String name) {
7           return "服务繁忙，请稍候！";
8       }
9   }
```

在上述代码中，第 3 行代码使用@Component 注解进行标注，这样该实现类才能够在被 Spring 自动扫描时实例化为一个 Bean，以被@FeignClient 注解中的 fallback 属性所使用。

10. 创建服务消费者的控制器类

在 consumer 模块的 java 目录下创建包 com.itheima.controller，在该包下创建名为 ConsumerController 的控制器类，在该类中注入 ProjectService 对象，并通过该对象远程调用服务提供者所提供的方法，具体如文件 5-14 所示。

文件 5-14　ConsumerController.java

```
1   import com.itheima.service.ProjectService;
2   import org.springframework.beans.factory.annotation.Autowired;
3   import org.springframework.web.bind.annotation.GetMapping;
4   import org.springframework.web.bind.annotation.PathVariable;
5   import org.springframework.web.bind.annotation.RestController;
6   @RestController
7   public class ConsumerController {
8       @Autowired
9       private ProjectService projectService;
10      @GetMapping(value = "/consumer/{name}")
11      public String getService(@PathVariable("name") String name) {
12          String project = projectService.findProject(name);
13          System.out.println(project);
14          return project;
15      }
16  }
```

在上述代码中，第 8~9 行代码注入 ProjectService 服务客户端对象，第 12 行代码通过 ProjectService 服务客户端对象调用 findProject()方法实现远程服务调用。

11. 创建服务消费者的项目启动类

在 consumer 模块的 java 目录下的 com.itheima 包下创建项目的启动类，并且在该启动类中使用@EnableFeignClients 注解开启 Feign 客户端功能，具体如文件 5-15 所示。

文件 5-15　ConsumerApp.java

```
1   import org.springframework.boot.SpringApplication;
2   import org.springframework.boot.autoconfigure.SpringBootApplication;
3   import org.springframework.cloud.openfeign.EnableFeignClients;
4   @SpringBootApplication
5   @EnableFeignClients
6   public class ConsumerApp {
7       public static void main(String[] args) {
8           SpringApplication.run(ConsumerApp.class, args);
9       }
10  }
```

在上述代码中，第 5 行代码在类上标注@EnableFeignClients，项目启动时会自动扫描 com.itheima 包下所有标注@FeignClient 注解的接口，并生成对应的代理对象。

12. 测试服务调用效果

依次启动 Nacos 服务端、Sentinel 控制台、ProviderApp、ConsumerApp，启动成功后，在浏览器中访问 http://localhost:8002/consumer/中国天眼，具体如图 5-15 所示。

从图 5-15 可以看到页面中显示服务提供者的名称和端口号分别为 provider 和 8001，说明 consumer 成功通过 OpenFeign 访问到 provider 中的 REST 接口，

图5-15　服务访问

实现了服务的远程调用。

此时并没有对 Sentinel 资源设置对应的流量控制规则，以高于每秒 2 次的速度快速刷新图 5-15 所示的页面，此时 consumer 控制台输出信息如图 5-16 所示。

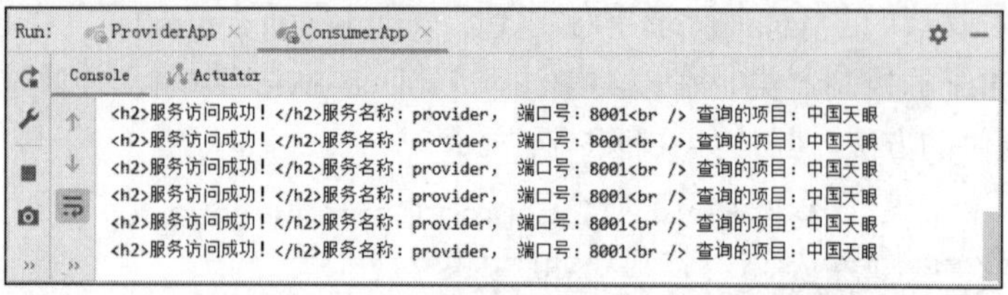

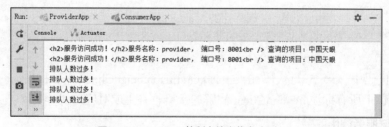

图5-16　consumer控制台输出信息（1）

从图 5-16 所示的控制台输出的信息可以得出，快速刷新页面时，consumer 可以通过 OpenFeign 正常调用 provider 提供的服务。

在浏览器中访问并登录 Sentinel 控制台后，在左侧 provider 下拉列表中，选择流控规则后单击右侧的"新增流控规则"，会弹出新增流控规则的对话框，在弹出的对话框中对名为 findProject 的资源新增 QPS 为 2 的流控规则，具体如图 5-17 所示。

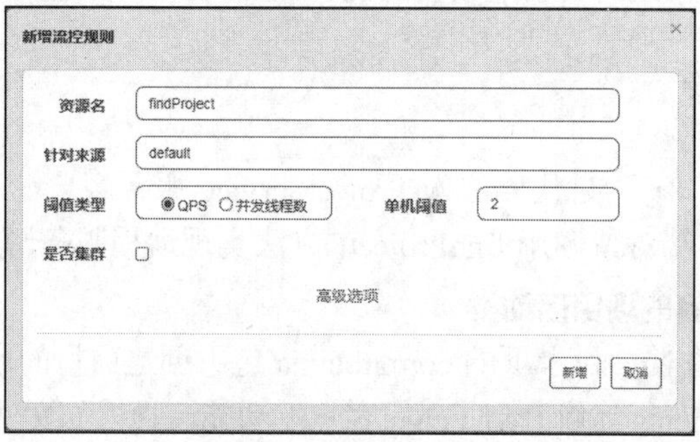

图5-17　新增流控规则

单击图 5-17 中的"新增"按钮保存新增的流控规则。

此时，再次以高于每秒 2 次的速度快速刷新图 5-15 所示的页面，此时 consumer 控制台输出信息如图 5-18 所示。

图5-18　consumer控制台输出信息（2）

从图 5-18 所示的控制台输出的信息可以得出，快速刷新页面时，provider 提供的服务进行了流量控制，访问资源的速度高于流控规则的阈值后会执行 blockHandler 属性指定的方法。

此时只要访问资源的速度在程序设定的流控规则的阈值之内，服务消费者还是可以正常调用 provider 提供的服务。

将 provider 程序进行正常关闭，然后再次访问图 5-15 所示的页面，效果如图 5-19 所示。

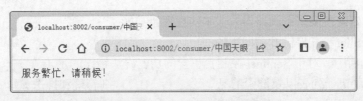

图5-19　关闭provider程序后进行远程调用

从图 5-19 可以得出，程序并没有抛出异常，而是执行了 Feign 客户端接口对应实现类中的方法。虽然此时服务消费者不能调用 provider 提供的服务，但是 Feign 客户端接口通过 @FeignClient 注解中的 fallback 属性指定了熔断降级的类，服务不能调用时，成功调用了熔断降级对应的方法。

至此，Sentinel 和 Spring Cloud Alibaba、OpenFeign 整合的案例已经完成。

5.6　本章小结

本章主要对服务容错组件 Sentinel 进行了讲解。首先讲解了服务容错概述；然后讲解了 Sentinel 简介和 Sentinel 快速入门；接着讲解了 Sentinel 资源和规则的定义；最后讲解了 Sentinel 整合应用。通过本章的学习，读者可以对使用 Sentinel 实现服务容错有一个初步认识，为后续学习 Spring Cloud 做好铺垫。

5.7　本章习题

一、填空题

1. 常见的服务容错方案有服务隔离、超时控制、＿＿＿＿＿＿、熔断机制、降级处理。
2. Sentinel 控制台默认用户名和密码都为＿＿＿＿＿＿。
3. Sentinel 中开发者可以使用＿＿＿＿＿＿对象定义流量控制规则。
4. 在 Sentinel 中，＿＿＿＿＿＿规则主要用于限制请求的速率和数量。
5. Sentinel 支持通过＿＿＿＿＿＿注解定义资源。

二、判断题

1. Sentinel 的规则是指用于监控和保护资源的一组条件或策略。（　　　）
2. 通过合理的设计，开发者可以完全避免服务雪崩的发生。（　　　）
3. Sentinel 的资源可以是 Java 应用程序中的任何内容。（　　　）
4. Sentinel 的 SphU 类提供了 try-catch 风格的 API。（　　　）
5. 在 Sentinel 中，流量控制规则用于确保系统在负载过大或异常情况下正常响应请求。（　　　）

三、选择题

1. 下列选项中，对于常见的服务容错组件描述错误的是（　　　）。

　　A．Sentinel 采用更加精细的限流算法，可以对不同的请求进行更加准确的控制

　　B．Resilience4j 是一个基于 Java 8 的轻量级容错框架

    C.　Hystrix 主要采用断路器模式来实现容错功能

    D.　Resilience4j 提供开箱即用的控制台

2.　下列选项中，对于 Sentinel 控制台包含的功能说法错误的是（　　　）。

    A.　查看机器列表以及健康情况　　　　　　B.　规则管理和推送

    C.　服务管理　　　　　　　　　　　　　　D.　鉴权

3.　下列选项中，对于定义 Sentinel 资源描述错误的是（　　　）。

    A.　SphU 中提供了 entry() 方法用于创建并返回一个与指定资源名对应的 Entry 对象

    B.　在 Sentinel 中的 SphO 类基于 if-else 语句的方式定义资源

    C.　SphO 调用 entry() 方法后，需要显式地调用 exit() 退出资源保护范围

    D.　SphU 抛出异常的方式定义资源时，资源名必须和当前类名保持一致

4.　下列选项中，关于 @SentinelResource 注解常用属性的作用描述错误的是（　　　）。

    A.　value 用于指定资源名

    B.　entryType 用于指定入口类型，表示该资源的调用类型

    C.　blockHandler 用于指定处理触发流控规则时执行的方法

    D.　fallback 用于指定忽略的异常类型列表

5.　下列选项中，对于 Sentinel 不同规则的作用描述正确的是（　　　）。

    A.　流量控制规则主要用于限制请求的速率和数量

    B.　熔断降级规则用于对系统的请求成功率、响应时间等指标进行监控和调控

    C.　系统保护规则从应用级别对入口流量进行控制

    D.　热点参数规则是一种可以对资源的访问进行权限控制、鉴权和认证的规则

第6章

API网关Gateway

学习目标

◆ 了解 API 网关概况，能够简述使用 API 网关的好处，以及常见的
API 网关方案

◆ 了解 Gateway 概况，能够简述路由、断言和过滤器的概念，以及
Gateway 的工作流程

◆ 熟悉内置路由断言工厂，能够说出 Gateway 中的内置路由断言工
厂，以及在配置文件中配置内置路由断言工厂

◆ 掌握路由断言入门案例，能够在案例中正确使用断言

◆ 掌握自定义路由断言工厂，能够在项目中自定义路由断言工厂

◆ 掌握局部过滤器，能够说出常见的内置局部过滤器，并在项目中自定义局部过滤器

◆ 掌握全局过滤器，能够通过自定义全局过滤器实现统一权限校验

拓展阅读

在微服务架构中，一个系统往往由多个服务组成，这些服务需要通过 API（Application Program Interface，应用程序接口）进行相互连接和交互，服务间通信和 API 管理等问题往往会变得非常复杂。为了解决这些问题，API 网关应运而生。Gateway 是 Spring Cloud 微服务框架中的 API 网关组件，是当前主流的 API 网关之一。本章将对 API 网关 Gateway 进行讲解。

6.1 API 网关概述

API 网关作为微服务架构中的入口和管理组件，在微服务架构中扮演着重要的角色，通过 API 网关可以更好地管理和调度分布式 API 服务，构建高性能的微服务架构。下面，分别从使用 API 网关的好处和常见的 API 网关方案两方面对 API 网关进行讲解。

1. 使用 API 网关的好处

在微服务架构中，系统通常由多个小型、独立的服务组成，这些服务需要协作和共同完成业务流程，而这些服务可能会部署在不同的机房、地区、域名下。针对这种情况，如果客户端想要请求这些服务，就需要记录对应服务的地址，然后分别进行调用。客户端直接请求

服务如图 6-1 所示。

从图 6-1 可以得出，客户端想要请求不同的服务，根据客户端中记录的服务地址直接调用对应的服务即可。这样的架构在服务数量较少、业务复杂度较低的系统中问题不是很大，但是选择使用微服务架构的系统，通常都会将服务拆分得足够细，并且系统的业务也可能随着需求逐步地增多。对于服务数量众多、业务复杂度比较高的系统来说，这样的架构就会存在如下的问题。

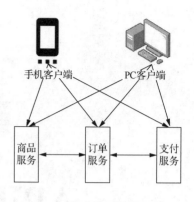

图6-1　客户端直接请求服务

① 服务地址数量庞大，客户端需要维护大量的服务地址，非常烦琐、复杂，管理难度大。

② 在某些场景下服务之间存在跨域请求问题，对其的处理相对复杂。

③ 鉴权认证变得越来越复杂，每个微服务需要独立处理身份认证和授权，增加了组织的烦琐性。

针对上述问题，可以使用 API 网关解决。API 本质上是一种约定俗成的接口，定义了软件组件之间的输入和输出规范，以及如何通过这些规范进行通信和交互。API 网关是用于对外提供 API 的中间层，它提供了一种机制，使得客户端可以通过一个统一的接口访问多个后端服务。API 网关可以将来自客户端的请求路由到不同的下游服务，实现请求处理、负载均衡、鉴权等一系列操作。同时，因为 API 网关处于服务的前端，它也可在前端进行过滤、数据转换和协议转换等操作。

使用 API 网关后，客户端请求服务的方式如图 6-2 所示。

从图 6-2 可以看出，API 网关是微服务系统对外的唯一入口，就像微服务系统的门面一样。当客户端发送请求时，会先将请求发送到 API 网关，然后 API 网关会根据请求标识信息将请求转发到相应的微服务实例，从而实现请求的处理和转发。

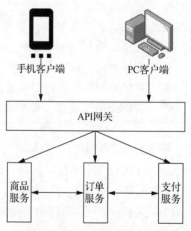

图6-2　客户端通过API网关请求服务

当系统中存在大量服务、业务复杂度高且规模较大时，使用 API 网关有如下好处。

① 简化客户端开发，客户端无须维护大量服务地址，只需要知道 API 网关的地址。

② 减少客户端与后端服务的交互次数，提升系统性能和用户体验。

③ 降低客户端与后端服务的耦合度，提高代码的可维护性和可扩展性。

④ 节省流量，提高性能，为用户提供更好的服务体验。

⑤ 提供了安全、流量控制、过滤、缓存、计费和监控等 API 管理功能，保证了系统的安全性和监测服务的状态，从而保证了系统的稳定性。

2. 常见的 API 网关方案

API 网关为微服务架构提供了一个重要的解决方案，它可以让我们轻松管理和统一调度分布式的 API 服务，从而提高了应用的可用性、可靠性、安全性和性能表现。在现有技术体系中，Nginx+Lua、Kong、Zuul、Spring Cloud Gateway 等 API 网关方案已经成为主流。这些优秀的 API 网关方案，更加全面地覆盖了 API 网关的各项需求和功能。下面分别对这些常见的 API 网关方案进行讲解。

（1）Nginx+Lua

Nginx 是一款高性能的反向代理服务器，可以快速接收和处理来自客户端和后端 API 服务的请求。Lua 作为一种脚本语言，执行速度也很快，做短期计算具有优势，使用 Nginx 搭配 Lua 可以处理高并发量的请求，但是使用 Lua 需要一定的学习成本，脚本的编写和配置也需要额外的时间成本。

（2）Kong

Kong 是一个基于 Nginx 构建的高性能 API 网关，它使用 Lua 作为 API 管理和扩展框架，并提供丰富的插件来满足各种 API 管理和控制需求。Kong 作为一款分布式、插件化、易于集成、可视化、免费开源的 API 网关软件，具有很多优点，但是要熟练掌握 Kong，必须熟悉 Nginx 和 Lua 并有一定的开发经验。

（3）Zuul

Zuul 是 Netflix 开源的一款 API 网关产品，提供了路由、负载均衡、统计、过滤和安全控制等功能，可以将请求均衡地分发到各个服务节点上，并进行有效的安全检查和安全控制。Zuul 可以与 Spring Cloud 的 Eureka、Ribbon 等组件进行集成和协同工作。

Zuul 有 1.x 版本和 2.x 版本，Zuul 的 1.x 版本采用的是阻塞式的 I/O（Input/Output，输入/输出）模型，性能相对较差。Zuul 的 2.x 版本是基于非阻塞 I/O 的服务，通过 RxJava 异步规范实现异步流处理，但 Netflix 官方已经宣布对 1.x 版本和 2.x 版本都停止更新和维护。

（4）Spring Cloud Gateway

Spring Cloud Gateway 是 Spring Cloud 组件之一，相比于 Zuul1 和 Zuul2，Spring Cloud Gateway 性能更高，更加轻量化，可支持请求和响应的动态路由、限流、缓存、重试等功能。本章也将主要对 Spring Cloud Gateway 进行讲解。

6.2　Gateway 概述

Spring Cloud Gateway 本书后续简称 Gateway，是 Spring Cloud 生态系统中的一个基于 Spring Boot 的 API 网关框架，旨在为微服务架构提供一种简单而高效的统一 API 路由管理方式。Gateway 提供了一个基于过滤器链的网关实现，从而为安全、监控和限流等方面提供了强大的支持。下面，分别对 Gateway 的特点、核心概念，以及工作流程进行讲解。

1. Gateway 的特点

Gateway 成为业内广受推崇的 API 网关，主要在于其拥有以下特点。

① 基于 Spring Framework 5.0、Project Reactor 和 Spring Boot 2.0 进行构建，简化了开发，并提供强大的反应式编程支持。

② 可以针对任意请求属性进行路由（Route）匹配。

③ 提供了特定于路由的断言（Predicate）和过滤器（Filter），大幅度提高网关的灵活性、可扩展性，同时简化开发，并且提高了代码复用的能力。

④ 继承了 Hystrix 熔断器的功能，保证了服务的容错性和可靠性。

⑤ 集成了 Spring Cloud DiscoveryClient（服务发现客户端），能够轻松地与服务注册中心进行集成。

⑥ 提供了易于编写的断言和过滤器，实现了灵活的编程模型。

⑦ 可以通过限制请求频率来控制流量。

⑧ 能够轻松地重写请求路径，简化网关配置。

2. Gateway 的核心概念

Gateway 中最主要的功能之一就是路由转发，在定义路由规则时主要涉及路由、断言和过滤器这三个核心概念，对 Gateway 中的这三个核心概念的说明如表 6-1 所示。

表6-1   Gateway 中的核心概念

概念	说明
路由	路由是将请求转发到目标服务的一个抽象概念，一个完整的路由需要由一个唯一标识符 ID、一个目标 URI（Uniform Resource Identifier，统一资源标识符）、一组断言和一组过滤器组成
断言	断言用于验证请求是否符合当前路由规则，如果请求与断言的判断条件匹配成功，请求就会按照路由规则被转发到相应的服务
过滤器	过滤器是路由处理时进行的一个或多个操作，它能够拦截请求、修改请求或者响应，并执行一些其他的逻辑

Gateway 通过路由、断言和过滤器相互协同，可以实现非常灵活和高度定制化的路由转发和请求处理功能。开发者可以根据实际需求，自定义断言和过滤器，实现自己的路由规则和处理逻辑。

3. Gateway 的工作流程

Gateway 的整个请求处理过程是由一系列的过滤器在请求生命周期中按顺序执行的，它充分利用了 Spring Boot 的自动化配置和处理能力，提供了强大而灵活的路由配置和请求处理机制。为了读者能更好地理解 Gateway 的工作流程，下面通过一张图对其进行展示，具体如图 6-3 所示。

从图 6-3 可以得出，客户端通过 API 网关请求服务的执行流程大致如下。

① 在 Gateway 中，客户端发送过来的请求会先经过 Gateway Handler Mapping 进行路由匹配，如果请求匹配到了某个路由规则，则该请求会被 Gateway Handler Mapping 转发给对应的 Gateway Web Handler 进行处理。

② Gateway Web Handler 会根据路由规则将请求转发到对应的服务，同时为了进行进一步处理，它会将请求交给一个特定于该请求的过滤器链。过滤器链中包含的 Filter 和 Proxy Filter 都是过滤器。

③ 当请求被路由到服务后，对请求的响应会先经过特定于响应的过滤器链，接着返回给 Gateway Web Handler 进行处理，最后通过 Gateway Handler Mapping 返回给客户端。

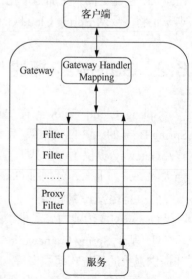

图6-3   Gateway的工作流程

上述流程中，执行过滤器的前后主要围绕 Gateway Handler Mapping 和 Gateway Web Handler 进行。下面分别对 Gateway Handler Mapping 和 Gateway Web Handler 进行详细说明。

Gateway Handler Mapping 会根据配置中的每个路由规则，以及该规则中的匹配断言条件，决定将请求转发给哪个服务。在路由规则的匹配过程中，Gateway Handler Mapping 会检查请求的 URL、请求头、请求参数等信息，并将其与路由规则中定义的匹配条件进行比较，以确定是否将请求路由到该规则对应的服务上。

Gateway Web Handler 会根据路由规则将请求转发到对应的服务上，并且它还会过滤和修改请求，以及处理转发后的响应。在路由转发过程中，Gateway Web Handler 负责调用各个过滤器，并将它们组织成一个过滤器链，以完成对请求和响应的处理。

4. Gateway 路由的配置属性

Gateway 中的路由配置由路由器（Router）和断言两部分组成。路由器控制将请求转发到哪个目标服务，断言则确定是否应该将请求转发到该目标服务，在 Gateway 中断言用于匹配 HTTP 请求中的各种信息，例如 URL、请求头、请求方法等。当断言的聚合判断结果为 true 时，意味着该请求会被当前的路由器进行转发。

Gateway 中提供了一个名为 spring.cloud.gateway.routes 的配置属性，通过这个属性可以在网关中定义一个或多个路由规则，每个路由规则都对应一个目标服务。在 spring.cloud.gateway.routes 属性中，开发者可以为每一个路由规则定义以下字段。

① id：路由规则的唯一标识符，应用程序中可以通过 id 引用对应路由规则。

② uri：目标服务的地址，可以是一个 URL 或者是以 lb:// 开头的负载均衡服务名。

③ predicates：可选字段，用于定义匹配请求的断言列表。如果请求与所有断言都匹配，则路由规则生效。

④ filters：可选字段，用于定义过滤器列表，路由成功后可以指定对请求进行额外的操作，比如请求转发、请求修改等。默认情况下，如果不指定任何过滤器，路由规则只会简单地将请求路由到目标服务。

6.3　路由断言

Gateway 中断言用于验证请求是否满足进入网关的条件，而路由断言用于确定请求应该被路由到哪个后端服务。下面对 Gateway 的路由断言进行详细讲解。

6.3.1　内置路由断言工厂

根据断言的特性，Gateway 提供了许多内置的路由断言工厂（Route Predicate Factories），用于创建断言，以便匹配不同属性的 HTTP 请求。每个路由断言工厂都有自己的属性配置，可以根据需要进行调整，以实现定制化的路由匹配和过滤规则。下面针对这些内置的路由断言工厂分别进行讲解。

1. 基于 Datetime 类型的路由断言工厂

基于 Datetime 类型的路由断言工厂主要有三个，分别是 AfterRoutePredicateFactory、BeforeRoutePredicateFactory 和 BetweenRoutePredicateFactory，这三个路由断言工厂可以基于请求的日期和时间对 HTTP 请求进行匹配，并根据匹配结果决定是否将请求路由到指定的服务地址。这三个路由断言工厂接收的参数都需要为 Date 或 Datetime 类型的时间戳，参数的格式如下。

```
YYYY-MM-DDTHH:mm:ss.sssZ[时区 ID]
```

　　在上述代码中，YYYY 表示四位数的年份，例如 2023 表示 2023 年；MM 表示两位数的月份，例如 01 表示 1 月；DD 表示两位数的日期，例如 15 表示 15 日；T 表示时间分隔符，将日期部分和时间部分分隔开；HH 表示两位数的小时数，例如 03 表示凌晨 3 点；mm 表示两位数的分钟数，例如 30 表示第 30 分钟；ss.sss 表示以 "." 分隔的秒数和毫秒数，例如 05.500 表示 5 秒 500 毫秒。Z 表示时间的 UTC（Universal Time Coordinated，协调世界时）偏移量，表示为 ±HH:mm 形式。这个字段是可选的，如果不指定，表示使用本地时间。时区 ID 是可选的，可以指定某个特定的时区，例如 [Asia/Shanghai]。如果不指定时区 ID，则表示使用系统默认时区。

　　下面对这三个路由断言工厂进行详细说明。

　　（1）AfterRoutePredicateFactory

　　AfterRoutePredicateFactory 创建的断言匹配请求时，只有晚于指定时间的请求才会被路由到指定服务。开发者在路由配置中，可以使用 AfterRoutePredicateFactory 接收一个 Date 或 Datetime 类型的时间戳参数，只有晚于这个时间戳的请求才会被路由到指定的服务地址，示例如下。

```
spring:
  cloud:
    gateway:
      routes:
        - id: afterRoute
          uri: http://localhost:8080
          predicates:
            - After=2023-06-01T00:00:00.0+08:00[Asia/Shanghai]
```

　　在上述代码中，通过在路由配置中引用 AfterRoutePredicateFactory 创建断言，该断言的路由规则为只有请求的时间在 2023 年 6 月 1 日之后，才会将请求路由到 http://localhost:8080。

　　（2）BeforeRoutePredicateFactory

　　BeforeRoutePredicateFactory 创建的断言匹配请求时，只有早于指定时间的请求才会被路由到指定服务。开发者在路由配置中，可以使用 BeforeRoutePredicateFactory 接收一个 Date 或 Datetime 类型的时间戳参数，只有早于这个时间戳的请求才会被路由到指定的服务地址，示例如下。

```
spring:
  cloud:
    gateway:
      routes:
        - id: beforeRoute
          uri: http://localhost:8080
          predicates:
            - Before=2023-06-01T00:00:00.0+08:00[Asia/Shanghai]
```

　　在上述代码中，通过在路由配置中引用 BeforeRoutePredicateFactory 创建断言，该断言的路由规则为只有请求的时间在 2023 年 6 月 1 日之前，才会将请求路由到 http://localhost:8080。

　　（3）BetweenRoutePredicateFactory

　　BetweenRoutePredicateFactory 创建的断言匹配请求时，只有在指定时间区间内的请求才会被路由到指定服务。开发者在路由配置中，可以使用 BetweenRoutePredicateFactory 接收两个 Date 或 Datetime 类型的时间戳参数，只有请求的时间在这两个时间戳对应的区间时请求才会被路由到指定的服务地址，示例如下。

```
spring:
  cloud:
    gateway:
```

```
        routes:
         - id: betweenRoute
           uri: http://localhost:8080
           predicates:
             - Between=2023-05-01T00:00:00.0+08:00[Asia/Shanghai],
                       2023-06-01T00:00:00.0+08:00[Asia/Shanghai]
```

在上述代码中，通过在路由配置中引用 BetweenRoutePredicateFactory 创建断言，该断言的路由规则为只有请求的时间处于 2023 年 5 月 1 日和 2023 年 6 月 1 日的区间内，才会将请求路由到 http://localhost:8080。

2. 基于 Cookie 的路由断言工厂

CookieRoutePredicateFactory 为基于 Cookie 的路由断言工厂，该路由断言工厂创建的断言匹配请求时，会根据请求中的 Cookie 值对请求进行路由，只有符合指定 Cookie 值的请求才会被路由到相应的目标服务。CookieRoutePredicateFactory 可以传入一个或两个参数，其中第一个参数为 Cookie 的名称，如果传入两个参数，第二个参数为匹配规则，匹配规则是一个 Java 正则表达式。

基于 Cookie 的路由断言工厂设置断言的示例如下。

```
spring:
  cloud:
    gateway:
      routes:
        - id: cookieRoute
          uri: http://localhost:8080
          predicates:
            - Cookie=chocolate,ch.p
```

在上述代码中，通过在路由配置中引用 CookieRoutePredicateFactory 创建断言，该断言的路由规则为，只有请求中携带了名为 chocolate 的 Cookie，并且 Cookie 的值的长度为 4 同时以 ch 开头和以 p 结尾时，该请求才会匹配成功。

3. 基于 Header 的路由断言工厂

HeaderRoutePredicateFactory 为基于 Header 的路由断言工厂，该路由断言工厂创建的断言匹配请求时，会基于请求头中的参数来匹配请求，只有包含指定参数值的请求才会被路由到指定服务。HeaderRoutePredicateFactory 需要传入两个参数，第一个参数是要匹配的 Header 名称；第二个参数是匹配规则，是一个 Java 正则表达式，用于匹配 Header 的值。

基于 Header 的路由断言工厂设置断言的示例如下。

```
spring:
  cloud:
    gateway:
      routes:
        - id: headerRoute
          uri: http://localhost:8080
          predicates:
            - Header=X-Request-Id, \d+
```

在上述代码中，通过在路由配置中引用 HeaderRoutePredicateFactory 创建断言，该断言的路由规则为，只有请求中携带了 X-Request-Id 的头部信息，并且信息为一个或多个数字时，该请求才会匹配成功，将请求路由到该规则所对应的服务。

4. 基于 Host 的路由断言工厂

HostRoutePredicateFactory 为基于 Host 的路由断言工厂，该路由断言工厂创建的断言匹配请求时，会对请求头中的 Host 值进行匹配，只有符合指定 Host 值的请求才会被路由到指定服务。HostRoutePredicateFactory 需要传入一个主机名模式列表的参数，该模式列表中的主机名是按照 Ant 风格定义的，使用 "." 作为分隔符。

基于 Host 的路由断言工厂设置断言的示例如下。

```
spring:
  cloud:
    gateway:
      routes:
        - id: hostRoute
          uri: http://localhost:8080
          predicates:
            - Host=**.somehost.org,**.anotherhost.org
```

在上述代码中，通过在路由配置中引用 HostRoutePredicateFactory 创建断言，该断言的路由规则为，当请求的 Host 头的值是以.somehost.org 或.anotherhost.org 结尾的路径时，该请求才会匹配成功，将请求路由到该规则所对应的服务。

5. 基于 Method 请求方法的路由断言工厂

MethodRoutePredicateFactory 为基于 Method 请求方法的路由断言工厂，该路由断言工厂创建的断言匹配请求时，会对请求的方法进行匹配，只有符合指定请求方法的请求才会被路由到指定服务。MethodRoutePredicateFactory 需要一个 HTTP 请求方法列表作为参数，该方法列表中的方法是由 HTTP 定义的方法，如 GET、POST、PUT、DELETE 等。

基于 Method 请求方法的路由断言工厂设置断言的示例如下。

```
spring:
  cloud:
    gateway:
      routes:
        - id: methodRoute
          uri: http://localhost:8080
          predicates:
            - Method=GET,POST
```

在上述代码中，通过在路由配置中引用 MethodRoutePredicateFactory 创建断言，该断言的路由规则为，当且仅当请求方法为 GET 或者 POST 时，该请求才会匹配成功，将请求路由到该规则所对应的服务。

6. 基于 Path 请求路径的路由断言工厂

PathRoutePredicateFactory 为基于 Path 请求路径的路由断言工厂，该路由断言工厂创建的断言匹配请求时，会对请求的路径进行匹配，只有符合指定的请求路径的请求才会被路由到指定服务。PathRoutePredicateFactory 可以传入一个或两个参数，第一个参数为一个路径匹配模式列表，可以使用 Ant 模式或正则表达式来匹配请求路径；第二个参数为可选参数，为 matchTrailingSlash 标志，该标志默认值为 true，用于设置是否将请求路径中的结尾 "/" 考虑在内。例如，如果设置为 false、/api 和/api/会被认为是相同路径，两者都将被匹配。

基于 Path 请求路径的路由断言工厂设置断言的示例如下。

```
spring:
  cloud:
    gateway:
      routes:
        - id: pathRoute
          uri: http://localhost:8080
          predicates:
            - Path=/api/**,/service/**
```

　　在上述代码中，通过在路由配置中引用 PathRoutePredicateFactory 创建断言，该断言的路由规则为，当且仅当请求路径以/api 或/service 开头时，该请求才会匹配成功，将请求路由到该规则所对应的服务。

7. 基于 Query 请求参数的路由断言工厂

　　QueryRoutePredicateFactory 为基于 Query 请求参数的路由断言工厂，该路由断言工厂创建的断言匹配请求时，会基于请求中的查询参数进行匹配，只有包含指定参数的请求才会被路由到指定服务。QueryRoutePredicateFactory 可以通过两个参数进行配置，第一个参数用于匹配查询参数名；第二个参数是可选参数，是一个用于匹配查询参数值的正则表达式。

　　基于 Query 请求参数的路由断言工厂设置断言的示例如下。

```
spring:
  cloud:
    gateway:
      routes:
      - id: queryRoute
        uri: http://localhost:8080
        predicates:
        - Query=name,^[A-Z].*$
```

　　在上述代码中，通过在路由配置中引用 QueryRoutePredicateFactory 创建断言，该断言的路由规则为，当且仅当请求包含名为 name 的查询参数，并且该参数的值是以大写字母开头的任意字符串时，该请求才会匹配成功，将请求路由到该规则所对应的服务。

8. 基于远程地址的路由断言工厂

　　RemoteAddrRoutePredicateFactory 为基于远程地址的路由断言工厂，该路由断言工厂创建的断言匹配请求时，会基于远程 IP 地址进行匹配，只有符合指定远程 IP 地址的请求才会被路由到指定服务。RemoteAddrRoutePredicateFactory 可以配置限制或允许的 IP 地址列表，该 IP 地址列表的设置有如下方式。

　　① 单个 IP 地址，例如 RemoteAddr=192.168.0.1。

　　② IP 地址段，例如 RemoteAddr=192.168.0.0/24。

　　③ 多个 IP 地址，以逗号分隔，例如 RemoteAddr=192.168.0.1,192.168.0.2。

　　④ 限制的 IP 地址，使用！进行标记，例如 RemoteAddr!=192.168.1.100。

　　基于远程地址的路由断言工厂设置断言的示例如下。

```
spring:
  cloud:
    gateway:
      routes:
      - id: remoteaddrRoute
        uri: http://localhost:8080
        predicates:
        - RemoteAddr=192.168.1.1/24
```

　　在上述代码中，通过在路由配置中引用 RemoteAddrRoutePredicateFactory 创建断言，该断言的路由规则为，当且仅当只有来自 192.168.1.1 至 192.168.1.24 的请求才会匹配路由规则，将请求路由到该规则所对应的服务。

9. 基于路由权重的路由断言工厂

　　WeightRoutePredicateFactory 为基于路由权重的路由断言工厂，允许指定多个路由规则，并指定它们之间的权重，各个分组的路由规则分别计算权重，并根据其比例来进行路由，这样开发者可以根据具体业务需求，定制出不同的权重配置方案，满足具体的路由需求。

WeightRoutePredicateFactory 通过两个参数配置路由权重，第一个参数为 group，表示路由规则的权重分组，它没有具体取值的限制，只需确保不同分组的 group 参数值不相同，就可以实现路由规则的区分；第二个参数为 weight，表示该路由规则被选中的概率，权重值越大，被选中的概率越高，并且该参数值必须为非负整数，也就是大于等于 0 的整数，但是如果将 weight 参数设置为 0，则表示该路由规则不会被选中，不参与路由。

基于路由权重的路由断言工厂设置断言的示例如下。

```yaml
spring:
  cloud:
    gateway:
      routes:
        - id: weightHighRoute
          uri: http://localhost:8080
          predicates:
            - Weight=group1, 8
        - id: weightLowRoute
          uri: http://localhost:8090
          predicates:
            - Weight=group1, 2
```

在上述代码中，通过在路由配置中引用 WeightRoutePredicateFactory 创建断言，其中 weightHighRoute 路由规则对应的权重值为 8，weightLowRoute 路由规则对应的权重值为 2，根据这两个权重值的定义，weightHighRoute 将有更高的概率被选中，而 weightLowRoute 被选中的概率相对低一些。

6.3.2　路由断言入门案例

学习完路由断言的相关知识后，下面通过一个案例演示路由断言的使用，具体如下。

1. 创建项目父工程

创建一个父工程，在父工程中管理项目依赖的版本。在 IDEA 中创建一个名为 gateway_quickstart 的 Maven 工程，由于本案例基于 Spring Boot 项目，并且需要基于注册中心获取服务信息，对此在工程的 pom.xml 文件中声明 Spring Cloud、Spring Cloud Alibaba、Spring Boot 的相关依赖，具体如文件 6-1 所示。

文件 6-1　gateway_quickstart\pom.xml

```xml
1  <?xml version="1.0" encoding="UTF-8"?>
2  <project xmlns="http://maven.apache.org/POM/4.0.0"
3          xmlns:xsi="http://www.w3.org/2001/XMLSchema-instance"
4          xsi:schemaLocation="http://maven.apache.org/POM/4.0.0
5          http://maven.apache.org/xsd/maven-4.0.0.xsd">
6     <modelVersion>4.0.0</modelVersion>
7     <groupId>com.itheima</groupId>
8     <artifactId>gateway_quickstart</artifactId>
9     <packaging>pom</packaging>
10    <version>1.0-SNAPSHOT</version>
11    <properties>
12       <maven.compiler.source>11</maven.compiler.source>
13       <maven.compiler.target>11</maven.compiler.target>
14       <project.build.sourceEncoding>UTF-8</project.build.sourceEncoding>
15       <spring-cloud.version>2021.0.5</spring-cloud.version>
16       <spring-cloud-alibaba.version>
17            2021.0.5.0</spring-cloud-alibaba.version>
```

```
18          <spring-boot.version>2.6.13</spring-boot.version>
19      </properties>
20      <dependencyManagement>
21          <dependencies>
22              <dependency>
23                  <groupId>org.springframework.cloud</groupId>
24                  <artifactId>spring-cloud-dependencies</artifactId>
25                  <version>${spring-cloud.version}</version>
26                  <type>pom</type>
27                  <scope>import</scope>
28              </dependency>
29              <dependency>
30                  <groupId>com.alibaba.cloud</groupId>
31                  <artifactId>spring-cloud-alibaba-dependencies</artifactId>
32                  <version>${spring-cloud-alibaba.version}</version>
33                  <type>pom</type>
34                  <scope>import</scope>
35              </dependency>
36              <dependency>
37                  <groupId>org.springframework.boot</groupId>
38                  <artifactId>spring-boot-dependencies</artifactId>
39                  <version>${spring-boot.version}</version>
40                  <type>pom</type>
41                  <scope>import</scope>
42              </dependency>
43          </dependencies>
44      </dependencyManagement>
45      <dependencies>
46      </dependencies>
47      <build>
48          <plugins>
49              <plugin>
50                  <groupId>org.springframework.boot</groupId>
51                  <artifactId>spring-boot-maven-plugin</artifactId>
52              </plugin>
53          </plugins>
54      </build>
55  </project>
```

2．创建服务提供者模块

下面创建一个服务提供者的模块。在 gateway_quickstart 工程中创建一个名为 provider 的 Maven 子模块，并在该模块的 pom.xml 文件中引入 Nacos 和 Spring Web 的相关依赖，具体如文件 6-2 所示。

文件 6-2　provider\pom.xml

```
1   <?xml version="1.0" encoding="UTF-8"?>
2   <project xmlns="http://maven.apache.org/POM/4.0.0"
3           xmlns:xsi="http://www.w3.org/2001/XMLSchema-instance"
4           xsi:schemaLocation="http://maven.apache.org/POM/4.0.0
5           http://maven.apache.org/xsd/maven-4.0.0.xsd">
6       <parent>
7           <artifactId>gateway_quickstart</artifactId>
8           <groupId>com.itheima</groupId>
9           <version>1.0-SNAPSHOT</version>
10      </parent>
11      <modelVersion>4.0.0</modelVersion>
12      <artifactId>provider</artifactId>
13      <properties>
14          <maven.compiler.source>11</maven.compiler.source>
```

```
15        <maven.compiler.target>11</maven.compiler.target>
16        <project.build.sourceEncoding>UTF-8</project.build.sourceEncoding>
17    </properties>
18 <dependencies>
19    <dependency>
20        <groupId>com.alibaba.cloud</groupId>
21        <artifactId>
22        spring-cloud-starter-alibaba-nacos-discovery</artifactId>
23    </dependency>
24    <dependency>
25        <groupId>org.springframework.boot</groupId>
26        <artifactId>spring-boot-starter-web</artifactId>
27    </dependency>
28 </dependencies>
29 </project>
```

3. 配置服务提供者信息

设置完 provider 模块的依赖后，在 provider 模块中创建全局配置文件 application.yml，并在该配置文件中配置服务名称、Nacos 服务端地址等信息，具体如文件 6-3 所示。

文件6-3   provider\src\main\resources\application.yml

```
1  server:
2    #启动端口
3    port: 8001
4  spring:
5    application:
6      #服务名称
7      name: provider
8    cloud:
9      nacos:
10       discovery:
11         # Nacos 服务端的地址
12         server-addr: 127.0.0.1:8848
```

在上述代码中，使用 spring.application.name 指定当前服务的名称为 provider，使用 spring.cloud.nacos.discovery.server-addr 配置 Nacos 服务端的地址。

4. 创建服务提供者的控制器类

在 provider 模块的 java 目录下创建包 com.itheima.controller，在该包下创建名为 ProjectController 的控制器类，并在该类中创建方法处理对应的请求，具体如文件 6-4 所示。

文件6-4   ProjectController.java

```
1  import org.springframework.beans.factory.annotation.Value;
2  import org.springframework.web.bind.annotation.GetMapping;
3  import org.springframework.web.bind.annotation.PathVariable;
4  import org.springframework.web.bind.annotation.RestController;
5  @RestController
6  @RequestMapping("service")
7  public class ProjectController {
8      @Value("${spring.application.name}")
9      private String appName;
10     @Value("${server.port}")
11     private String serverPort;
12     @GetMapping(value = "/project/{name}")
13     public String findProject(@PathVariable("name") String name) {
14         return "<h2>服务访问成功! </h2>服务名称: "+appName+", 端口号: "
15             + serverPort +"<br /> 查询的项目: " + name;
16     }
```

```
17      @GetMapping(value = "/user")
18      public String findUserByAge(Integer age)  {
19          return "<h2>服务访问成功！</h2>服务名称："+appName+"，端口号："
20              + serverPort +"<br /> 用户的年龄：" + age;
21      }
22  }
```

在上述代码中，第 5～22 行代码定义名为 ProjectController 的控制器类，其中第 12～16 行代码中定义方法 findProject()用于映射 URL 为"/service/project/{name}"的请求，其中{name}为调用该服务时传递过来的参数。第 17～21 行代码中定义方法 findUserByAge()用于映射 URL 为"/service/user"的请求。

5. 创建服务提供者的项目启动类

在 provider 模块的 com.itheima 包下创建项目的启动类，具体如文件 6-5 所示。

文件 6-5　ProviderApp.java

```
1  import org.springframework.boot.SpringApplication;
2  import org.springframework.boot.autoconfigure.SpringBootApplication;
3  @SpringBootApplication
4  public class ProviderApp {
5      public static void main(String[] args) {
6          SpringApplication.run(ProviderApp.class, args);
7      }
8  }
```

6. 创建网关服务模块

下面，创建一个网关服务模块，在该模块中使用 Gateway 根据定义的路由断言将请求转发到服务提供者模块。在 gateway_quickstart 工程中创建一个名为 gateway_server 的 Maven 子模块。网关服务模块中需要使用 Gateway 从 Nacos 注册中心中获取对应的服务，并且后续配置路由断言时，可以使用 lb://service 格式以将服务名作为参数的方式来将请求自动路由到指定的服务实例，对此在模块的 pom.xml 文件中引入 Gateway、Nacos 服务注册与发现、Spring Cloud LoadBalancer 对应的依赖，具体如文件 6-6 所示。

文件 6-6　gateway_server\pom.xml

```
1  <?xml version="1.0" encoding="UTF-8"?>
2  <project xmlns="http://maven.apache.org/POM/4.0.0"
3       xmlns:xsi="http://www.w3.org/2001/XMLSchema-instance"
4       xsi:schemaLocation="http://maven.apache.org/POM/4.0.0
5       http://maven.apache.org/xsd/maven-4.0.0.xsd">
6      <parent>
7          <artifactId>gateway_quickstart</artifactId>
8          <groupId>com.itheima</groupId>
9          <version>1.0-SNAPSHOT</version>
10     </parent>
11     <modelVersion>4.0.0</modelVersion>
12     <artifactId>gateway_server</artifactId>
13     <properties>
14         <maven.compiler.source>11</maven.compiler.source>
15         <maven.compiler.target>11</maven.compiler.target>
16         <project.build.sourceEncoding>UTF-8</project.build.sourceEncoding>
17     </properties>
18 <dependencies>
19     <dependency>
20         <groupId>org.springframework.cloud</groupId>
21         <artifactId>spring-cloud-starter-gateway</artifactId>
22     </dependency>
```

```
23      <dependency>
24          <groupId>com.alibaba.cloud</groupId>
25          <artifactId>
26          spring-cloud-starter-alibaba-nacos-discovery</artifactId>
27      </dependency>
28      <dependency>
29          <groupId>org.springframework.cloud</groupId>
30          <artifactId>spring-cloud-starter-loadbalancer</artifactId>
31      </dependency>
32  </dependencies>
33  </project>
```

7. 配置网关服务信息

设置完 gateway_server 模块的依赖后，在 gateway_server 模块中创建全局配置文件 application.yml，并在该配置文件中配置服务名称、Nacos 服务端地址、路由等信息，具体如文件 6-7 所示。

文件 6-7　gateway_server\src\main\resources\application.yml

```
1   server:
2     #启动端口
3     port: 8000
4   spring:
5     application:
6       #服务名称
7       name: gatewayServer
8     cloud:
9       nacos:
10        discovery:
11          server-addr: 127.0.0.1:8848
12        gateway:
13          discovery:
14            locator:
15              enabled: true
16          routes:
17            - id: providerRoute
18              uri: lb://provider
19              predicates:
20                - Path=/service/project/**
21                - Method=GET
```

在上述代码中，第 12~15 行代码通过 spring.cloud.gateway.discovery.locator.enabled 属性开启服务发现和路由功能，开启后 Gateway 将自动从服务注册中心获取服务实例列表，并自动配置路由规则。第 16~21 行代码指定路由的 id 为 providerRoute，路由目标地址为名为 provider 的服务，第 19~21 行代码设置路由断言，其中基于 Path 请求路径的路由断言工厂匹配请求的路径为/service/project/**的请求，其中/**表示任意路径，并且基于 Method 请求方法的路由断言工厂匹配请求方法为 GET 的请求。

8. 创建网关服务的项目启动类

在 gateway_server 模块的 java 目录下的 com.itheima 包下创建项目的启动类，具体如文件 6-8 所示。

文件 6-8　GatewayServerApp.java

```
1   import org.springframework.boot.SpringApplication;
2   import org.springframework.boot.autoconfigure.SpringBootApplication;
3   @SpringBootApplication
4   public class GatewayServerApp {
```

```
5       public static void main(String[] args) {
6           SpringApplication.run(GatewayServerApp.class, args);
7       }
8   }
```

9. 测试网关转发请求效果

依次启动 Nacos 服务端、ProviderApp、GatewayServerApp，启动成功后，在浏览器中访问 http://localhost:8000/service/project/蛟龙号载人潜水器，具体如图 6-4 所示。

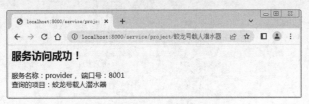

图6-4　通过网关转发请求（1）

从图 6-4 可以看出请求成功调用 provider 服务提供的服务，可以得出，网关成功基于断言的设置将请求转发到 provider 服务。

在浏览器中访问 http://localhost:8000/service/user/2，具体如图 6-5 所示。

图6-5　通过网关转发请求（2）

从图 6-5 可以看出请求调用 provider 服务提供的服务失败，原因为路由断言设置的请求的路径为/service/project/＊＊，匹配该路由规则时匹配失败，Gateway 无法将请求转发到目标地址。

6.3.3　自定义路由断言工厂

Gateway 除了配备内置路由断言工厂，还支持创建自定义路由断言工厂，从而实现更加灵活和个性化的路由规则。自定义路由断言工厂需要实现 RoutePredicateFactory 接口，该接口的 apply(Config config) 方法用于构建路由断言，其中 Config 类型的参数对象包含自定义路由断言工厂需要的配置信息，例如路由断言的匹配规则和自定义参数等。下面，通过一个案例演示自定义路由断言工厂的实现，具体如下。

1. 导入依赖

在文件 6-6 中导入自定义路由断言工厂所需要的依赖，具体如文件 6-9 所示。

文件 6-9　gateway_server\pom.xml

```
1   <?xml version="1.0" encoding="UTF-8"?>
2   <project xmlns="http://maven.apache.org/POM/4.0.0"
3           xmlns:xsi="http://www.w3.org/2001/XMLSchema-instance"
4           xsi:schemaLocation="http://maven.apache.org/POM/4.0.0
5           http://maven.apache.org/xsd/maven-4.0.0.xsd">
6       <parent>
7           <artifactId>gateway_quickstart</artifactId>
8           <groupId>com.itheima</groupId>
```

```
9            <version>1.0-SNAPSHOT</version>
10      </parent>
11      <modelVersion>4.0.0</modelVersion>
12      <artifactId>gateway_server</artifactId>
13      <properties>
14          <maven.compiler.source>11</maven.compiler.source>
15          <maven.compiler.target>11</maven.compiler.target>
16          <project.build.sourceEncoding>UTF-8</project.build.sourceEncoding>
17      </properties>
18  <dependencies>
19      <dependency>
20          <groupId>org.springframework.cloud</groupId>
21          <artifactId>spring-cloud-starter-gateway</artifactId>
22      </dependency>
23      <dependency>
24          <groupId>com.alibaba.cloud</groupId>
25          <artifactId>
26            spring-cloud-starter-alibaba-nacos-discovery</artifactId>
27      </dependency>
28      <dependency>
29          <groupId>org.springframework.cloud</groupId>
30          <artifactId>spring-cloud-starter-loadbalancer</artifactId>
31      </dependency>
32      <dependency>
33          <groupId>org.projectlombok</groupId>
34          <artifactId>lombok</artifactId>
35          <version>1.18.6</version>
36      </dependency>
37      <dependency>
38          <groupId>org.apache.commons</groupId>
39          <artifactId>commons-lang3</artifactId>
40          <version>3.10</version>
41      </dependency>
42  </dependencies>
43  </project>
```

在上述代码中，在文件 6-6 的基础上新增了 lombok 和 commons-lang3 的依赖。

2. 创建自定义路由断言工厂类

在 gateway_server 模块的 java 目录下创建 com.itheima.predicates 包，在该包下创建 RoutePredicateFactory 接口的实现类实现自定义路由断言工厂类，自定义路由断言工厂类的名称需要以 RoutePredicateFactory 结尾，具体如文件 6-10 所示。

文件 6-10　AgeRoutePredicateFactory.java

```
1   package com.itheima.predicates;
2   import lombok.Data;
3   import org.apache.commons.lang3.StringUtils;
4   import org.springframework.cloud.gateway.handler.predicate
5       .AbstractRoutePredicateFactory;
6   import org.springframework.stereotype.Component;
7   import org.springframework.web.server.ServerWebExchange;
8   import java.util.Arrays;
9   import java.util.List;
10  import java.util.function.Predicate;
11  @Component
12  public class AgeRoutePredicateFactory extends
13          AbstractRoutePredicateFactory<Config> {
14      public AgeRoutePredicateFactory() {
15          super(Config.class);
16      }
```

```
17        //用于从配置文件中获取参数值赋值到配置类中的属性上
18        @Override
19        public List<String> shortcutFieldOrder() {
20            //这里的顺序要和配置文件中的参数顺序一致
21            return Arrays.asList("minAge", "maxAge");
22        }
23        //断言
24        @Override
25        public Predicate<ServerWebExchange> apply(Config config) {
26            return new Predicate<ServerWebExchange>() {
27                @Override
28                public boolean test(ServerWebExchange serverWebExchange) {
29                    //从 serverWebExchange 获取传入的参数
30                    String ageStr =serverWebExchange.getRequest()
31                        .getQueryParams().getFirst("age");
32                    if (StringUtils.isEmpty(ageStr)){
33                        return false;
34                    }
35                    if (StringUtils.isNotEmpty(ageStr)) {
36                        int age = Integer.parseInt(ageStr);
37                        return age > config.getMinAge() && age < config.getMaxAge();
38                    }
39                    return true;
40                }
41            };
42        }
43 }
44 //自定义一个配置类，用于接收配置文件中的参数
45 @Data
46 class Config {
47     private int minAge;
48     private int maxAge;
49 }
```

在上述代码中，第 25～43 行代码重写 apply()方法，在该方法中对比配置文件和传入的参数 age 值的大小，如果传入的参数的值在配置文件指定的区间内，则说明匹配对应的断言。

3. 添加断言配置

配置文件中指定的自定义路由断言工厂名称为自定义路由断言工厂类的前缀，即删除 RoutePredicateFactory 后缀部分的名称。在文件 6-7 中添加关于 Age 的断言配置，具体如文件 6-11 所示。

文件 6-11　gateway_server\src\main\resources\application.yml

```
1  server:
2    #启动端口
3    port: 8000
4  spring:
5    application:
6      #服务名称
7      name: gatewayServer
8    cloud:
9      nacos:
10       discovery:
11         server-addr: 127.0.0.1:8848
12     gateway:
13       discovery:
14         locator:
15           enabled: true
```

```
16        routes:
17          - id: providerRoute
18            uri: lb://provider
19            predicates:
20              - Path=/service/project/**
21              - Method=GET
22          - id: providerRoute02
23            uri: lb://provider
24            predicates:
25              - Path=/service/user/**
26              - Age=18,60   # 限制只有年龄在 18 到 60 岁之间的人能访问
```

在上述代码中，第 22~26 行代码新增名为 providerRoute02 的路由，并基于 Path 路径和 Age 的区间值设置断言，当请求路径为/service/user/**，并且请求中 age 参数的值在 18 至 60 之间时，断言匹配成功，会将请求转发到 provider 服务中。

4. 测试自定义路由断言工厂效果

依次启动 Nacos 服务端、ProviderApp、GatewayServerApp，启动成功后，在浏览器中访问 http://localhost:8000/service/user?age=20，具体如图 6-6 所示。

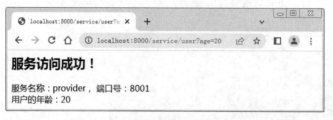

图6-6　自定义路由断言工厂效果（1）

从图 6-6 可以看出请求成功调用 provider 服务提供的服务，可以得出，网关成功基于断言的设置将请求转发到 provider 服务。

在浏览器中访问 http://localhost:8000/service/user?age=8，具体如图 6-7 所示。

图6-7　自定义路由断言工厂效果（2）

从图 6-7 可以看出请求调用 provider 服务提供的服务失败，原因为断言设置的 age 参数值需要在 18 至 60 之间，而当前请求传入的 age 参数值为 8，匹配路由规则时匹配失败，Gateway 无法将请求转发到目标地址。

6.4　过滤器

在 Gateway 中 Filter 是用来处理 HTTP 请求和响应的过滤器，可以在请求和响应的不同阶段进行一些业务处理。根据 Filter 的执行时机不同，可以将 Filter 分为 Pre Filter 和 Post Filter，

其中 Pre Filter 主要用于对请求进行预处理操作，例如添加请求头、验证请求参数等；Post Filter 主要用于对响应进行后处理操作，例如记录响应日志、统计请求耗时等。根据过滤器的作用范围可将其分为局部过滤器和全局过滤器，下面分别对这两类过滤器进行讲解。

6.4.1　局部过滤器

局部过滤器是针对某个具体的路由规则进行定制的过滤器，通过配置路由规则并在路由规则中指定需要使用的过滤器，可以为这个特定的路由规则增加对应的过滤器。Gateway 已经内置了一些常用的局部过滤器，开发者也可以通过自定义局部过滤器来实现特定的业务需求，下面分别对这两类局部过滤器进行讲解。

1. 内置局部过滤器

Gateway 内置了 30 多种不同的局部过滤器，可以满足各种不同的业务需求，其中常见的内置局部过滤器如表 6-2 所示。

表 6-2　常见的内置局部过滤器

过滤器	说明	参数	配置示例
AddRequestHeader	转发请求时，在请求上添加一个指定的请求头	name：需要添加的请求头的名称。 value：需要添加的请求头的值	- AddRequestHeader=Request-ID, requestId
AddRequestParameter	转发请求时，在请求上添加一个指定的请求参数	name：需要添加的参数的名称。 value：需要添加的参数的值	- AddRequestParameter=token, 123456
AddResponseHeader	拦截响应时，在拦截的响应上添加一个指定的响应头	name：需要添加的响应头的名称。 value：需要添加的响应头的值	- AddResponseHeader=Request-ID, responseId
PrefixPath	转发请求时，在请求路径上添加一个指定的前缀	prefix：需要添加的路径前缀	- PrefixPath=/api
PreserveHostHeader	转发请求时，保持客户端的 Host 信息不变，然后将它传递到提供具体服务的微服务中	无	- PreserveHostHeader
RemoveRequestHeader	转发请求时，移除请求头中指定的参数	name：需要移除的参数的名称	- RemoveRequestHeader=User-Agent

Gateway 内置的局部过滤器可以针对某个具体的路由规则中对应的请求和响应进行处理，从而快速解决一些常见的问题，这些过滤器可以对请求头和响应头进行统一处理，以达到一定的安全和性能优化目的。

2. 自定义局部过滤器

当内置的局部过滤器无法满足特定需求时，开发者可以自定义局部过滤器。自定义局部过滤器能够更精准地对请求和响应进行处理，帮助我们快速解决特定场景下的问题。自定义局部过滤器可以通过继承 AbstractGatewayFilterFactory 类或实现 GatewayFilterFactory 接口进行实现，这两者都需要重写 apply() 方法，并通过该方法返回一个 GatewayFilter 对象，即局部过滤器对象。同时这两者也都需要定义一个配置类，用于传递配置信息。

相较于实现 GatewayFilterFactory 接口的方式，继承 AbstractGatewayFilterFactory 类的方式更常用一些，AbstractGatewayFilterFactory 中定义了一些常用的方法和属性，可以更方便地实现自定义局部过滤器，更方便地构建和处理请求。下面以继承 AbstractGatewayFilterFactory 类的方式实现自定义局部过滤器，具体步骤如下。

（1）创建自定义局部过滤器类

自定义局部过滤器类名需要以 GatewayFilterFactory 结尾，在 gateway_server 模块的 java 目录下创建 com.itheima.filter 包，在该包下创建类继承 AbstractGatewayFilterFactory 类，具体如文件 6-12 所示。

文件 6-12　LogGatewayFilterFactory.java

```
1    package com.itheima.filter;
2    import lombok.Data;
3    import lombok.NoArgsConstructor;
4    import org.springframework.cloud.gateway.filter.GatewayFilter;
5    import org.springframework.cloud.gateway.filter.GatewayFilterChain;
6    import org.springframework.cloud.gateway.filter.factory
7        .AbstractGatewayFilterFactory;
8    import org.springframework.stereotype.Component;
9    import org.springframework.web.server.ServerWebExchange;
10   import reactor.core.publisher.Mono;
11   import java.util.Arrays;
12   import java.util.List;
13   //自定义局部过滤器
14   @Component
15   public class LogGatewayFilterFactory extends
16       AbstractGatewayFilterFactory<LogGatewayFilterFactory.Config> {
17       //构造函数
18       public LogGatewayFilterFactory() {
19           super(LogGatewayFilterFactory.Config.class);
20       }
21       //读取配置文件中的参数值赋值到配置类中
22       @Override
23       public List<String> shortcutFieldOrder() {
24           return Arrays.asList("consoleLog", "cacheLog");
25       }
26       //过滤器逻辑
27       @Override
28       public GatewayFilter apply(LogGatewayFilterFactory.Config config) {
29           return new GatewayFilter() {
30               @Override
31               public Mono<Void> filter(ServerWebExchange exchange,
32                               GatewayFilterChain chain) {
33                   if (config.isCacheLog()) {
34                       System.out.println("cacheLog 已经开启了");
35                   }
36                   if (config.isConsoleLog()) {
37                       System.out.println("consoleLog 已经开启了");
38                   }
39                   return chain.filter(exchange);
40               }
41           };
42       }
43       //配置类接收配置参数
44       @Data
```

```
45      @NoArgsConstructor
46      public static class Config {
47          private boolean consoleLog;
48          private boolean cacheLog;
49      }
50  }
```

在上述代码中，第 27～42 行代码重写 apply()方法，在该方法中编写自定义局部过滤器的过滤逻辑，在此根据配置文件中的配置判断当前开启的日志类型，并将其输出至控制台。

（2）添加自定义局部过滤器配置

配置文件中指定的自定义过滤器名称为自定义过滤器类的前缀，即删除 GatewayFilterFactory 后缀部分的名称。在文件 6-11 中添加关于自定义局部过滤器的配置，具体如文件 6-13 所示。

文件 6-13　gateway_server\src\main\resources\application.yml

```
1   server:
2     #启动端口
3     port: 8000
4   spring:
5     application:
6       #服务名称
7       name: gatewayServer
8     cloud:
9       nacos:
10       discovery:
11         server-addr: 127.0.0.1:8848
12      gateway:
13        discovery:
14          locator:
15            enabled: true
16        routes:
17          - id: providerRoute
18            uri: lb://provider
19            predicates:
20              - Path=/service/project/**
21              - Method=GET
22          - id: providerRoute02
23            uri: lb://provider
24            predicates:
25              - Path=/user/**
26              - Age=18,60   # 限制只有年龄在 18 到 60 岁之间的人能访问
27            filters:
28              - PrefixPath=/service
29              - Log=true,false
```

上述配置中，第 25 行配置将 Path 修改为/user/**，第 27～29 行配置设置过滤器的信息，其中第 28 行配置设置内置的 PrefixPath 过滤器，当前路由在转发请求时，会在请求路径中增加一个指定的前缀/service，第 29 行配置设置自定义的局部过滤器，并指定传入的参数值为 true 和 false，表示开启 consoleLog，但是不开启 cacheLog。

（3）测试自定义局部过滤器效果

依次启动 Nacos 服务端、ProviderApp、GatewayServerApp，启动成功后，在浏览器中访问 http://localhost:8000/user?age=20，具体如图 6-8 所示。

图6-8 自定义局部过滤器效果

从图 6-8 可以看出请求成功调用 provider 服务提供的服务，可以得出，当向后端服务发起请求时，请求路径根据 PrefixPath 过滤器设置的前缀变为了/service/user?age=20，网关会将修改请求路径后的请求转发到 provider 服务。

查看 IDEA 的 GatewayServerApp 控制台中输出的信息，如图 6-9 所示。

图6-9 GatewayServerApp控制台中输出的信息

从图 6-9 可以看出控制台输出"consoleLog 已经开启了"，说明发送请求时，自定义局部过滤器根据配置文件中传入的值执行了对应的逻辑代码，自定义局部过滤器实现成功。

6.4.2 全局过滤器

Gateway 中的全局过滤器是针对所有请求都会生效的过滤器，其作用于所有路由规则之上，在请求的处理之前和之后都会被执行。Gateway 已经内置了一些常用的全局过滤器，开发者也可以通过自定义全局过滤器来实现特定的业务需求，下面分别对这两类全局过滤器进行讲解。

1. 内置全局过滤器

Gateway 内置的全局过滤器会自动应用于所有的路由，无须额外地配置，这意味着当请求经过 Gateway 时，Gateway 的内置全局过滤器会自动对请求进行处理。Gateway 的不同版本可能会有不同的内置全局过滤器，以 Gateway 的 3.1.4 版本为例，Gateway 的内置全局过滤器如表 6-3 所示。

表6-3 Gateway 的内置全局过滤器

过滤器	说明
AdaptCachedBodyGlobalFilter	用于适配缓存请求体的全局过滤器
ForwardPathFilter	用于将请求的 URI 修改为配置的目标路径的全局过滤器
ForwardRoutingFilter	用于将请求转发到配置的目标路由的全局过滤器
GatewayMetricsFilter	用于收集和记录网关指标的全局过滤器
LoadBalancerServiceInstanceCookieFilter	用于从请求的 Cookie 中提取 Spring Cloud LoadBalancer 的服务实例信息的全局过滤器
NettyRoutingFilter	使用 Netty 客户端发送请求，并通过动态路由的方式将请求转发到相应的后端服务的全局过滤器
NettyWriteResponseFilter	使用 Netty 客户端将经过各个过滤器处理后的最终响应结果写回客户端的全局过滤器

续表

过滤器	说明
ReactiveLoadBalancerClientFilter	通过负载均衡客户端选择后端服务的实例，并将请求转发到选定的后端服务实例的全局过滤器
RemoveCachedBodyFilter	用于移除缓存请求体的全局过滤器
RouteToRequestUrlFilter	将路由映射为请求 URL 的全局过滤器
WebClientHttpRoutingFilter	使用 WebClient 进行 HTTP 路由的全局过滤器
WebClientWriteResponseFilter	使用 WebClient 进行响应写入的全局过滤器
WebsocketRoutingFilter	用于将 WebSocket 连接进行路由的全局过滤器

表 6-3 中的内置全局过滤器会在请求进入网关之后，对请求进行处理或转换，它们可以负责处理负载均衡、请求转发、收集和记录网关指标等任务，开发者只需创建路由规则而无须显式配置这些过滤器。

2. 自定义全局过滤器

内置的全局过滤器能够满足大部分功能需求，但对于企业开发中的一些特定业务功能处理，我们仍需要自己编写全局过滤器来实现，例如完成统一的权限校验。

自定义全局过滤器可以通过实现 GlobalFilter 接口和 Ordered 接口完成，其中 GlobalFilter 接口是 Gateway 提供的用于定义全局过滤器的接口，该接口包含一个 filter()方法，用于实现具体的过滤逻辑。Ordered 接口是 Spring 提供的用于控制过滤器的执行顺序的接口，一般情况下，过滤器会根据重写 Ordered 接口的 getOrder()方法的返回值来确定执行顺序，值越小执行顺序越靠前。

下面，自定义一个全局过滤器，实现统一的权限校验，具体如下。

（1）统一权限校验的思路

在开发中，通常会按照以下思路进行权限校验。

① 当客户端首次请求服务时，服务端对用户进行身份认证。

② 如果认证通过，服务端会生成一个加密的 token，即令牌，并将其作为登录凭证返回给客户端。

③ 在之后的每个请求中，客户端都会携带这个认证通过后变成的 token。

④ 服务端会对这个 token 进行解密，并验证其有效性。

引入网关后，可以在网关统一检查用户的登录状态和进行权限校验，校验的标准是检查请求中是否包含有效的 token，以及验证该 token 的正确性，这样可以确保只有经过验证的用户才能够访问后端服务，统一校验权限的思路如图 6-10 所示。

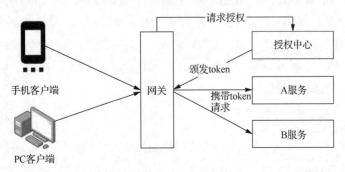

图6-10　统一校验权限的思路

（2）创建自定义全局过滤器

下面，在 gateway_server 模块的 com.itheima.filter 包下自定义一个全局过滤器，在该过滤器中校验所有请求的请求参数中是否包含 token，并且 token 的值为 admin。如果不包含请求参数 token，或者 token 参数的值不为 admin，则不转发请求，反之执行正常的逻辑，具体如文件 6-14 所示。

文件 6-14   AuthGlobalFilter.java

```
1   import org.apache.commons.lang3.StringUtils;
2   import org.springframework.cloud.gateway.filter.GatewayFilterChain;
3   import org.springframework.cloud.gateway.filter.GlobalFilter;
4   import org.springframework.core.Ordered;
5   import org.springframework.http.HttpStatus;
6   import org.springframework.stereotype.Component;
7   import org.springframework.web.server.ServerWebExchange;
8   import reactor.core.publisher.Mono;
9   @Component
10  public class AuthGlobalFilter implements GlobalFilter, Ordered {
11      //完成判断逻辑
12      @Override
13      public Mono<Void> filter(ServerWebExchange exchange,
14          GatewayFilterChain chain) {
15        String token =
16          exchange.getRequest().getQueryParams().getFirst("token");
17        if (!StringUtils.equals(token, "admin")) {
18          System.out.println("鉴权失败");
19          exchange.getResponse().setStatusCode(HttpStatus.UNAUTHORIZED);
20          return exchange.getResponse().setComplete();
21        }
22        //调用 chain.filter()继续向下游执行
23        return chain.filter(exchange);
24      }
25      //顺序，数值越小，优先级越高
26      @Override
27      public int getOrder() {
28        return 0;
29      }
30  }
```

在上述代码中，第 9～30 行代码定义全局过滤器类 AuthGlobalFilter，并交由 Spring 管理，其中第 12～24 行代码重写的 filter()方法中，获取名为 token 的参数的值，并根据获取到的值进行权限校验。

（3）测试自定义全局过滤器效果

依次启动 Nacos 服务端、ProviderApp、GatewayServerApp，启动成功后，在浏览器中访问 http://localhost:8000/service/project/奋斗者号?token=admin，具体效果如图 6-11 所示。

图6-11   自定义全局过滤器后的访问效果（1）

从图 6-11 可以看出请求成功调用 provider 服务提供的服务。

此时，将请求路径中 token 的值修改为其他值，例如 user，在浏览器中访问 http://localhost:8000/service/project/奋斗者号?token=user，具体效果如图 6-12 所示。

图6-12　自定义全局过滤器后的访问效果（2）

从图 6-12 可以看出，发出的请求没有正常调用 provider 服务提供的服务，此时查看 GatewayServerApp 控制台输出的信息，如图 6-13 所示。

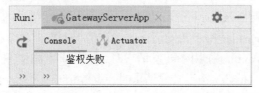

图6-13　GatewayServerApp控制台输出的信息

从图 6-13 控制台输出"鉴权失败"可以得出，当请求参数中不包含 token 或者 token 的值不为 admin 时则会权限校验失败。

结合图 6-11～图 6-13 的测试效果，说明自定义的全局过滤器生效，根据既定的逻辑实现了统一权限校验。

6.5　本章小结

本章主要对 API 网关 Gateway 进行了讲解。首先讲解了 API 网关概述；然后讲解了 Gateway 概述；接着讲解了路由断言；最后讲解了过滤器。通过本章的学习，读者可以对微服务架构中的 API 网关 Gateway 有一个初步认识，为后续学习 Spring Cloud 做好铺垫。

6.6　本章习题

一、填空题

1. Gateway 路由规则中的＿＿＿＿字段为路由规则的唯一标识符，用于对路由进行引用。
2. PathRoutePredicateFactory 为基于＿＿＿＿的路由断言工厂。
3. MethodRoutePredicateFactory 会对请求的＿＿＿＿进行匹配。
4. 当 Gateway 断言的聚合判断结果为＿＿＿＿时，该请求会被当前的路由器进行转发。
5. Gateway 中自定义局部过滤器类名需要以＿＿＿＿结尾。

二、判断题

1. 自定义局部过滤器可以通过继承 AbstractGatewayFilterFactory 类实现。（　　）

2. AfterRoutePredicateFactory 创建的断言匹配请求时，只有早于指定时间的请求才会被路由到指定服务。（　　）

3. Gateway 内置的全局过滤器会自动应用于所有的路由，无须额外地配置。（　　）

4. Gateway 中自定义路由断言工厂需要实现 RoutePredicateFactory 接口。（　　）

5. Gateway 中的断言是一个匹配规则，用于验证请求是否符合当前路由规则。（　　）

三、选择题

1. 下列选项中，不是 Gateway 中基于 Datetime 类型的断言工厂的是（　　）。

  A．AfterRoutePredicateFactory   B．HeaderRoutePredicateFactory

  C．BeforeRoutePredicateFactory   D．BetweenRoutePredicateFactory

2. 下列选项中，不属于 API 网关方案的是（　　）。

  A．Nginx+Lua   B．Nacos

  C．Zuul   D．Spring Cloud Gateway

3. 下列选项中，对于 Gateway 中局部过滤器的作用描述错误的是（　　）。

  A．AddRequestHeader 用于转发请求时，在请求上添加一个指定的请求头

  B．AddRequestParameter 用于转发请求时，在请求上添加一个指定的请求参数

  C．AddResponseHeader 用于转发请求时，移除请求头中指定的参数

  D．PrefixPath 用于转发请求时，在请求路径上添加一个指定的前缀

4. 下列选项中，对于 Gateway 中 PrefixPath 的作用描述正确的是（　　）。

  A．用于在请求上添加一个指定的请求参数

  B．用于在拦截的响应上添加一个指定的响应头

  C．用于转发请求时，移除请求头中指定的参数

  D．用于转发请求时，在请求路径上添加一个指定的前缀

5. 下列选项中，对于 Gateway 中全局过滤器的描述错误的是（　　）。

  A．当请求经过 Gateway 时，Gateway 的内置全局过滤器会自动对请求进行处理

  B．开发者只需创建路由规则，而无须显式配置内置的全局过滤器

  C．自定义全局过滤器可以通过实现 GatewayFilterFactory 接口完成

  D．Gateway 中的全局过滤器是针对所有请求都会生效的过滤器

第 **7** 章

Nacos配置中心

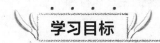
◆ 了解配置中心概况，能够简述配置中心的好处，以及常见的配置中心

◆ 熟悉 Nacos 配置管理基础，能够简述 Nacos 配置管理的核心概念

◆ 掌握命名空间管理和配置管理，能够在 Nacos 控制台中管理命名空间和配置

◆ 掌握 Nacos 配置的应用，能够通过 Nacos 集成 Spring Boot 实现 Nacos 配置的应用

◆ 掌握自定义 Data ID 配置，能够实现 Nacos 自定义拓展的 Data ID 配置和自定义共享 Data ID 配置

拓展阅读

随着业务的发展，基于微服务架构的系统中的微服务数量和规模不断增长和扩大，系统中相关配置也变得越来越复杂。在这种情况下，引入一个强大的配置中心变得至关重要。配置中心可以集中管理配置，减少配置修改的时间和降低风险，其中 Nacos 的配置中心模块就是当前主流的解决方案之一。下面本章将对 Nacos 配置中心进行讲解。

7.1 配置中心概述

配置中心在微服务架构中扮演着至关重要的角色，配置中心通过集中管理配置、实时更新配置等功能大幅提升了系统的可维护性。下面对配置的特点、使用配置中心的好处、常见的配置中心分别进行讲解。

1. 配置的特点

应用程序在启动和运行的时候往往需要读取一些配置，例如，数据库连接参数、启动参数等，这些配置基本上伴随着应用程序的整个生命周期。配置主要有以下几个特点。

（1）配置是独立于程序的只读变量

配置对于程序是只读的，程序通过读取配置来改变自己的行为，但是程序不应该改变配置。

（2）配置伴随应用的整个生命周期

配置贯穿于应用的整个生命周期，应用在启动时通过读取配置来初始化，在运行时根据配置调整行为，例如，启动时需要读取服务的端口号、系统在运行过程中需要读取定时策略执行定时任务等。

（3）配置可以有多种加载方式

常见加载配置的方式有程序内部硬编码、配置文件、环境变量、启动参数、基于数据库等。

（4）配置需要治理

为了确保同一份程序在不同的环境（例如开发环境、生产环境等）和不同的集群中能够正常运行，需要进行完善的环境和集群配置管理。通过对不同环境和集群的配置进行有效的管理，可以提高程序的稳定性和可靠性，确保程序在不同环境和集群中都能够正常运行。

2. 使用配置中心的好处

如果微服务架构中没有使用配置中心，每个服务都需要自行管理和维护其配置文件，这意味着每个服务都需要自行备份、恢复和管理配置文件，以确保服务的正常运行和可靠性。

同时，当某个服务的配置文件发生变化时，也需要通知相关服务进行相应的更新和调整，以确保整个系统的稳定性和一致性。没有使用配置中心的微服务架构如图 7-1 所示。

基于图 7-1 所示的没有使用配置中心的微服务架构，会存在如下一些关于配置文件的问题。

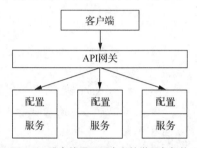

图7-1　没有使用配置中心的微服务架构

（1）配置文件相对分散

在微服务架构中，随着微服务数量的增加，配置文件也变得越来越分散，存储在各个微服务中，导致统一配置和管理变得困难。并且使用同一配置时，每台服务器都需要相同的配置，存在冗余的配置信息。

（2）环境特定配置的管理困难

在多环境部署中，每个环境可能有不同的配置需求，例如数据库连接信息、日志级别等。在没有配置中心的情况下，必须手动管理和切换这些与环境相关的配置，增加了人工操作的工作量和错误的可能性。

（3）实时配置更新困难

在没有配置中心的情况下，修改配置文件后需要重新启动微服务才能使配置生效。这意味着必须停止和重新启动正在运行的服务，带来系统停机时间延长和对用户的不良影响。

针对上述问题，可以通过引入配置中心进行解决，配置中心是微服务架构中的重要组件之一，用于集中管理和动态调整系统中各个微服务的配置信息，它允许开发人员将不同微服务所需的配置参数集中存储和管理，从而提供了一种统一的配置管理方式。

当图 7-1 所示的微服务架构加入配置中心之后，该架构则如图 7-2 所示。

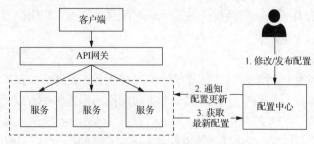

图7-2　使用配置中心的微服务架构

从图 7-2 可以得出，配置中心是一种统一管理各种应用配置的基础服务组件。配置中心的功能看起来很简单，主要就是对配置的管理和存取，但在整个系统中起着重要的作用。

使用配置中心带来了以下好处。

（1）集中管理和统一配置

配置中心提供了一个集中化的平台，可以集中管理和存储微服务架构中的所有配置信息。这样，开发人员可以通过配置中心轻松地查看、修改和更新配置，而无须在每个微服务中单独处理配置文件。

（2）实时更新配置

配置中心支持实时更新配置，当配置发生变化时，配置中心可立即通知相应的微服务进行配置的动态更新，而无须重启服务。这使得系统能够在运行时快速适应变化的需求，提高了系统的灵活性和响应能力。

（3）提供特定环境配置的管理

对于多环境部署的系统，配置中心能够根据不同的环境提供对应的配置，如测试环境、预发布环境和生产环境。这样可以很方便地切换不同环境的配置，减少了手动配置的工作量，提高了部署的效率。

（4）配置的版本管理和回滚

配置中心通常支持配置的版本管理和回滚功能，开发人员可以轻松地查看历史配置版本、对比不同版本之间的差异，并在需要时回滚到以前的配置状态。这种功能可以帮助快速定位和修复与配置相关的问题，提高了系统的可维护性和稳定性。

3. 常见的配置中心

目前在市场上常见的配置中心有 Spring Cloud Config、Apollo、Nacos、Disconf 等，其中 Disconf 已经停止维护，对此下面对 Spring Cloud Config、Apollo 和 Nacos 这三种配置中心进行多维度的对比，具体如表 7-1 所示。

表 7-1　常见的配置中心的对比

对比项	Spring Cloud Config	Apollo	Nacos
配置实时推送	支持，通过 Spring Cloud Bus 实现配置的实时推送	支持，通过 HTTP 长轮询方式实现了极低延迟（1 秒内）的实时推送	支持，通过 HTTP 长轮询方式实现了极低延迟（1 秒内）的实时推送
版本管理	支持，通过 Git 实现	支持	支持
配置回滚	支持，通过 Git 实现	支持	支持
灰度发布	支持	支持	不支持
权限管理	支持，依赖 Git 实现	支持	不支持
多集群	支持	支持	支持
多环境	支持	支持	支持
监听查询	支持	支持	支持
支持语言	只支持 Java	支持多数主流语言，提供了 OpenAPI	支持多数主流语言，提供了 OpenAPI
配置格式校验	不支持	支持	支持
单机读（QPS）	7，限流所致	9000	15000
单机写（QPS）	5，限流所致	1100	1800

通过表 7-1 可以得出，从配置中心的角度来看，Nacos 在性能方面表现最好，其读写性能最强。其次是 Apollo，而 Spring Cloud Config 由于依赖于 Git，在大规模自动化运维方面不太适用。

在功能方面，Apollo 是其中最完善的配置中心，Nacos 具备了 Apollo 的大部分配置管理功能，Spring Cloud Config 则没有自带的运维管理界面，需要自行开发。Nacos 的一大优势是它整合了注册中心和配置中心的功能，相比 Apollo，Nacos 的部署和操作更加直观、简单。对此，后续将针对 Nacos 的配置中心进行讲解。

7.2 Nacos 配置管理基础

在 Nacos 中，系统中所有配置的存储、编辑、删除、历史版本管理等所有与配置相关的活动统称为配置管理。下面对 Nacos 配置管理的核心概念和 Nacos 配置资源模型分别进行讲解。

1. Nacos 配置管理的核心概念

对于 Nacos 配置管理，通过 Namespace、Group、Data ID 能够定位到一个配置集，为了读者能够对此有一个初步概念，下面对 Nacos 配置管理中的核心概念分别进行说明，具体如下。

（1）配置项

配置项是一个具体可配置的参数及其取值范围，通常以 key=value 的形式存在，例如，系统的日志输出级别 logLevel=INFO 就是一个配置项。

（2）配置集

配置集是一组配置项的集合。在系统中，一个配置文件通常可以看作一个配置集，其中包含系统各个方面的配置信息。比如，一个配置集可能包含数据源、线程池、日志级别等多个配置项。配置集的存在可以方便管理和组织相关的配置项，使得系统的配置管理更加清晰和灵活。

（3）Namespace

Namespace（命名空间）用于不同环境或不同应用的隔离，不同的 Namespace 下，可以存在相同的 Group 或 Data ID 的配置。Namespace 的常见应用场景之一是区分和隔离不同环境的配置，例如对开发测试环境和生产环境的数据库配置、限流阈值、降级开关等资源进行隔离。如果没有指定 Namespace，默认会使用 public Namespace。

（4）Group

Group（配置组）是 Nacos 中的一组配置集，通过一个有意义的字符串标识对配置集分配进行分组，从而区分具有相同 Data ID 的配置集。开发者在 Nacos 中创建配置时，如果未指定 Group 名称，则默认使用 DEFAULT_GROUP 作为 Group 名称。Group 的常见应用场景包括区分不同的项目或应用，例如，学生管理系统的配置集可以定义成一个名为 STUDENT_GROUP 的 Group。

（5）Data ID

Data ID（配置 ID）是 Nacos 中配置集的唯一标识，Data ID 是用来划分和标识不同配置的维度之一。一个系统或应用可以包含多个配置集，每个配置集都可以使用一个有意义的名称进行标识，通过 Data ID，可以更加精确地对配置进行管理和访问。Data ID 尽量保障全局唯一，其命名可以参考如下的命名格式。

```
${prefix}-${spring.profiles.active}-${file-extension}
```

上述格式中，${prefix}表示配置的前缀，默认为 spring.application.name 的值，可以根据需要为配置添加前缀，以便更好地组织和管理配置。${spring.profiles.active}表示当前激活的 Spring Profile（环境），在多环境的应用中可以使用该变量来区分不同环境下的配置。例如，可以使用 dev 表示开发环境，prod 表示生产环境。${file-extension}表示配置文件的扩展名，可以根据使用的配置文件类型来指定对应的扩展名。例如，使用 properties 文件时可以将该变量设置为.properties，使用 YAML 文件时可以将该变量设置为.yaml。

这样的命名格式可以帮助我们在不同环境、不同配置文件类型下方便地管理和使用配置。同时也提供了更好的灵活性，使得根据需要进行配置的动态加载和切换成为可能。

Nacos 抽象定义了 Namespace、Group 和 Data ID 的概念，在具体使用时，这些概念的含义取决于具体的使用场景。在这里，推荐一种常用的用法，具体如下。

Namespace：表示不同的环境，比如开发、测试和生产环境，通过使用不同的 Namespace，可以实现对不同环境下的配置和服务的隔离和管理。

Group：表示某个项目，比如××医疗项目或××电商项目。通过将相同项目的配置或服务注册到同一个分组中，可以方便集中管理该项目的相关资源。

Data ID：在每个项目中，通常会有多个工程或模块。每个 Data ID 可以被视为一个工程的主配置文件或配置集。通过配置文件的 Data ID，可以准确地标识一个工程的配置信息。

这种对 Nacos 配置管理的实践用法如图 7-3 所示。

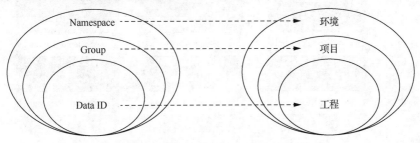

图7-3　对Nacos配置管理的实践用法

通过这种用法，可以更清晰地表达 Namespace、Group 和 Data ID 之间的关系，从而更方便地进行配置和服务的管理。当然，具体如何使用这些概念还是要根据实际情况和团队约定来确定，以实现更高效的配置和服务管理。

2. Nacos 配置资源模型

在 Nacos 中，租户是一种资源隔离和权限控制的概念，每个租户都有自己的资源空间和权限控制规则。开发者在配置资源时，可以从单个租户和多个租户两个角度考虑，具体如下。

从单个租户的角度来看，我们需要为不同环境配置多套配置，可以根据不同环境创建对应的 Namespace，例如对于开发环境、测试环境和线上环境可以分别创建 Namespace，例如 dev、test、prod，Nacos 会自动生成对应的 Namespace ID。如果同一环境内需要配置相同的配置，可以通过 Group 来区分，具体如图 7-4 所示。

从多个租户的角度来看，每个租户都可以有自己的 Namespace。对此，我们可以为每个租户创建一个 Namespace，并为租户分配相应的权限。例如，多个租户 zhangsan、lisi、wangwu

都想拥有自己的多环境配置，即每个租户都想配置多套环境。那么我们可以为每个租户创建一个 Namespace，例如 zhangsan、lisi、wangwu，同样会生成对应的 Namespace ID，然后使用 Group 来区分不同环境的配置，具体如图 7-5 所示。

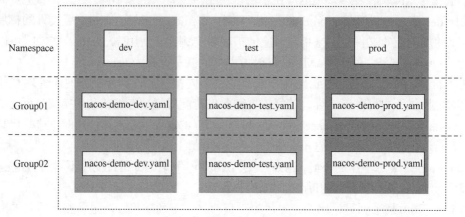

图7-4　单个租户的配置资源模型

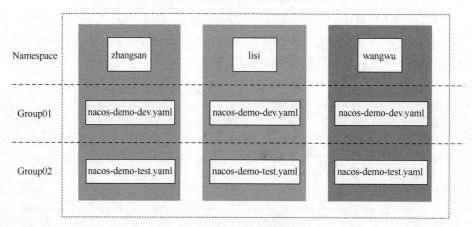

图7-5　多个租户的配置资源模型

通过以上方式，我们可以实现不同角度的资源隔离和灵活的配置管理。使用 Namespace 和 Group 的组合可以使得配置更加清晰、可维护性更高，同时也能满足不同租户和环境的需求。

7.3　命名空间管理和配置管理

Nacos 提供的可视化的控制台可以很方便地管理命名空间和配置，下面对在 Nacos 的控制台中进行命名空间和配置的管理分别进行讲解。

1. 命名空间管理

在 Nacos 控制台中管理命名空间包括对命名空间的新建、编辑、删除、详情查看。启动 Nacos 并登录 Nacos 控制台后，单击左侧列表中的"命名空间"，即可进入命名空间页面，具体如图 7-6 所示。

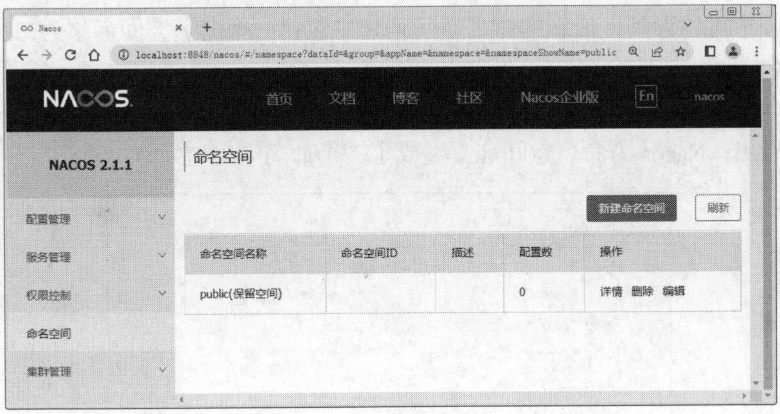

图7-6　命名空间页面

从图 7-6 中可以看到命名空间页面展示的命名空间列表中包含一个名为 public 的命名空间，该命名空间为默认的命名空间，也是保留空间，不能被删除和编辑，只能查看详情。

在命名空间页面中，单击"新建命名空间"按钮，会弹出对应的对话框，如图 7-7 所示。

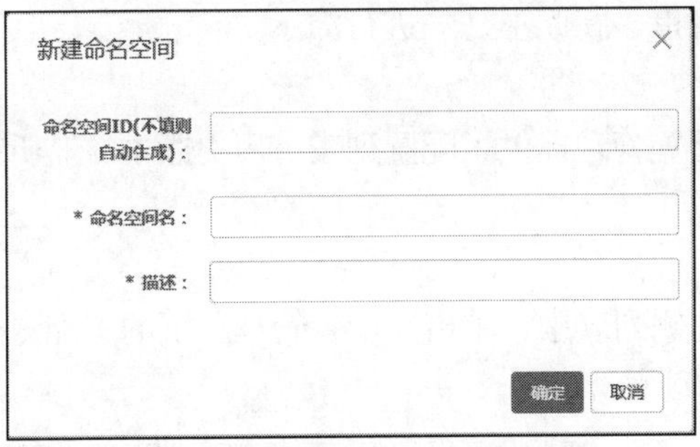

图7-7　"新建命名空间"对话框

从图 7-7 可以看出，"新建命名空间"对话框中有命名空间 ID、命名空间名、描述三部分，其中命名空间 ID 为可填项，如果不填则 Nacos 会自动为该命名空间分配一个唯一的 ID，避免了命名空间 ID 的冲突。命名空间名和描述为必填项，根据实际需求填写即可。

在图 7-7 所示的对话框中填写命名空间名和描述，分别为 dev 和开发环境，然后单击"确定"按钮完成命名空间的新建。命名空间页面最新的命名空间列表如图 7-8 所示。

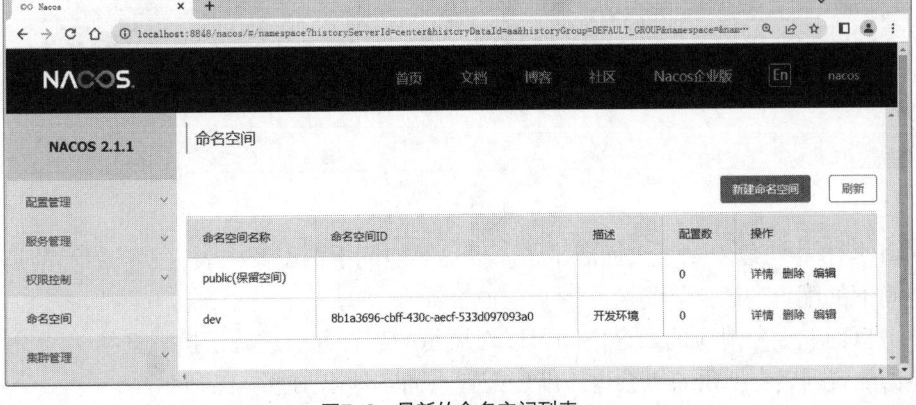

图7-8　最新的命名空间列表

从图 7-8 中可以看到，最新的命名空间列表中包括一个命名空间名称为 dev、描述为开发环境的命名空间，说明命名空间新建成功。

单击命名空间 dev 对应的"详情"超链接，会弹出"命名空间详情"对话框，如图 7-9 所示。可以看出，Nacos 为命名空间 dev 生成了一个命名空间 ID。

图7-9　"命名空间详情"对话框

单击命名空间列表中对应的"编辑"和"删除"超链接可以完成自定义命名空间的编辑和删除，操作相对比较简单，在此不一一进行演示。

2. 配置管理

在 Nacos 控制台中配置管理提供了配置列表、历史版本、监听查询，下面分别对这三部分进行讲解。

（1）配置列表

在 Nacos 控制台的左侧列表中，单击"配置管理"下的"配置列表"菜单即可进入配置列表页面，具体如图 7-10 所示。

图7-10　配置列表页面

在图 7-10 中可以看到，页面展示了不同命名空间下的配置列表，默认展示的是 public 命名空间下的配置列表。

单击页面左上角对应的命名空间可以对展示的配置列表进行切换。选择 dev 命名空间后，单击配置列表右上角的 + 会进入新建配置页面，具体如图 7-11 所示。

图7-11　新建配置页面

在该页面中，Data ID、Group 和配置内容为必填项，其中配置内容的配置格式支持 TEXT、JSON（JavaScript Object Notation，JS 对象简谱）、XML（eXtensible Markup Language，可扩展标记语言）、YAML、HTML、Properties。

填写配置相关信息后，单击"发布"按钮即可完成配置的新建，并跳转回配置列表页面展示最新的配置列表，具体如图 7-12 所示。

图7-12　最新的配置列表

从图 7-12 中可以看到，配置列表中展示了新建的配置。如果想要对配置进行修改，可以单击配置右侧的"编辑"超链接进入编辑配置页面。

　　Nacos 支持对两个或多个版本之间的差异进行编辑、比较和合并。在编辑配置页面修改配置内容后进行发布时，Nacos 会比较配置修改前和修改后之间的差异，弹出"内容比较"对话框，如图 7-13 所示。

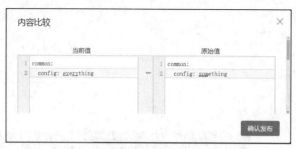

图7-13　"内容比较"对话框

　　从图 7-13 可以看出，"内容比较"对话框中将修改后的当前值和修改前的原始值都进行了展示，并且对两者存在差异的地方进行了标注，帮助用户校验修改内容，降低改错带来的风险。确认无误后，单击"确认发布"按钮，即可完成配置的编辑。

　　除了可以通过 Nacos 控制台获取配置和发布配置，也可以使用 Nacos 提供的 Java SDK 通过代码获取配置和发布配置。使用同一个发布接口来创建或修改配置时，当配置不存在时会创建配置，当配置已存在时会更新配置，具体示例如下。

```
1    try {
2        String serverAddr = "localhost:8848";
3        String dataId = "nacos-demo-dev";
4        String group = "DEFAULT_GROUP";
5        Properties properties = new Properties();
6        properties.put("serverAddr", serverAddr);
7        ConfigService configService =
8                NacosFactory.createConfigService(properties);
9        boolean isPublishOk = configService.publishConfig(dataId, group,
10               "content");
11       System.out.println(isPublishOk);
12       String config = configService.getConfig(dataId, group, 5000);
13       System.out.println(config);
14   } catch (NacosException e) {
15       // TODO Auto-generated catch block
16       e.printStackTrace();
17   }
```

　　在上述代码中，第 2~4 行代码分别定义了 Nacos 服务端的地址、配置项的 Data ID 和所属的 Group。第 5~6 行代码创建了一个 Properties 对象，并将服务器地址配置到其中。第 7~8 行代码使用 NacosFactory 的 createConfigService()方法创建一个 ConfigService 对象，ConfigService 对象是 Nacos 客户端与 Nacos 服务端进行交互的核心对象。第 9~10 行代码使用 ConfigService 对象的 publishConfig()方法将配置发布到 Nacos 服务端，其中 content 参数表示配置的内容。第 12 行代码通过 getConfig()方法从 Nacos 服务端查询配置，5000 表示超时时间，单位是毫秒。

　　（2）历史版本

　　Nacos 提供了配置的版本管理功能，通过该功能可以方便地查看和管理配置的历史版本。单击图 7-12 左侧的"历史版本"菜单，即可打开历史版本页面，如图 7-14 所示。

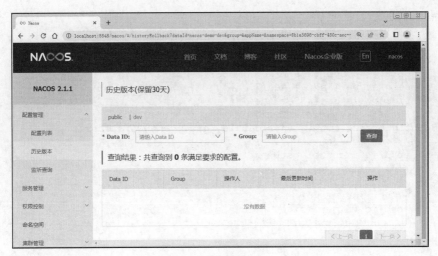

图7-14　历史版本页面

在该页面中，可以选择不同命名空间下的配置的历史版本，在指定命名空间下输入 Data ID 和 Group 可以查询到对应配置的历史版本。以查询本节在命名空间 dev 中新增的 Data ID 为 nacos-demo-dev，Group 为 DEFAULT_GROUP 的配置的历史版本为例，如图 7-15 所示。

图7-15　查询配置的历史版本

图 7-15 将对应配置的所有历史版本进行了展示，开发者可以查看配置的每一个历史版本的详情。历史版本页面还可以进行版本的回滚和比较，对追踪配置问题和回滚到特定版本都非常方便，可以帮助用户在改错配置的时候能够快速恢复，降低微服务系统在配置管理上的可用性风险。

（3）监听查询

Nacos 可以动态监听配置接口来实现配置变化的推送，当配置发生变化时，Nacos 会自动通知注册的监听器，并触发相应的回调函数。使用 Nacos 动态监听配置需要创建一个配置监听器，并重写其 receiveConfigInfo() 方法，该方法将在配置发生变化时被调用。在需要监听配置变化的地方，将配置监听器注册到 Nacos，这可以使用 Nacos 的 ConfigService 实例来完成，示例如下。

```
1  try {
2      String serverAddr = "localhost:8848";
3      String dataId = "nacos-demo-dev";
4      String group = "DEFAULT_GROUP";
5      Properties properties = new Properties();
6      properties.put("serverAddr", serverAddr);
7      ConfigService configService =
8          NacosFactory.createConfigService(properties);
9      configService.addListener(dataId, group, new Listener() {
10         @Override
11         public Executor getExecutor() {
12             return null;
13         }
14         @Override
15         public void receiveConfigInfo(String configInfo) {
16             System.out.println("recieve1:" + configInfo);
17         }
18     });
19 } catch (NacosException e) {
20     // TODO Auto-generated catch block
21     e.printStackTrace();
22 }
```

在上述代码中，第 9～18 行代码通过 ConfigService 对象使用 addListener()方法注册一个配置监听器，当配置发生变化时，会调用监听器的 receiveConfigInfo()方法。

Nacos 注册了配置监听器后，可以在 Nacos 控制台中进行监听查询，以确认配置的变化。在控制台中单击左侧的"监听查询"菜单后，在对应的命名空间下输入配置信息可以查询对应的监听信息，如图 7-16 所示。

图7-16　监听查询

图 7-16 展示了当前配置的监听信息，通过监听查询可以确认配置的正确性和配置的监听器是否正常工作。

7.4　Nacos 配置的应用

Nacos 可以将应用程序的配置信息存储在 Nacos 服务端上，可以更好地集中管理 Spring Cloud 应用的外部属性配置。下面通过 Nacos 集成 Spring Boot 演示 Nacos 配置的应用，具体如下。

1. 创建父工程

为了规范项目依赖的版本，在 IDEA 中创建一个名为 nacos-config 的 Maven 工程，在该工程的 pom.xml 文件中声明 Spring Cloud、Spring Cloud Alibaba、Spring Boot 等依赖，具体如文件 7-1 所示。

文件 7-1　nacos-config\pom.xml

```
1  <?xml version="1.0" encoding="UTF-8"?>
2  <project xmlns="http://maven.apache.org/POM/4.0.0"
3          xmlns:xsi="http://www.w3.org/2001/XMLSchema-instance"
4          xsi:schemaLocation="http://maven.apache.org/POM/4.0.0
5          http://maven.apache.org/xsd/maven-4.0.0.xsd">
6      <modelVersion>4.0.0</modelVersion>
7      <groupId>com.itheima</groupId>
8      <artifactId>nacos-config</artifactId>
9      <packaging>pom</packaging>
10     <version>1.0-SNAPSHOT</version>
11     <properties>
12         <maven.compiler.source>11</maven.compiler.source>
13         <maven.compiler.target>11</maven.compiler.target>
14         <project.build.sourceEncoding>UTF-8</project.build.sourceEncoding>
15         <spring-cloud.version>2021.0.5</spring-cloud.version>
16         <spring-cloud-alibaba.version>
17             2021.0.5.0</spring-cloud-alibaba.version>
18         <spring-boot.version>2.6.13</spring-boot.version>
19     </properties>
20     <dependencyManagement>
21     <dependencies>
22         <dependency>
23             <groupId>org.springframework.cloud</groupId>
24             <artifactId>spring-cloud-dependencies</artifactId>
25             <version>${spring-cloud.version}</version>
26             <type>pom</type>
27             <scope>import</scope>
28         </dependency>
29         <dependency>
30             <groupId>com.alibaba.cloud</groupId>
31             <artifactId>spring-cloud-alibaba-dependencies</artifactId>
32             <version>${spring-cloud-alibaba.version}</version>
33             <type>pom</type>
34             <scope>import</scope>
35         </dependency>
36         <dependency>
37             <groupId>org.springframework.boot</groupId>
38             <artifactId>spring-boot-dependencies</artifactId>
39             <version>${spring-boot.version}</version>
40             <type>pom</type>
41             <scope>import</scope>
42         </dependency>
43     </dependencies>
44     </dependencyManagement>
45     <build>
46         <plugins>
47             <plugin>
48                 <groupId>org.springframework.boot</groupId>
49                 <artifactId>spring-boot-maven-plugin</artifactId>
50             </plugin>
51         </plugins>
```

```
52    </build>
53 </project>
```

2. 创建服务模块

在 nacos-config 下创建名为 service01 的服务模块，在该模块的 pom.xml 文件中引入 Nacos 和 Spring Cloud 的相关依赖，具体如文件 7-2 所示。

文件 7-2　service01\pom.xml

```
1  <?xml version="1.0" encoding="UTF-8"?>
2  <project xmlns="http://maven.apache.org/POM/4.0.0"
3         xmlns:xsi="http://www.w3.org/2001/XMLSchema-instance"
4         xsi:schemaLocation="http://maven.apache.org/POM/4.0.0
5         http://maven.apache.org/xsd/maven-4.0.0.xsd">
6    <parent>
7        <artifactId>nacos-config</artifactId>
8        <groupId>com.itheima</groupId>
9        <version>1.0-SNAPSHOT</version>
10   </parent>
11   <modelVersion>4.0.0</modelVersion>
12   <artifactId>service01</artifactId>
13   <properties>
14       <maven.compiler.source>11</maven.compiler.source>
15       <maven.compiler.target>11</maven.compiler.target>
16       <project.build.sourceEncoding>UTF-8</project.build.sourceEncoding>
17   </properties>
18   <dependencies>
19       <dependency>
20           <groupId>com.alibaba.cloud</groupId>
21           <artifactId>
22            spring-cloud-starter-alibaba-nacos-discovery</artifactId>
23       </dependency>
24       <dependency>
25           <groupId>com.alibaba.cloud</groupId>
26           <artifactId>
27            spring-cloud-starter-alibaba-nacos-config</artifactId>
28       </dependency>
29       <dependency>
30           <groupId>org.springframework.boot</groupId>
31           <artifactId>spring-boot-starter-web</artifactId>
32       </dependency>
33       <dependency>
34           <groupId>org.springframework.cloud</groupId>
35           <artifactId>spring-cloud-starter-bootstrap</artifactId>
36       </dependency>
37   </dependencies>
38 </project>
```

3. 发布配置

启动 Nacos，在 Nacos 控制台中命名空间 dev 下添加配置并发布，配置的内容如下。

```
Data ID: service01
Group  : DEV_GROUP
配置格式: YAML
配置内容:
 common:
   name: itheima
```

4. 配置连接信息

在 Spring Boot 应用程序启动时，加载配置文件的优先级从高到低依次为 bootstrap.properties、 bootstrap.yml、application.properties、application.yml。对于 Nacos 来说，配置连接信息是非常重要的配置，它决定了应用程序如何获取配置中心的配置，因此，为了确保配置连接信息会在其他业务相关的配置之前加载，以避免潜在的依赖问题和加载顺序冲突，需要将 Nacos 的连接信息配置在 bootstrap.properties 或 bootstrap.yml 文件中。

在 service01 模块下创建配置文件 bootstrap.yml，并在该文件中设置 Nacos 配置的连接信息，包括 Nacos 配置中心的地址、命名空间、Group 等，具体如文件 7-3 所示。

文件 7-3　service01\src\main\resources\bootstrap.yml

```
1  server:
2    #启动端口
3    port: 8001
4  spring:
5    application:
6      #服务名称
7      name: service01
8    cloud:
9      nacos:
10       config:
11         server-addr: 127.0.0.1:8848
12         namespace: 8b1a3696-cbff-430c-aecf-533d097093a0
13         group: DEV_GROUP
14         file-extension: yaml
```

在上述代码中，第 11 行代码 spring.cloud.nacos.config.server-addr 指定了 Nacos 配置中心的地址。第 12 行代码 spring.cloud.nacos.config.namespace 指定了 Nacos 配置中心的命名空间，为命名空间 dev 对应的命名空间 ID。第 13 行代码 spring.cloud.nacos.config.group 指定了 Nacos 配置的 Group，需要和所发布的配置 Group 保持一致。第 14 行代码指定了 Nacos 配置文件的扩展名，需要和所发布的配置格式保持一致。

文件 7-3 中指定了具体的命名空间和 Group，如果不指定时默认使用命名空间为 public 和 Group 为 DEFAULT_GROUP 的配置。此处并没有指定 Data ID，则应用程序在加载 Nacos 配置的时候，默认会加载名为${spring.application.name}.${file-extension:properties}的基础配置，即会默认加载 Data ID 为当前服务名称的配置，此处会加载 Data ID 为 service01 的配置。

5. 获取配置信息

Spring 框架中提供了 ConfigurableApplicationContext 接口负责管理应用程序上下文，该接口提供的 getEnvironment()方法可以获取到代表应用程序环境的 Environment 对象。Environment 对象提供了一种获取和操作配置属性的方式。其中，getProperty()方法可以通过传入属性的名称作为参数来动态地获取配置信息，示例如下。

```
// 注入配置文件上下文
@Autowired
private ConfigurableApplicationContext applicationContext;
@GetMapping(value = "/configs")
public String getConfigs(){
return applicationContext.getEnvironment().getProperty("common.name");
}
```

除了可以使用上述方式实现动态获取配置信息，也可以使用@RefreshScope 注解实现，@RefreshScope 注解是 Spring Cloud 框架提供的，用于实现配置的动态刷新，当一个 Bean 使用@RefreshScope 注解标注时，这个 Bean 会成为一个可刷新的 Bean。当使用 Spring Cloud 配置中心（如 Nacos）的配置发生变化时，被@RefreshScope 标注的 Bean 的配置也会被自动刷新。

在 service01 模块下创建包 com.itheima.controller，在该包下创建控制器类 ConfigController，并在该类中定义方法获取 Nacos 中的配置，此处使用@RefreshScope 注解的方式动态获取配置信息，具体如文件 7-4 所示。

文件 7-4　ConfigController.java

```
1   import org.springframework.beans.factory.annotation.Value;
2   import org.springframework.cloud.context.config.annotation.RefreshScope;
3   import org.springframework.web.bind.annotation.GetMapping;
4   import org.springframework.web.bind.annotation.RestController;
5   @RestController
6   @RefreshScope
7   public class ConfigController {
8       @Value("${common.name}")
9       private String commonName;
10      @GetMapping(value = "/configs")
11      public String getConfigs(){
12          return commonName;
13      }
14  }
```

在上述代码中，第 6 行代码使用@RefreshScope 注解标注 ConfigController 类，使得 ConfigController 类中能够自动获取最新的配置。第 8～9 行代码通过@Value 注解获取 common.name 的配置信息。

6. 创建启动类

在 service01 模块下的 com.itheima 包下创建 service01 的启动类，具体如文件 7-5 所示。

文件 7-5　NacosService01App.java

```
1   import org.springframework.boot.SpringApplication;
2   import org.springframework.boot.autoconfigure.SpringBootApplication;
3   @SpringBootApplication
4   public class NacosService01App {
5       public static void main(String[] args) {
6           SpringApplication.run(NacosService01App.class, args);
7       }
8   }
```

7. 测试动态获取 Nacos 配置内容

依次启动 Nacos 和 NacosService01App，在浏览器中访问 http://localhost:8001/configs 获取配置的内容，效果如图 7-17 所示。

从图 7-17 可以看出，浏览器中显示了之前在 Nacos 中发布配置的内容，说明程序成功获取到 Nacos 中配置的内容。

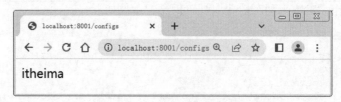

图7-17　获取配置的内容（1）

在 Nacos 控制台中，将命名空间 dev 下 Data ID 为 service01 的配置内容修改如下。

```
common:
    name: itcast
```

修改配置内容后发布配置，再次在浏览器中访问 http://localhost:8001/configs 获取配置的内容，效果如图 7-18 所示。

图7-18　获取配置的内容（2）

从图 7-18 可以看到，浏览器中展示了配置的最新内容，说明程序可以动态获取 Nacos 中的配置内容。

7.5　自定义 Data ID 配置

Nacos 在程序启动时会自动加载与当前服务名称相同的 Data ID 的配置，但当需要加载自定义的 Data ID 的配置时，可以通过自定义拓展来实现对 Data ID 的配置。在多模块的情况下，应用程序可能存在许多共用的配置，例如数据库连接信息和 Redis 连接信息等，为了实现这些配置在多个应用间的共享，可以使用共享配置的方式，使得在多个应用之间配置共享的 Data ID 更加清晰、明确。下面分别对 Nacos 中的自定义拓展的 Data ID 配置和自定义共享 Data ID 配置进行讲解。

1. 自定义拓展的 Data ID 配置

在 Spring Cloud Alibaba Nacos Config 0.2.1 之后的版本中，支持自定义拓展的 Data ID 配置。通过自定义拓展的 Data ID 配置，开发者可以根据自己的需求定义和配置 Data ID，实现更加灵活和个性化的配置管理，示例如下。

```
# 1.Data ID 在默认的 Group 即 DEFAULT_GROUP，不支持配置的动态刷新
spring.cloud.nacos.config.extension-configs[0].data-id=
        ext-config-common01.properties
# 2.Data ID 不在默认的 Group，不支持动态刷新
spring.cloud.nacos.config.extension-configs[1].data-id=
        ext-config-common02.properties
spring.cloud.nacos.config.extension-configs[1].group=GLOBALE_GROUP
# 3.Data ID 既不在默认的 Group，也支持动态刷新
spring.cloud.nacos.config.extension-configs[2].data-id=
        ext-config-common03.properties
spring.cloud.nacos.config.extension-configs[2].group=REFRESH_GROUP
spring.cloud.nacos.config.extension-configs[2].refresh=true
```

在上述代码中，通过 spring.cloud.nacos.config.extension-configs[n].data-id 的配置方式支持多个 Data ID 的配置，其中 n 表示一个整数索引，用于指定共享配置的顺序，n 的值越大，优先级越高，并且该属性的值必须带文件扩展名，文件扩展名既可支持 properties，也可支持 yaml/yml。通过 spring.cloud.nacos.config.extension-configs[n].group 的配置方式自定义 Data ID 所在的 Group，如果不明确配置，默认是 DEFAULT_GROUP。通过 spring.cloud.nacos.config.extension-configs[n].refresh 的配置方式控制该 Data ID 在配置变更时，是否支持应用中动态刷新，感知到最新的配置值，默认不支持动态刷新。

2. 自定义共享 Data ID 配置

为了更加清晰地在多个应用间配置共享的 Data ID，解决多个应用间配置共享的问题，通常自定义共享 Data ID 配置，示例如下。

```
# 配置支持共享的 Data ID
spring.cloud.nacos.config.shared-configs[0].data-id=common.yaml
# 配置 Data ID 所在 Group，默认为 DEFAULT_GROUP
spring.cloud.nacos.config.shared-configs[0].group=GROUP_APP1
# 配置 Data ID 在配置变更时，是否支持动态刷新，默认为 false
spring.cloud.nacos.config.shared-configs[0].refresh=true
```

在上述代码中，通过 spring.cloud.nacos.config.shared-configs[n].data-id 支持多个共享 Data ID 的配置，其中 n 表示一个整数索引，用于指定共享配置的顺序。通过 spring.cloud.nacos.config.shared-configs[n].group 来配置自定义共享 Data ID 所在的 Group，如果不明确配置，默认是 DEFAULT_GROUP。通过 spring.cloud.nacos.config.shared-configs[n].refresh 来控制该 Data ID 在配置变更时，是否支持应用中动态刷新，默认为 false。

从上述讲解可以得出 spring.cloud.nacos.config.shared-configs 和 spring.cloud.nacos.config.extension-configs 都可以实现自定义 Data ID 配置。两者的区别主要在于 spring.cloud.nacos.config.extension-configs 用于指定自定义的拓展配置，以定制和拓展 Nacos Config 的功能和行为，而 spring.cloud.nacos.config.shared-configs 用于指定多个共享配置的索引和顺序，以实现多个应用之间的配置共享。

7.6   本章小结

本章主要对 Nacos 配置中心进行了讲解。首先讲解了配置中心概述；然后讲解了 Nacos 配置管理基础，以及命名空间管理和配置管理；接着讲解了 Nacos 配置的应用；最后讲解了自定义 Data ID 配置。通过本章的学习，读者可以对微服务架构中的 Nacos 配置中心有一个初步认识，为后续学习 Spring Cloud 做好铺垫。

7.7   本章习题

一、填空题

1. Nacos 配置管理中，_____是一个具体可配置的参数及其取值范围。

2. Nacos 中的_____是一组配置集。

3. 使用 Nacos 时，如果不指定命名空间，默认使用的命名空间为_____。

4. 应用程序在加载 Nacos 配置时，默认会加载_____为当前服务名称的配置。

5. 在程序中动态获取配置信息，可以使用_____注解实现。

二、判断题

1. Nacos 中新建命名空间时，命名空间 ID 为可填项，可以不填写。（   ）

2. 在 Spring Cloud Alibaba Nacos Config 0.2.1 之后的版本中，支持自定义 Data ID 的配置。（   ）

3. 使用 Nacos 时，如果不指定 Group，则程序启动时会报错。（   ）

4. 使用 Nacos 动态监听配置需要创建一个配置监听器 Listener，并实现其 receiveConfigInfo() 方法。(　　)

5. 在命名 Nacos 的 Data ID 时，不同的命名空间下可以有相同的 Data ID。(　　)

三、选择题

1. 下列选项中，不能作为配置中心的组件的是 (　　)。

A. Spring Cloud Config B. OpenFeign

C. Apollo D. Nacos

2. 下列选项中，Spring Boot 应用程序启动时加载的配置文件中优先级最高的是 (　　)。

A. bootstrap.properties B. bootstrap.yml

C. application.properties D. application.yml

3. 下列选项中，关于 Nacos 配置管理中的相关概念描述错误的是 (　　)。

A. 配置项通常以 key=value 的形式存在

B. 命名空间用于不同环境或不同应用的隔离

C. 在 Nacos 中创建配置时，如果未指定 Group 名称，则默认使用 public 作为 Group 名称

D. 不同的命名空间下，可以存在相同的 Group 或 Data ID 的配置

4. 下列选项中，用于实现配置的动态刷新的注解是 (　　)。

A. @Value B. @RefreshScope

C. @RestController D. @GetMapping

5. 下列选项中，对于自定义 Data ID 配置的描述错误的是 (　　)。

A. spring.cloud.nacos.config.shared-configs 和 spring.cloud.nacos.config.extension-configs 都可以实现自定义 Data ID 配置

B. spring.cloud.nacos.config.extension-configs[n].data-id 的配置方式支持多个 Data ID 的配置

C. spring.cloud.nacos.config.extension-configs[n].data-id 的值不能带文件扩展名

D. 可以通过 spring.cloud.nacos.config.extension-configs[n].refresh 控制该 Data ID 在配置变更时，是否支持应用中动态刷新

第 **8** 章

消息驱动框架Spring Cloud Stream

◆ 了解 Spring Cloud Stream 概况，能够简述使用 Spring Cloud Stream 的好处和 Spring Cloud Stream 核心概念，以及常见接口、注解和帮助类

◆ 掌握 Spring Cloud Stream 快速入门，能够在 Spring Boot 应用中接收 RabbitMQ 中的消息

◆ 掌握 Spring Cloud Stream 的发布-订阅模式，能够通过 Spring Cloud Stream 发布消息，并由多个消费者同时消费所订阅的消息

◆ 掌握消费组，能够通过 Spring Cloud Stream 消费组实现生产者发送的消息只能被消费组中的一个实例消费

◆ 掌握消息分区，能够通过 Spring Cloud Stream 消息分区实现相同特征的消息都被同一个消费者实例处理

拓展阅读

在实际开发中，当系统需要实现异步通信、保证高可用性和可伸缩性时，通常会使用消息中间件实现服务与服务之间的通信，但是，以往使用的一些消息中间件对系统的耦合性较高，例如，当前系统使用 RabbitMQ，如果要将现有的 RabbitMQ 替换为 Kafka 等其他消息中间件，会导致系统需要做较大的调整。为了降低系统与消息中间件间的耦合性，我们可以使用 Spring Cloud Stream 整合消息中间件。本章将对 Spring Cloud Stream 的相关内容进行详细讲解。

8.1 Spring Cloud Stream 概述

Spring Cloud Stream 是一个用来为微服务应用构建消息驱动能力的框架，它封装了 Spring Cloud 对消息中间件的操作，使得我们在使用 Spring Cloud Stream 时可以忽略消息中间件的差异，降低了消息中间件的使用复杂度。

为了帮助读者更好地理解 Spring Cloud Stream 是如何与消息中间件交互的,下面通过一张图展示 Spring Cloud Stream 应用模型,具体如图 8-1 所示。

图 8-1 中, Spring Cloud Stream 应用程序与消息中间件之间通过绑定器（Binder）相关联,并通过暴露统一的通道（Channel）进行通信。绑定器作为通道和消息中间件之间的桥梁,实现消息的传递,通过这种方式,绑定器起到了隔离的作用,使得 Spring Cloud Stream 应用程序对于不同消息中

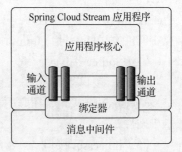

图8-1　Spring Cloud Stream应用模型

间件的通信细节保持透明,开发者只需关注应用程序的业务逻辑,而不必关心应用程序与底层消息中间件的交互细节。

为了读者能更好地理解 Spring Cloud Stream,下面对 Spring Cloud Stream 的核心概念、常见接口、注解和帮助类进行讲解,具体如下。

1. Spring Cloud Stream 核心概念

（1）绑定器

绑定器是 Spring Cloud Stream 的一个关键组件,它负责将应用程序与消息中间件进行连接,充当了应用程序与消息代理之间的适配器,隐藏了底层消息中间件的细节,使开发人员可以专注于业务逻辑而不用担心应用程序与特定消息代理之间的交互。

Spring Cloud Stream 支持多种消息中间件,如 Apache Kafka、RabbitMQ、ActiveMQ 等。每个消息中间件都有自己对应的绑定器实现,开发人员可以根据应用程序的需求选择合适的绑定器,当需要升级或者更换消息中间件时,开发者只需更换对应的绑定器,而不需要修改任何应用程序的逻辑。

绑定器提供了一组统一的接口,用于发送和接收消息,开发人员可以使用注解的方式将绑定器与应用程序的业务逻辑进行绑定。例如,使用@Input 注解将绑定器连接到输入通道,使用@Output 注解将绑定器连接到输出通道。

除了提供基本的发送和接收消息的功能,绑定器还支持一些高级特性,如分组和消息分区等,其中分组可以帮助应对高并发的场景,消息分区可以将消息按照一定的规则发送到不同的分区。

（2）通道

Spring Cloud Stream 的通道是用于在应用程序内部传递消息的抽象概念,可以看作消息的管道,它连接了消息的生产者和消费者。Spring Cloud Stream 提供了两种类型的通道:输入通道（Input Channel）和输出通道（Output Channel）。其中,输入通道用于接收外部传入的消息,输出通道用于向外部发送消息。

Spring Cloud Stream 支持多通道处理,意味着应用程序可以同时处理多个输入通道和输出通道,多个通道使用不同的通道名称进行区分。

2. Spring Cloud Stream 常见接口、注解和帮助类

Spring Cloud Stream 提供了一系列的常见接口、注解和帮助类来简化消息的发送和接收过程,这些接口、注解和帮助类是构建和配置 Spring Cloud Stream 应用程序的关键要素,具体如下。

（1）Sink 接口

Sink 接口是 Spring Cloud Stream 的输入通道接口,继承自 Spring Integration 的 Message

Channel 接口，在应用程序中实现 Sink 接口可以让应用程序作为消息的消费者，接收到从消息中间件发送的消息，并进行相应的处理。

（2）Source 接口

Source 接口是 Spring Cloud Stream 的输出通道接口，继承自 Spring Integration 的 MessageChannel 接口，在应用程序中实现该接口后，可以调用该通道的方法将消息发送到消息中间件。

（3）Processor 接口

Processor 接口是一个结合了输入和输出通道的特殊接口，它继承了 Sink 接口和 Source 接口。通过实现 Processor 接口，应用程序可以同时具备接收和发送消息的功能，充当消息的处理器。

（4）@Input

@Input 注解用于定义输入通道，通过在方法上添加@Input 注解，可以将方法与相应的输入通道进行绑定，从而接收订阅的消息。@Input 注解有两个主要的属性，具体如下。

value：用于指定输入通道的名称，以便在应用程序中引用和使用它。如果只定义 value 属性，则可以省略属性名，例如，@Input("myInputChannel")。

binding（可选）：用于指定与输入通道绑定的绑定器或者分组，以便将相同绑定器或分组的输入通道进行关联。例如，@Input(value="myInputChannel", binding="myBindings")。

（5）@Output

@Output 注解用于定义输出通道，通过在方法上添加@Output 注解，并通过其 value 属性指定输出通道的名称，将方法与相应的输出通道进行绑定，从而发送消息到指定的目标。例如，@Output("myOutputChannel")。

（6）@EnableBinding

@EnableBinding 注解用于启用绑定器，将应用程序与消息中间件进行绑定。在配置类上添加@EnableBinding 注解，可以通过其 value 属性指定要绑定的输入通道和输出通道，如果只定义 value 属性，则可以省略属性名，例如，@EnableBinding(MyBinding.class)。

（7）@StreamListener

@StreamListener 注解用于将被标注的方法注册为消息中间件上数据流的事件监听器。使用@StreamListener 注解可以将方法与输入通道进行绑定，当有消息到达该输入通道时，绑定的方法会自动被调用，处理接收到的消息。

（8）StreamBridge

StreamBridge 是 Spring Cloud Stream 提供的一个帮助类，可以用于在消息通道之间进行消息发送和接收。其中，通过 StreamBridge 的 send()方法可以将消息发送到指定的目标（输出通道），以及通过 StreamBridge 的 receive()方法从指定的源头（输入通道）接收消息。

通过上述接口、注解和帮助类可以很方便地实现消息的发送和接收过程，但从 Spring Cloud Stream 3.1 开始，官方不再推荐使用@Input、@Output、@EnableBinding 和@StreamListener 注解进行消息处理，而是推荐使用函数式编程模型，通过定义函数式 Bean 处理消息。在推荐的函数式编程模型中，定义与消息代理交互的函数式 Bean 可以是 Supplier、Consumer 和 Function 类型，分别用于处理输出、处理输入、处理输入和输出，并可以使用 spring.cloud.function.definition 属性显式指定要使用的函数式 Bean，更直观和便捷地编写消息处理逻辑。

8.2　Spring Cloud Stream 快速入门

通过之前的讲解，读者对 Spring Cloud Stream 有了初步的了解。下面，通过一个快速入门案例来加深读者对 Spring Cloud Stream 的认识。本案例将构建一个基于 Spring Boot 的微服务应用，使用 RabbitMQ 作为消息中间件，在该应用中接收消息并将其输出到 IDEA 控制台。在开始构建案例之前，请确保在本地已经安装了 RabbitMQ，案例的具体实现如下。

1.　创建 Spring Boot 项目

在 IDEA 中创建一个名为 stream_quickstart 的 Maven 项目，并在项目的 pom.xml 文件中添加 Spring Cloud、Spring Boot 和 Spring Cloud Stream 的相关依赖，具体如文件 8-1 所示。

文件 8-1　stream_quickstart\pom.xml

```
1  <?xml version="1.0" encoding="UTF-8"?>
2  <project xmlns="http://maven.apache.org/POM/4.0.0"
3          xmlns:xsi="http://www.w3.org/2001/XMLSchema-instance"
4          xsi:schemaLocation="http://maven.apache.org/POM/4.0.0
5          http://maven.apache.org/xsd/maven-4.0.0.xsd">
6      <modelVersion>4.0.0</modelVersion>
7      <groupId>com.itheima</groupId>
8      <artifactId>stream_quickstart</artifactId>
9      <version>1.0-SNAPSHOT</version>
10     <properties>
11         <maven.compiler.source>11</maven.compiler.source>
12         <maven.compiler.target>11</maven.compiler.target>
13         <project.build.sourceEncoding>UTF-8</project.build.sourceEncoding>
14         <spring-cloud.version>2021.0.5</spring-cloud.version>
15         <spring-boot.version>2.6.13</spring-boot.version>
16     </properties>
17     <dependencyManagement>
18         <dependencies>
19             <dependency>
20                 <groupId>org.springframework.cloud</groupId>
21                 <artifactId>spring-cloud-dependencies</artifactId>
22                 <version>${spring-cloud.version}</version>
23                 <type>pom</type>
24                 <scope>import</scope>
25             </dependency>
26             <dependency>
27                 <groupId>org.springframework.boot</groupId>
28                 <artifactId>spring-boot-dependencies</artifactId>
29                 <version>${spring-boot.version}</version>
30                 <type>pom</type>
31                 <scope>import</scope>
32             </dependency>
33         </dependencies>
34     </dependencyManagement>
35     <dependencies>
36         <dependency>
37             <groupId>org.springframework.cloud</groupId>
38             <artifactId>spring-cloud-starter-stream-rabbit</artifactId>
39         </dependency>
40     </dependencies>
41 </project>
```

在上述代码中，第 36～39 行代码引入了 spring-cloud-starter-stream-rabbit 依赖，该依赖提供了 Spring Cloud Stream 对 RabbitMQ 的支持，会自动引入 Spring Cloud Stream 的核心功

能以及与 RabbitMQ 相关的依赖。

2. 创建消息消费者

在 stream_quickstart 项目下创建 com.itheima.rabittmq 包，在该包下创建 RabbitMQBean 类，并在该类中创建 Consumer 类型的函数式 Bean 用于处理消息，具体如文件 8-2 所示。

文件 8-2　RabbitMQBean.java

```
1  import org.springframework.context.annotation.Bean;
2  import org.springframework.stereotype.Component;
3  import java.util.function.Consumer;
4  @Component
5  public class RabbitMQBean {
6      @Bean
7      public Consumer<String> handleMessage() {
8          return message -> {
9              // 处理接收到的消息
10             System.out.println("Received message: " + message);
11         };
12     }
13 }
```

在上述代码中，第 6～12 行代码通过函数式编程创建一个 Consumer 对象，接收传入的消息并将其输出到 IDEA 的控制台。

3. 创建启动类

在 stream_quickstart 项目的 com.itheima 包下创建项目的启动类，具体如文件 8-3 所示。

文件 8-3　StreamQuickStartApplication.java

```
1  import org.springframework.boot.SpringApplication;
2  import org.springframework.boot.autoconfigure.SpringBootApplication;
3  @SpringBootApplication
4  public class StreamQuickStartApplication {
5      public static void main(String[] args) {
6          SpringApplication.run(StreamQuickStartApplication.class, args);
7      }
8  }
```

4. 查看效果

依次启动 RabbitMQ 和 stream_quickstart 项目的启动类 StreamQuickStartApplication，StreamQuickStartApplication 启动成功后，控制台输出的启动日志如图 8-2 所示。

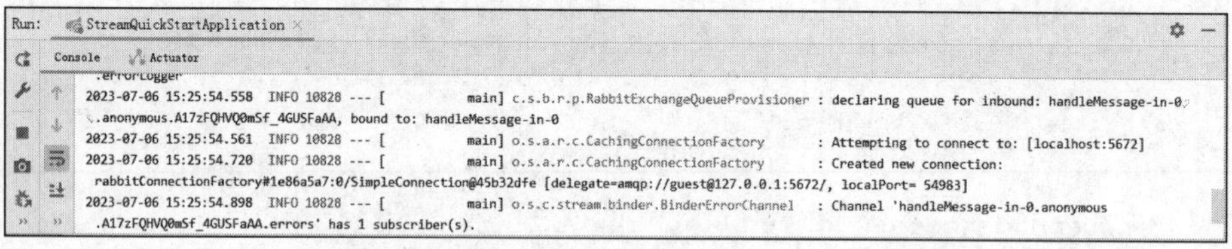

图8-2　控制台输出的启动日志

从图 8-2 中可以看到，程序启动时声明了一个名为 handleMessage-in-0.anonymous.A17zF QHVQ0mSf_4GUSFaAA 的入栈队列，并将其绑定到消息通道 handleMessage-in-0，该队列的名称是为确保队列的唯一性而自动生成的。接着使用 guest 用户创建了一个指向 127.0.0.1:5672 地址的 RabbitMQ 连接。

在浏览器中访问 http://localhost:15672，使用 guest 账号登录 RabbitMQ 可视化管理页面成功后，单击导航栏中的"Connections"选项，查看 RabbitMQ 的连接信息，如图 8-3 所示。

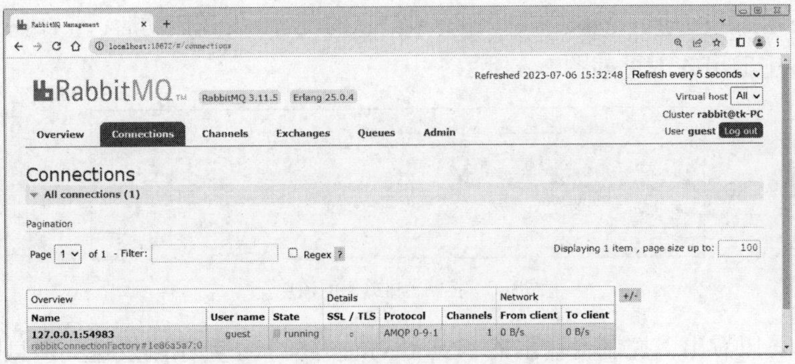

图8-3　查看RabbitMQ的连接信息

从图 8-3 中可以看到，页面中展示了一条连接信息，该连接信息和程序启动时输出的日志信息中的连接信息一致，说明应用程序已和 RabbitMQ 建立连接。

单击导航栏中的"Queues"选项，查看 RabbitMQ 的队列信息，如图 8-4 所示。

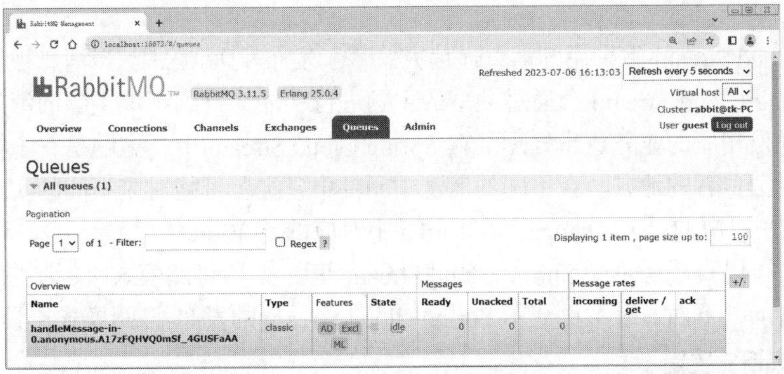

图8-4　查看RabbitMQ的队列信息

从图 8-4 可以看出，队列列表中展示一条名为 handleMessage-in-0.anonymous.A17zFQ HVQ0mSf_4GUSFaAA 的队列，该队列的名称和程序启动时控制台输出的队列名称一致。

单击队列列表中的"handleMessage-in-0.anonymous.A17zFQHVQ0mSf_4GUSFaAA"进入该队列的管理页面，并通过 Publish message 功能来发送一条消息到该队列中，例如发送"Send a message"，如图 8-5 所示。

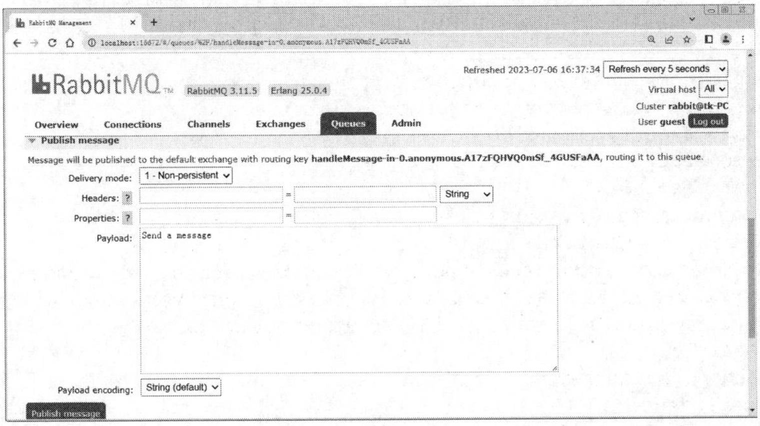

图8-5　发送消息到队列

单击左下角的"Publish message"按钮完成消息的发送，发送成功后，查看 stream_quickstart 项目的控制台中输出的消息如图 8-6 所示。

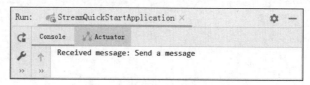

图8-6   控制台中输出的消息

从图 8-6 可以看出，控制台输出的"Send a message"正是刚刚发送到消息队列的内容，说明当有消息到达队列时，stream_quickstart 应用程序中函数式 Bean 的 handleMessage()方法会自动获取到队列中的消息进行消费。

8.3   Spring Cloud Stream 的发布-订阅模式

Spring Cloud Stream 中采用的消息通信方式基于发布-订阅模式。当消息被发送到消息中间件后，Spring Cloud Stream 会通过共享的主题进行广播，订阅了该主题的消息消费者会接收消息，并触发相应的业务逻辑处理。在 Spring Cloud Stream 中，主题是一个抽象概念，代表消息发布给消费者的地方。在不同的消息中间件中，主题可能对应不同的实现方式，比如在 RabbitMQ 中对应的是 Exchange，在 Kafka 中对应的是 Topic。

为了读者可以直观地感受 Spring Cloud Stream 使用发布-订阅模式时，消息是如何被分发到多个消费者的，下面通过案例演示 Spring Cloud Stream 的发布-订阅模式，具体如下。

1. 创建项目父工程

为了规范项目依赖的版本，在 IDEA 中创建一个名为 stream-publishsubscribe 的 Maven 工程，在该工程的 pom.xml 文件中指定 Spring Cloud 和 Spring Boot 依赖的版本，具体如文件 8-4 所示。

文件 8-4   stream-publishsubscribe\pom.xml

```
1  <?xml version="1.0" encoding="UTF-8"?>
2  <project xmlns="http://maven.apache.org/POM/4.0.0"
3          xmlns:xsi="http://www.w3.org/2001/XMLSchema-instance"
4          xsi:schemaLocation="http://maven.apache.org/POM/4.0.0
5          http://maven.apache.org/xsd/maven-4.0.0.xsd">
6     <modelVersion>4.0.0</modelVersion>
7     <groupId>com.itheima</groupId>
8     <artifactId>stream-publishsubscribe</artifactId>
9     <packaging>pom</packaging>
10    <version>1.0-SNAPSHOT</version>
11    <properties>
12       <maven.compiler.source>11</maven.compiler.source>
13       <maven.compiler.target>11</maven.compiler.target>
14       <project.build.sourceEncoding>UTF-8</project.build.sourceEncoding>
15       <spring-cloud.version>2021.0.5</spring-cloud.version>
16       <spring-boot.version>2.6.13</spring-boot.version>
17    </properties>
18    <dependencyManagement>
19       <dependencies>
20          <dependency>
```

```
21              <groupId>org.springframework.cloud</groupId>
22              <artifactId>spring-cloud-dependencies</artifactId>
23              <version>${spring-cloud.version}</version>
24              <type>pom</type>
25              <scope>import</scope>
26          </dependency>
27          <dependency>
28              <groupId>org.springframework.boot</groupId>
29              <artifactId>spring-boot-dependencies</artifactId>
30              <version>${spring-boot.version}</version>
31              <type>pom</type>
32              <scope>import</scope>
33          </dependency>
34      </dependencies>
35    </dependencyManagement>
36 </project>
```

2. 创建消息生产者

在 stream-publishsubscribe 下创建名为 stream-supplier 的模块，在该项目的 pom.xml 文件中引入 Spring Cloud Stream 集成 RabbitMQ 的依赖，以及 Spring Boot 构建 Web 应用程序的起步依赖，具体如文件 8-5 所示。

文件 8-5　stream-supplier\pom.xml

```
1  <?xml version="1.0" encoding="UTF-8"?>
2  <project xmlns="http://maven.apache.org/POM/4.0.0"
3          xmlns:xsi="http://www.w3.org/2001/XMLSchema-instance"
4          xsi:schemaLocation="http://maven.apache.org/POM/4.0.0
5          http://maven.apache.org/xsd/maven-4.0.0.xsd">
6    <parent>
7        <artifactId>stream-publishsubscribe</artifactId>
8        <groupId>com.itheima</groupId>
9        <version>1.0-SNAPSHOT</version>
10   </parent>
11   <modelVersion>4.0.0</modelVersion>
12   <artifactId>stream-supplier</artifactId>
13   <properties>
14       <maven.compiler.source>11</maven.compiler.source>
15       <maven.compiler.target>11</maven.compiler.target>
16       <project.build.sourceEncoding>UTF-8</project.build.sourceEncoding>
17   </properties>
18 <dependencies>
19    <dependency>
20        <groupId>org.springframework.cloud</groupId>
21        <artifactId>spring-cloud-starter-stream-rabbit</artifactId>
22    </dependency>
23    <dependency>
24        <groupId>org.springframework.boot</groupId>
25        <artifactId>spring-boot-starter-web</artifactId>
26    </dependency>
27 </dependencies>
28 </project>
```

在上述代码中，第 19～26 行代码分别引入了 Spring Cloud Stream 与 RabbitMQ 消息中间件的集成库，以及 Spring Boot 提供的用于构建 Web 应用程序的起步依赖库。

Spring Cloud Stream 中提供了一个 spring.cloud.stream.bindings 属性用于配置消息通道绑定，通过该属性绑定的通道命名约定的格式为"消息处理的方法名称-in/out-索引"，其中，in 和 out 对应绑定的类型为输入和输出，索引是输入或输出绑定的索引值，对于应用程序只包含单个输入或输出方法的情况，索引值始终为 0。

在 stream-supplier 模块下创建配置文件 application.yml，并在该配置文件中设置应用程序与 RabbitMQ 的连接信息，以及消息通道的绑定关系，具体如文件 8-6 所示。

文件 8-6   stream-supplier\src\main\resources\application.yml

```
1   server:
2     port: 8801
3   spring:
4     application:
5       name: stream-supplier
6     rabbitmq:
7       host: 127.0.0.1
8       port: 5672
9       username: guest
10      password: guest
11    cloud:
12      stream:
13        bindings:
14          handleMessage-out-0:
15            destination: my-msg-topic
16          handleMessage-in-0:
17            destination: my-msg-topic
```

在上述代码中，第 6～10 行代码配置了 RabbitMQ 的连接信息。第 11～17 行代码中 spring.cloud.stream.bindings 部分定义了两个消息通道的绑定关系：handleMessage-out-0 和 handleMessage-in-0 这两个通道都与目标主题 my-msg-topic 进行连接，开发者可以将消息发送至 handleMessage-out-0，对应的消息会路由到目标主题 my-msg-topic，同时可以通过 handleMessage-in-0 通道订阅目标主题 my-msg-topic 中的消息。

在 stream-supplier 模块下创建包 com.itheima.controller，在该包下创建一个控制器类，在该类中定义方法通过 StreamBridge 对象向 RabbitMQ 发送消息，具体如文件 8-7 所示。

文件 8-7   MessageController.java

```
1   import org.springframework.cloud.stream.function.StreamBridge;
2   import org.springframework.messaging.Message;
3   import org.springframework.messaging.support.MessageBuilder;
4   import org.springframework.web.bind.annotation.GetMapping;
5   import org.springframework.web.bind.annotation.RestController;
6   @RestController
7   public class MessageController {
8       private final StreamBridge streamBridge;
9       public MessageController(StreamBridge streamBridge) {
10          this.streamBridge = streamBridge;
11      }
12      @GetMapping("/data")
13      public String sendData(String msg) {
14        Message<String> streamMessage = MessageBuilder
15              .withPayload(msg)
16              .build();
17        streamBridge.send("handleMessage-out-0",streamMessage);
18        return "send SUCCESS";
19      }
20  }
```

在上述代码中，第 8～11 行代码定义了一个名为 streamBridge 的 StreamBridge 属性，并在 MessageController 类的构造函数中使用该属性进行依赖注入。第 14～15 行代码使用 MessageBuilder 创建一个消息对象，并将 msg 作为消息内容添加到消息中，第 16 行代码调用

build()根据之前设置的内容创建一个最终的 Message 对象。第 17 行代码使用 streamBridge 实例将消息 streamMessage 发送到名为 handleMessage-out-0 的消息通道。

在 stream-supplier 模块下的 com.itheima 包下创建一个项目启动类,具体如文件 8-8 所示。

文件 8-8　StreamSupplierApplication.java

```
1  import org.springframework.boot.SpringApplication;
2  import org.springframework.boot.autoconfigure.SpringBootApplication;
3  @SpringBootApplication
4  public class StreamSupplierApplication {
5      public static void main(String[] args) {
6          SpringApplication.run(StreamSupplierApplication.class, args);
7      }
8  }
```

3. 创建消息消费者

在 stream-supplier 模块下创建包 com.itheima.service,在该包下创建一个类通过函数式编程的方式创建一个 Bean,并在该 Bean 中定义消息处理方法,具体如文件 8-9 所示。

文件 8-9　MessageService.java

```
1  import org.springframework.context.annotation.Bean;
2  import org.springframework.stereotype.Service;
3  import java.util.function.Consumer;
4  @Service
5  public class MessageService {
6      @Bean
7      public Consumer<String> handleMessage() {
8          return (data) -> {
9              // 处理接收到的数据
10             System.out.println("MessageService Received data: " + data);
11         };
12     }
13 }
```

在上述代码中,第 6~12 行代码使用@Bean 注解来定义一个消息处理方法 handleMessage()对消息中间件中的消息进行消费,其中 handleMessage()方法的名称需要和文件 8-6 中第 14 行,以及第 16 行配置中通道名称的方法名称部分保持一致。

此时,当消息中间件中 my-msg-topic 主题存在待消费的消息时,文件 8-9 中的 handleMessage()方法会对其进行消费。为了能直观地感受消息发布到对应主题后,可以被分发到多个消费者,对此,在 stream-publishsubscribe 下继续创建名为 stream-consumer 的模块,在该模块中再创建一个消息消费者订阅 my-msg-topic 主题的消息。

在 stream-consumer 模块的 pom.xml 文件中引入 Spring Cloud Stream 集成 RabbitMQ 的依赖,具体如文件 8-10 所示。

文件 8-10　stream-consumer\pom.xml

```
1  <?xml version="1.0" encoding="UTF-8"?>
2  <project xmlns="http://maven.apache.org/POM/4.0.0"
3          xmlns:xsi="http://www.w3.org/2001/XMLSchema-instance"
4          xsi:schemaLocation="http://maven.apache.org/POM/4.0.0
5          http://maven.apache.org/xsd/maven-4.0.0.xsd">
6      <parent>
7          <artifactId>stream-publishsubscribe</artifactId>
8          <groupId>com.itheima</groupId>
9          <version>1.0-SNAPSHOT</version>
10     </parent>
11     <modelVersion>4.0.0</modelVersion>
```

```
12        <artifactId>stream-consumer</artifactId>
13        <properties>
14            <maven.compiler.source>11</maven.compiler.source>
15            <maven.compiler.target>11</maven.compiler.target>
16            <project.build.sourceEncoding>UTF-8</project.build.sourceEncoding>
17        </properties>
18        <dependencies>
19            <dependency>
20                <groupId>org.springframework.cloud</groupId>
21                <artifactId>spring-cloud-starter-stream-rabbit</artifactId>
22            </dependency>
23        </dependencies>
24    </project>
```

在 stream-consumer 模块下创建配置文件 application.yml，并在该配置文件中设置应用程序与 RabbitMQ 的连接信息，以及消息通道的绑定关系，具体如文件 8-11 所示。

文件 8-11　stream-consumer\src\main\resources\application.yml

```
1    server:
2      port: 8802
3    spring:
4      application:
5        name: stream-consumer
6      rabbitmq:
7        host: 127.0.0.1
8        port: 5672
9        username: guest
10        password: guest
11      cloud:
12        stream:
13          bindings:
14            handleMessage-in-0:
15              destination: my-msg-topic
```

在上述代码中，第 11～15 行代码定义了 handleMessage-in-0 输入通道，当前应用程序可以定义消息处理方法从目标主题 my-msg-topic 接收消息。

在 stream-consumer 模块下创建包 com.itheima.service，在该包下创建一个类，在该类中通过函数式编程的方式创建一个 Bean，并在该 Bean 中定义消息处理方法，具体如文件 8-12 所示。

文件 8-12　MessageService.java

```
1    import org.springframework.context.annotation.Bean;
2    import org.springframework.stereotype.Service;
3    import java.util.function.Consumer;
4    @Service
5    public class MsgConsumerService {
6        @Bean
7        public Consumer<String> handleMessage() {
8            return (data) -> {
9                // 处理接收到的数据
10                System.out.println("MsgConsumerService Received data: " + data);
11            };
12        }
13    }
```

在上述代码中，第 6～12 行代码使用@Bean 注解来定义一个消息处理方法 handleMessage()对消息中间件中的消息进行消费，其中 handleMessage()方法的名称需要和文件 8-6 中第 14 行以及第 16 行配置中通道名称的方法名称部分保持一致。

在 stream-consumer 模块下的 com.itheima 包下创建一个项目启动类,具体如文件 8-13 所示。

文件 8-13　StreamConsumerApplication.java

```
1  import org.springframework.boot.SpringApplication;
2  import org.springframework.boot.autoconfigure.SpringBootApplication;
3  @SpringBootApplication
4  public class StreamConsumerApplication {
5      public static void main(String[] args) {
6          SpringApplication.run(StreamConsumerApplication.class, args);
7      }
8  }
```

4. 效果测试

依次启动 RabbitMQ、StreamSupplierApplication 和 StreamConsumerApplication,在浏览器中访问 http://localhost:8801/data?msg=中国高铁,请求效果如图 8-7 所示。

图8-7　请求效果

从图 8-7 可以看到,页面显示"send SUCCESS",说明请求成功,此时 IDEA 中 StreamSupplierApplication 和 StreamConsumerApplication 控制台输出信息如图 8-8 所示。

图8-8　控制台输出信息

从图 8-8 可以看出,StreamSupplierApplication 和 StreamConsumerApplication 控制台都输出了请求时携带的参数,说明 StreamSupplierApplication 和 StreamConsumerApplication 都从对应订阅的主题中接收到消息。

8.4　消费组和消息分区

为了有效应对一些特定的应用场景和需求,如负载均衡、消息分区、高可用性和故障转移等,Spring Cloud Stream 引入消费组和消息分区。通过消费组和消息分区,Spring Cloud Stream 为消息驱动的微服务架构提供了更灵活和可靠的消息处理机制。下面对 Spring Cloud Stream 中的消费组和消息分区分别进行讲解。

8.4.1　消费组

通常在生产环境中,每个服务往往会以多个实例的方式运行。当这些实例启动时,它们会绑定到同一个消息通道的目标主题上。默认情况下,当生产者发送一条消息到绑定通道上时,每个消费者实例都会接收和处理该消息。然而,在某些业务场景下,我们希望生产者发送的消息只能被一个实例消费。为了实现这一功能，我们可以为这些消费者设置消费组。

下面基于 stream-publishsubscribe 项目对消费组进行讲解。首先演示 stream-consumer 模块不设置分组时，启动 2 个实例消费消息的效果。

（1）设置多实例运行

在 IDEA 中设置 stream-consumer 允许多个实例运行。在菜单栏的程序运行下拉框中选中"Edit Configuration"进入"Run/Debug Configurations"对话框，在"Run/Debug Configurations"对话框中选中"StreamConsumerApplication"后，在"Build and run"＞"Modify options"中选择"Allow multiple instances"允许当前模块运行多个实例，如图 8-9 所示。

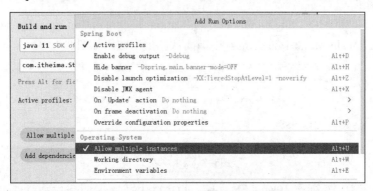

图8-9 允许StreamConsumerApplication模块运行多个实例

在图 8-9 中设置允许 StreamConsumerApplication 模块运行多个实例后，单击"Run/Debug Configurations"对话框中的"Apply"按钮将当前设置生效。

接着在"Run/Debug Configurations"对话框左上角单击复制配置图标▣，复制 StreamConsumerApplication 并将复制后的模块命名为 StreamConsumerApplication-02，如图 8-10 所示。

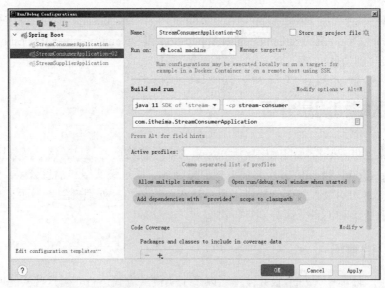

图8-10 复制StreamConsumerApplication模块的配置

在图 8-10 中单击"OK"按钮完成 StreamConsumerApplication 模块配置的复制。

（2）测试效果

依次启动 RabbitMQ、StreamSupplierApplication、StreamConsumerApplication、Stream ConsumerApplication-02，在浏览器中访问 http://localhost:8801/data?msg=祝融号，此时 IDEA 中 StreamConsumerApplication 和 StreamConsumerApplication-02 控制台输出信息如图 8-11 所示。

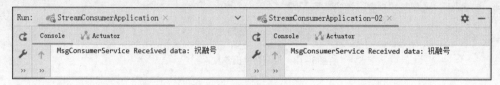

图8-11　控制台输出信息（1）

从图 8-11 可以得出，StreamConsumerApplication 的两个实例都对消息生产者发出的消息进行了消费。

如果开发者希望每个消息只被多个消费实例中的一个实例进行消费，可以对服务设置消费组，这样服务中的所有实例默认都会在同一个分组中。为服务设置消费组的实现方式非常简单，只需要在服务消费者端通过 spring.cloud.stream.bindings.input.group 属性设置分组即可，其中 input 为绑定的输入通道名称。

设置了消费组的多个实例，默认情况下采用轮询的方式消费消息，消息将按照顺序依次分配给不同的实例进行消费，每个实例依次消费一个消息。通过轮询的方式，可以实现基本的负载均衡，每个实例能够均匀地消费消息，提高整体的处理能力。

下面演示设置消费组后同一个服务中不同消费者实例消费消息的效果，具体如下。

（1）设置消费组

在 stream-consumer 模块下的 application.yml 文件中添加消费组的设置，添加后 application.yml 文件内容如文件 8-14 所示。

文件 8-14　stream-consumer\src\main\resources\application.yml

```
1  server:
2    port: 8802
3  spring:
4    application:
5      name: stream-consumer01
6    rabbitmq:
7      host: 127.0.0.1
8      port: 5672
9      username: guest
10     password: guest
11   cloud:
12     stream:
13       bindings:
14         handleMessage-in-0:
15           destination: my-msg-topic
16           group: service01
```

在上述代码中，第 16 行代码通过 spring.cloud.stream.bindings.handleMessage-in-0.group 将 handleMessage-in-0 绑定的消费者加入名为 service01 的消费组，其中 service01 为自定义的名称。

（2）测试效果

依次启动 RabbitMQ、StreamSupplierApplication、StreamConsumerApplication、Stream

ConsumerApplication-02，在浏览器中访问 http://localhost:8801/data?msg=祝融号，此时 IDEA 中 StreamConsumerApplication 和 StreamConsumerApplication-02 控制台输出信息如图 8-12 所示。

图8-12　控制台输出信息（2）

从图 8-12 可以看出，StreamConsumerApplication 和 StreamConsumerApplication-02 中只有 StreamConsumerApplication 控制台中输出了信息，说明两个实例中只有一个实例对消息生产者发出的消息进行消费。

再次在浏览器中访问 http://localhost:8801/data?msg=祝融号，此时 IDEA 中 StreamConsumer Application 和 StreamConsumerApplication-02 控制台输出信息如图 8-13 所示。

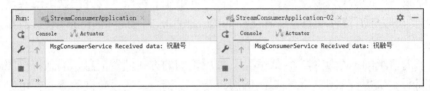

图8-13　控制台输出信息（3）

从图 8-13 可以看出，本次请求后只有 StreamConsumerApplication-02 控制台中输出了信息，说明本次请求的两个实例中还是只有一个实例对消息进行消费，并且根据轮询的方式对消息进行消费。

8.4.2　消息分区

通过设置消费组，可以确保在多实例环境中，同一条消息只会被一个消费者实例接收和处理。然而，在某些特殊情况下，除了要求只有一个实例处理消息，我们还希望具有相同特征的消息都被同一个消费者实例处理。例如，对于同一 ID 的传感器监测数据，我们需要确保它们被同一个实例进行统计、计算和分析，否则可能无法获取到完整的数据。这时，可以对消息进行分区处理。

要实现 Stream 的消息分区，开发者可以在生产者和消费者的配置文件中分别设置以下属性。

1. 生产者配置

① spring.cloud.stream.bindings.output.producer.partition-key-expression：用于指定分区键表达式，以决定将消息发送到哪个分区，其中 output 为绑定的输出通道名称。该属性的取值可以是任何有效的 SpEL（Spring Expression Language，Spring 表达式语言）表达式，用于从消息中提取分区键的值，该属性取值的常见示例如下。

值为单个属性的值：直接使用请求中对象属性的值作为分区键的值，例如，如果消息体是一个 Java 对象，且带有一个名为 partitionKey 的属性，可以使用以下配置。

```
spring:
  cloud:
```

```
        stream:
          bindings:
            output:
              producer:
                partition-key-expression: "payload.partitionKey"
```

在上述配置中，spring.cloud.stream.bindings.output.producer.partition-key-expression 属性的值设置为 payload.partitionKey，表示从请求的 payload（负载）中获取 partitionKey 属性的值作为分区键的值。

值为消息头（headers）中属性的值：如果希望使用消息头中的某个属性的值作为分区键的值，可以使用以下配置。

```
spring:
  cloud:
    stream:
      bindings:
        output:
          producer:
            partition-key-expression: "headers['partitionKey']"
```

在上述配置中，spring.cloud.stream.bindings.output.producer.partition-key-expression 属性的值设置为 headers['partitionKey']，表示从消息头中获取名为 partitionKey 的属性的值。

值为自定义 SpEL 表达式的值：除了直接使用对象属性或消息头中属性，开发者还可以根据自己的需求编写自定义的 SpEL 表达式，在表达式中指定分区键的值的生成逻辑，示例如下。

```
spring:
  cloud:
    stream:
      bindings:
        handleMessage-out-0:
          producer:
            partition-key-expression: "'myKeyPrefix' + payload.myId"
```

在上述配置中，spring.cloud.stream.bindings.handleMessage-out-0.producer.partition-key-expression 属性的值设置为 "'myKeyPrefix' + payload.myId"，表示使用 payload 对象的 myId 属性值与固定前缀 myKeyPrefix 拼接而成的字符串作为分区键的值。

② spring.cloud.stream.bindings.output.producer.partition-count：用于指定参与消息分区的消费者实例数量，其中 output 为绑定的输出通道名称。

2. 消费者配置

① spring.cloud.stream.bindings.input.consumer.partitioned：用于开启消费者的消息分区功能，其中 input 为绑定的输入通道名称。

② spring.cloud.stream.instanceCount：用于指定当前消费者的总实例数量。

③ spring.cloud.stream.instanceIndex：用于指定当前实例的索引值，索引值从 0 开始。开发者可以启动多个实例，并通过不同的运行参数为每个实例设置不同的索引值。

通过以上属性，可以实现消息的分区和消费者的分配，确保同一分区的消息只被同一个消费者实例处理。

下面，在 8.4.1 小节的项目代码上进行改造，此处选择将 GET 请求中参数 msg 的值作为分区键的值以演示 Spring Cloud Stream 消息分区的效果，具体如下。

1. 改造 stream-supplier 模块

在文件 8-7 的 MessageController 类的 sendData() 方法中添加消息头属性，并将请求参数的值设置为该消息头属性的值，修改后的代码如文件 8-15 所示。

文件 8-15   MessageController.java

```
1    import org.springframework.cloud.stream.function.StreamBridge;
2    import org.springframework.messaging.Message;
3    import org.springframework.messaging.support.MessageBuilder;
4    import org.springframework.web.bind.annotation.GetMapping;
5    import org.springframework.web.bind.annotation.RestController;
6    @RestController
7    public class MessageController {
8        private final StreamBridge streamBridge;
9        public MessageController(StreamBridge streamBridge) {
10           this.streamBridge = streamBridge;
11       }
12       @GetMapping("/data")
13       public String sendData(String msg) {
14           Message<String> streamMessage = MessageBuilder
15                   .withPayload(msg)
16                   .setHeader("partitionKey", msg)
17                   .build();
18           streamBridge.send("handleMessage-out-0",streamMessage);
19           return "send SUCCESS";
20       }
21   }
```

在上述代码中，第 16 行代码通过 setHeader()方法添加一个名为"partitionKey"的消息头属性，并设置该属性的值为 msg。

stream-supplier 模块下包含 MessageController 类用于生产消息，以及 MessageService 类用于消费消息，对此需要在 stream-supplier 模块下的 application.yml 文件中添加生产者和消费者两部分的分区配置，具体如文件 8-16 所示。

文件 8-16   stream-supplier\src\main\resources\application.yml

```
1    server:
2      port: 8801
3    spring:
4      application:
5        name: stream-supplier
6      rabbitmq:
7        host: 127.0.0.1
8        port: 5672
9        username: guest
10       password: guest
11     cloud:
12       stream:
13         bindings:
14           handleMessage-out-0:
15             destination: my-msg-topic
16             producer:
17               partition-key-expression: "headers['partitionKey']"
18               partition-count: 2
19           handleMessage-in-0:
20             destination: my-msg-topic
21             group: service01
22             consumer:
23               partitioned: true
24       instance-count: 2
25       instance-index: 0
```

在上述代码中，第 16～18 行代码设置了生产者的分区配置，其中 spring.cloud.stream.bindings.
handleMessage-out-0.producer.partition-key-expression 属性的值设置为"headers['partitionKey']"，

程序会根据消息头中 partitionKey 属性的值进行分区，而 partitionKey 属性的值在文件 8-15 中设置为请求参数 msg 的值。spring.cloud.stream.bindings.handleMessage-out-0.producer.partition-count 属性的值设置为 2，指定消息分区的数量为 2。

第 22~25 行代码设置了消费者的分区配置，其中第 23 行代码用于开启消息分区的支持，第 24 行代码设置消费者实例数量为 2，第 25 行代码设置当前应用对应的消费者实例索引值为 0。

2. 改造 stream-consumer 模块

stream-consumer 模块中只有与消费者相关的功能，对此只需在 stream-consumer 模块的 application.yml 文件中设置与消费者相关的配置，具体如文件 8-17 所示。

文件 8-17　stream-consumer\src\main\resources\application.yml

```
1  server:
2    port: 8802
3  spring:
4    application:
5      name: stream-consumer01
6    rabbitmq:
7      host: 127.0.0.1
8      port: 5672
9      username: guest
10     password: guest
11   cloud:
12     stream:
13       bindings:
14         handleMessage-in-0:
15           destination: my-msg-topic
16           group: service01
17           consumer:
18             partitioned: true
19       instance-count: 2
20       instance-index: 1
```

文件 8-17 在文件 8-14 的基础上添加了第 17~20 行的代码，其中第 18 行代码开启消息分区的支持，第 19 行代码设置消费者实例数量为 2，第 20 行代码设置当前应用对应的消费者实例索引值为 1。

3. 测试效果

由于本案例中分区键的值会根据请求中参数 msg 的值动态产生，下面通过循环发送不同参数值的请求，演示 Spring Cloud Stream 分区键的值相同时，会将消息路由到相同的分区进行处理。

依次启动 RabbitMQ、StreamSupplierApplication、StreamConsumerApplication 后，在浏览器中连续访问五次 http://localhost:8801/data?msg=北斗卫星导航系统，此时 IDEA 中 Stream SupplierApplication 和 StreamConsumerApplication 控制台输出信息如图 8-14 所示。

图8-14　控制台输出信息（4）

从图 8-14 中可以看到，StreamSupplierApplication 控制台中连续输出了五条消息，而 StreamConsumerApplication 控制台中一条消息都没输出。

接着在浏览器中连续访问三次 http://localhost:8801/data?msg=中国空间站，此时 IDEA 中 StreamSupplierApplication 和 StreamConsumerApplication 控制台输出信息如图 8-15 所示。

图8-15　控制台输出信息（5）

从图 8-15 中可以看到，本次操作后 StreamConsumerApplication 控制台中连续输出了三条消息，而 StreamSupplierApplication 控制台中一条消息都没输出。说明 Spring Cloud Stream 根据请求携带的参数动态生成分区键的值，如果请求时生成分区键的值相同，则 Spring Cloud Stream 将消息路由到相同的分区进行消费。

8.5　本章小结

本章主要对消息驱动框架 Spring Cloud Stream 进行了讲解。首先讲解了 Spring Cloud Stream 概述；然后讲解了 Spring Cloud Stream 快速入门；接着讲解了 Spring Cloud Stream 的发布-订阅模式；最后讲解了消费组和消息分区。通过本章的学习，读者可以对 Spring Cloud Stream 有一个初步认识，为后续学习 Spring Cloud 做好铺垫。

8.6　本章习题

一、填空题

1. Spring Cloud Stream 提供了两种类型的通道：输入通道和_____。

2. 在 Spring Cloud Stream 的函数式编程模型中，处理输出的类型为_____。

3. Spring Cloud Stream 设置消息分区时，实例的索引值从_____开始。

4. Spring Cloud Stream 中的_____接口是一个结合了输入和输出通道的特殊接口。

5. Spring Cloud Stream 提供的 StreamBridge 类中，_____方法可以将消息发送到指定的目标。

二、判断题

1. Spring Cloud Stream 中的绑定器负责将应用程序与消息中间件之间进行连接。（　　）

2. Sink 接口是 Spring Cloud Stream 的输入通道接口。（　　）

3. 开发者使用 Spring Cloud Stream 只需关注应用程序的业务逻辑，而不必关心应用程序与底层消息中间件的交互细节。（　　）

4. Spring Cloud Stream 中采用的消息通信方式基于发布-订阅模式。（　　）

5. Spring Cloud Stream 中通过消息分组，可以实现相同特征的消息都被同一个消费者实例处理。（　　　）

三、选择题

1. 下列选项中，对于 Spring Cloud Stream 的接口和注解描述错误的是（　　　）。

    A. Processor 接口是 Spring Cloud Stream 的输入通道接口

    B. Source 接口是 Spring Cloud Stream 的输出通道接口

    C. @Input 注解用于定义输入通道

    D. @Input 注解的 value 属性用于指定输入通道的名称

2. 下列选项中，用于启用绑定器的注解是（　　　）。

    A. @StreamListener

    B. @EnableBinding

    C. @Output

    D. @Input

3. 下列选项中，对于 StreamBridge 的相关描述错误的是（　　　）。

    A. StreamBridge 用于在消息通道之间进行消息发送和接收的桥接操作

    B. 通过 StreamBridge 开发者可以在应用程序中发送和接收消息

    C. 通过 StreamBridge 的 input()方法可以将消息发送到指定的输出通道

    D. 通过 StreamBridge 的 receive()方法可以从指定的输入通道接收消息

4. 下列选项中，用于指定当前消费者的总实例数量的属性是（　　　）。

    A. spring.cloud.stream.bindings.input.consumer.partitioned

    B. spring.cloud.stream.instanceCount

    C. spring.cloud.stream.instanceIndex

    D. spring.cloud.stream.bindings.output.producer.partition-count

5. 下列选项中，对于消费组的相关内容描述错误的是（　　　）。

    A. 可以在服务消费者端通过 spring.cloud.stream.bindings.input.group 属性设置分组，其中 input 为绑定的输入通道名称

    B. 设置了消费组的多个实例，默认情况下是采用随机的方式消费消息

    C. 设置消费组后，生产者发送的消息只能被一个实例消费

    D. 设置消费组后，可以实现基本的负载均衡，每个实例能够均匀地消费消息

第9章

分布式链路追踪

◆ 了解分布式链路追踪概况，能够简述分布式链路追踪解决的问题，以及常见的链路追踪技术

◆ 了解 Spring Cloud Sleuth 概况，能够简述 Sleuth 提供的功能，以及 Sleuth 中的术语和概念

◆ 了解 Zipkin 概况，能够简述 Zipkin 包含的核心组件，并启动 Zipkin 服务端

拓展阅读

◆ 掌握 Sleuth 整合 Zipkin 的方法，能够在 Spring Boot 应用中实现 Sleuth 与 Zipkin 的整合

◆ 掌握基于 RabbitMQ 收集数据的方法，能够在 Sleuth 与 Zipkin 整合的项目代码基础上实现基于 RabbitMQ 收集数据

◆ 掌握持久化链路追踪数据的方法，能够将链路追踪数据存储在 MySQL 中

在基于微服务架构的系统中，随着微服务数量的增加，当一个请求需要在多个微服务之间传递时，很难准确追踪其路由路径、潜在的性能和耗时等。这个问题使得开发人员在优化系统性能和解决问题时面临困难。为了解决这个问题可以使用分布式链路追踪技术，其中，Sleuth 和 Zipkin 是目前备受欢迎的分布式链路追踪技术。下面本章将详细介绍如何使用 Sleuth 和 Zipkin 实现分布式链路追踪。

9.1 分布式链路追踪概述

系统进行微服务构建时，会被拆分成多个服务，每个服务负责不同的功能，最终组合成能提供丰富功能的系统。在这种架构中，这些服务可以由不同团队开发、使用不同编程语言实现，并且可以分布在不同服务器上，跨越不同的数据中心，具有较高的灵活性和可扩展性，但也带来了如下的问题。

① 如何快速发现问题：将系统拆分成多个服务后，业务逻辑被分散在不同的服务中，增加了系统的复杂性。当系统出现问题时，很难确定问题发生的具体位置。

② 如何判断故障影响范围：没有调用链信息，无法追踪故障请求的路径和经过的服务，当系统出现故障时，很难快速确定故障影响范围。

③ 如何梳理服务依赖和判断依赖的合理性：在微服务架构中，服务之间的依赖关系可能非常复杂。一个微服务可能依赖多个其他微服务，而这些微服务可能又依赖于其他服务，手工梳理所有的依赖关系变得困难，很难获得系统中所有微服务之间的全局视图，并且很容易出现遗漏或错误的情况。

④ 如何分析链路性能问题和实现实时容量规划：在众多服务中准确找到引起性能问题的服务或组件变得困难，同时缺乏请求级性能数据，难以确定每个服务在整个执行过程中的性能状况。容量规划依赖历史数据和经验，缺乏请求的实时负载和性能状况数据，无法进行准确的容量规划决策。

为了解决这些问题，分布式链路追踪技术应运而生。分布式链路追踪将一次分布式请求的全过程进行记录和展示，通过收集各个服务节点的日志和性能数据，形成一个清晰的可视化链路。在这个链路中，我们可以看到每个请求在每个服务节点上的处理情况，包括每个节点的响应时间、请求状态等关键信息。这使得我们能够准确地追踪请求的完整路径，轻松地定位到每个请求在哪个节点出现了问题或瓶颈。

常见的链路追踪技术主要有以下几种。

Cat：Cat 是由大众点评开源的实时应用监控平台，包括实时应用监控和业务监控。它通过代码埋点的方式来实现监控，例如使用拦截器、过滤器等。Cat 的特点是功能丰富，但对代码的侵入性较大，集成成本较高，存在一定的风险。

Zipkin：Zipkin 是一款开源的分布式链路追踪系统，用于收集服务的定时数据，以解决微服务架构中的延迟问题。Zipkin 包括数据的收集、存储、查找和展现功能，通常会结合 Sleuth 一起使用，其使用相对简单，集成方便。

Pinpoint：Pinpoint 是开源的基于字节码注入的调用链分析和应用监控分析工具，支持多种插件，并且具有强大的 UI 功能。Pinpoint 的特点是接入端无代码侵入，但需要通过字节码注入技术实现链路追踪，因此开发人员需要对字节码注入技术和配置有一定的了解。

SkyWalking：SkyWalking 是一款国产开源的基于字节码注入的调用链分析和应用监控分析工具，它支持多种插件，并且具有较强的 UI 功能。SkyWalking 目前已加入 Apache 孵化器，支持无侵入性地监测应用程序，无须修改源代码，可以通过各种适配器和插件与各种语言、框架和中间件进行集成。

Sleuth：Sleuth 是 Spring Cloud 提供的分布式系统中的链路追踪解决方案，它利用 AOP（Aspect Oriented Programming，面向切面编程）和消息传递机制来实现链路追踪。Sleuth 与 Zipkin 的结合使用可以提供更全面的分布式链路追踪和监控能力。

9.2　Spring Cloud Sleuth 概述

Spring Cloud Sleuth（后续简称 Sleuth）是 Spring Cloud 生态系统的一个模块，旨在帮助开发人员追踪分布式系统中请求的调用链路和性能问题，以便及时发现和解决潜在的性能瓶颈。Sleuth 通过在请求中添加唯一的追踪 ID 和追踪信息，使得开发人员可以追踪一个请求从开始到结束的整个路径。

Sleuth 主要提供了如下功能。

① 链路追踪：Sleuth 可以追踪整个分布式系统中请求的过程，包括数据采集、传输、存储、分析和可视化。它捕获这些链路追踪数据，并构建微服务的整个调用链的视图，方便理清服务间的调用关系。

② 性能分析：Sleuth 提供了每个请求的耗时信息，可以方便地分析哪些服务调用比较耗时。当服务调用的耗时随着请求量增加而增加时，也可以提醒开发人员对服务进行扩容等优化措施。

③ 数据分析：Sleuth 通过对频繁调用的服务进行数据分析，进而提出针对性的业务优化措施，提高系统的性能和效率。

④ 可视化：Sleuth 可以与分布式追踪系统 Zipkin 集成，对未捕获的异常进行可视化展示，方便开发人员快速发现和解决问题。

Sleuth 基于开源项目 Dapper，并借鉴了 Dapper 的专业术语和设计。为了读者后续能更好地理解 Sleuth 的工作原理，下面对 Sleuth 中的术语和概念进行讲解，具体如下。

（1）Span

Span 代表分布式系统中的一个基本工作单元，记录了一个请求的处理过程。每个 Span 都有一个唯一的 ID 进行标识，并且 Span 包含与该请求相关的元数据，例如请求 ID、调用路径、时间戳等。

（2）Trace

Trace 是由一系列相互关联的 Span 组成的树状结构，表示一个完整请求在分布式系统中的处理过程。Trace 可以跨越多个服务，通过 Trace，开发者可以追踪请求经过的各个服务和组件，并分析请求的性能和路径。

（3）Annotation

Annotation 是用于记录 Span 中各个阶段和事件的标识。在 Sleuth 中，提供了一些核心的 Annotation 用于标识一个请求的开始和结束，以及服务端和客户端在不同阶段的行为，具体如下。

① cs：Client Sent，表示客户端发送了请求，这个标识意味着 Span 的开始。例如，当服务 A 向服务 B 发送请求时，服务 A 作为发送请求的客户端，记录这个事件标识。

② sr：Server Received，表示服务端接收到请求，并且开始处理请求。当服务器收到请求时，会记录这个事件标识。通过计算 sr 减去 cs 的时间戳，可以得出网络传输时间，即请求从客户端发送到服务端的时间。

③ ss：Server Sent，表示服务端完成对请求的处理，并且向客户端发送响应信息。当服务器完成请求处理并发送响应信息时，会记录这个事件标识。通过计算 ss 减去 sr 的时间戳，可以得到服务端需要的处理请求时间。

④ cr：Client Received，表示客户端接收到响应信息，意味着整个 Span 的结束。当客户端成功接收到服务端的回复时，会记录这个事件标识。通过计算 cr 减去 cs 的时间戳，可以得到客户端从服务端获取回复所需的总时间。

下面通过一张图展示在系统的一个完整请求中 Span、Trace 和 Annotation 的关联，具体如图 9-1 所示。

在图 9-1 中，有一个 Trace Id 为 X 的 Trace，它包含多个 Span。每个 Span 都有一个唯一的 Span Id。通过图 9-1 可以清晰地看到 Trace 的调用链，例如，在 Span Id 为 B 的 Span 中看到 Client Sent 标识，表示在该 Span 内发生了客户端发送请求的事件。

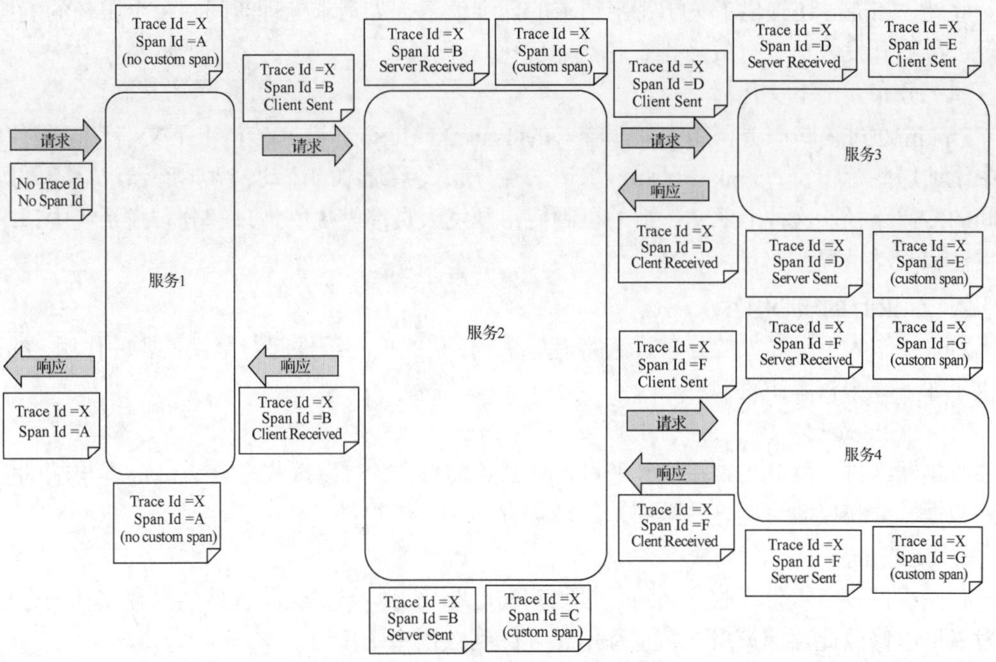

图9-1　Span、Trace和Annotation的关联

9.3　Zipkin 概述

Zipkin 是一款开源的分布式链路追踪系统，旨在帮助开发人员追踪、监控和诊断服务之间的请求。Zipkin 能够收集各个服务器上请求链路的链路追踪数据，并提供 REST API 来查询这些数据，从而实现对分布式系统的监控。使用 Zipkin 能够及时发现系统中延迟升高的问题，并找出性能瓶颈的根源。下面本节将对 Zipkin 的功能、核心组件以及下载和启动 Zipkin 服务端分别进行讲解。

1. Zipkin 的功能

Zipkin 作为一个分布式链路追踪系统，提供了一系列强大的功能，其主要功能如下。

（1）数据接收与发送

Zipkin 可以接收来自分布式系统中不同服务的请求的链路追踪数据。对于 Java 应用程序，可以使用 Sleuth 等工具自动将链路追踪数据发送到 Zipkin 服务端。对于其他语言的应用程序，可以使用 Zipkin 提供的客户端库手动发送链路追踪数据。

（2）数据存储与查询

Zipkin 提供了多种数据存储方式，包括内存、MySQL、Cassandra 和 Elasticsearch。开发人员可以根据需求选择合适的数据存储方式。一旦 Zipkin 将数据进行存储，便可以使用 Zipkin 的用户界面或 API 查询和检索追踪数据，其中用户界面提供了直观的方式来搜索和分析请求链路、识别延迟问题和排查故障。

（3）链路追踪数据分析

Zipkin 将请求的调用链路数据可视化为树状结构，显示请求从一个服务传递到另一个服务的路径。通过查看这些链路追踪数据，开发人员可以了解请求的处理时间、延迟和性能瓶颈。此外，Zipkin 还提供了关于特定请求的详细信息，如请求处理时间、每个服务的响应时间等，帮助开发人员进行故障排查和性能优化。

（4）分布式上下文传播

Zipkin 通过在跨服务调用中使用唯一的 Trace Id 和 Span Id 来传播上下文信息。通过在请求中添加这些标识符，Zipkin 可以追踪请求在分布式系统中的流动，并追踪请求在不同服务之间的传递路径。这种上下文传播的机制使得开发人员能够更好地理解分布式系统中请求的连贯性和流动情况。

2. Zipkin 的核心组件

Zipkin 作为一个强大的分布式链路追踪系统，它的核心组件起着至关重要的作用，Zipkin 提供了如下 4 个核心组件。

（1）Collector

收集器组件，负责接收并处理来自各种服务的数据，可以接收来自 Zipkin 客户端的链路追踪数据，并将接收到的这些链路追踪数据存储到存储组件中。

（2）Storage

存储组件，负责处理收集器组件接收到的追踪信息。默认会将这些信息存储在内存中，开发者可以修改此存储策略，将追踪信息存储到数据库中。

（3）Search

搜索组件，该组件提供了一种检索链路追踪数据的功能，允许用户根据不同的标准（如时间范围、服务名称、标签等）来搜索和过滤链路追踪数据。

（4）Web UI

UI 组件，是 Zipkin 的前端用户界面，提供了一个可视化的方式来查看和分析链路追踪数据。用户可以通过 UI 组件查看特定服务的调用链、请求时长、错误和延迟等指标。UI 组件还提供了一些基本的统计和图表功能，以帮助用户更好地理解和分析链路追踪数据。

3. 下载和启动 Zipkin 服务端

Zipkin 分为 Zipkin 客户端和 Zipkin 服务端两个部分，其中 Zipkin 客户端是嵌入在微服务应用中的组件，负责在应用程序中生成和上报链路追踪数据；Zipkin 服务端负责接收、存储和展示链路追踪数据。

从 Spring Boot 2.0 开始，Sleuth 官方不再支持使用自建的 Zipkin 服务端进行服务链路追踪，而是直接提供了编译好的 Zipkinf 服务端的 JAR 包。通过提供编译好的 JAR 包，启动和配置 Zipkin 服务端变得更加简单，下面实现对 Zipkin 服务端的下载和启动，并在启动后对 Zipkin 服务端的后台管理页面进行讲解。

（1）下载 Zipkin 服务端 JAR 包

在 Zipkin 官网中打开 Zipkin 在 GitHub 的页面，在该页面中找到 Maven 中央仓库镜像地址的入口，如图 9-2 所示。

在图 9-2 中单击"Maven Central"超链接进入 Maven 中央仓库镜像地址，接着在 io/zipkin/zipkin-server/路径下找到需要下载的 Zipkin 服务端 JAR 包。下载任何和本地项目兼容的版本都可以，本章选择下载 2.23.2 版本。本书提供的资源中也提供了 Zipkin 对应版本的服务端 JAR 包，读者可以选择在提供的资源中获取对应的 JAR 包。

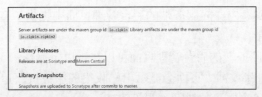

图9-2　Maven中央仓库镜像地址的入口

（2）启动 Zipkin 服务端

在命令行窗口中切换到 Zipkin 服务端 JAR 包所在的路径，通过 Java 命令启动 Zipkin 服务端，具体命令如下。

```
java -jar zipkin-server-2.23.2-exec.jar
```

在命令行窗口中执行上述命令后，效果如图 9-3 所示。

图9-3　启动Zipkin服务端

从图 9-3 可以看出，Zipkin 服务端的 JAR 包运行成功，并提示可以通过 http://127.0.0.1:9411/访问该 HTTP 服务器的根路径。

（3）查看 Zipkin 服务端的后台管理页面

在浏览器中访问 http://127.0.0.1:9411/进入 Zipkin 服务端的后台管理页面，如图 9-4 所示。

图9-4　Zipkin 服务端的后台管理页面（1）

从图 9-4 中可以看到，Zipkin 服务端的后台管理页面中提供了查看服务链路追踪数据和服务的依赖关系图的功能。

开发者通过 Zipkin 服务端的后台管理页面可以执行以下操作。

① 查看服务链路追踪数据。页面会显示出已收集的服务链路追踪数据，可以查看请求的时间线、调用链路、各个服务的执行时间等信息。

② 搜索链路追踪数据。根据关键字搜索并过滤链路追踪数据，以便更容易地定位和查看特定请求的信息。

③ 查看服务的依赖关系图。页面提供了一个依赖关系图，用于显示各个服务之间的依赖关系，有助于开发者理解不同服务之间的依赖关系和性能瓶颈。

④ 进行分析和故障排查。通过查看请求的调用链路和执行时间，开发者可以分析服务之间的交互情况并找出潜在的故障点，有助于开发者进行系统性能优化和故障排查。

9.4　Sleuth 整合 Zipkin

在程序中使用 Sleuth 时，可以在每个微服务之间注入唯一的追踪 ID，以实现对请求在整个系统中流动的追踪。使用 Zipkin 可以可视化和分析这些追踪信息，轻松地找出服务之间的调用关系和性能瓶颈。将 Sleuth 与 Zipkin 整合，可以为开发者提供更全面的分布式追踪和监控能力。

在项目中实现 Sleuth 与 Zipkin 的整合只需在每个微服务中引入相应的依赖，并在配置文件中添加 Zipkin 服务端地址，以及 Sleuth 采样率的配置即可。其中 Zipkin 服务端地址通过 spring.zipkin.base-url 属性指定；Sleuth 采样率是一个介于 0 到 1 之间的值，表示请求被追踪的概率，通过 spring.sleuth.sampler.probability 属性指定，默认情况下其值为 0.1，即 10%的请求会被采样和记录。

Sleuth 与 Zipkin 整合后，默认情况下 Sleuth 会使用 HTTP 将追踪信息发送到 Zipkin 服务端，如果想更改可以通过 spring.zipkin.sender.type 属性设置。spring.zipkin.sender.type 属性用于配置 Zipkin 发送器类型，可以指定 Sleuth 如何将追踪信息发送到 Zipkin 服务端，其中常见的 Zipkin 发送器类型如下。

① web：使用 HTTP 将追踪信息发送到 Zipkin 服务端，这是默认的发送器类型，适用于大多数情况。

② kafka：使用 Kafka 消息队列将追踪信息发送到 Zipkin 服务端。适用于在异步消息传递系统中使用 Zipkin 进行追踪。

③ rabbit：使用 RabbitMQ 消息队列将追踪信息发送到 Zipkin 服务端。适用于在异步消息传递系统中使用 Zipkin 进行追踪。

④ log：将追踪信息输出到日志中，而不发送到 Zipkin 服务端。适用于本地开发和调试。

为了读者可以更好地感受分布式链路追踪的效果，下面通过一个案例对其进行演示。在案例的项目中搭建网关服务模块、订单服务模块和商品服务模块，并在这些服务模块中实现 Sleuth 与 Zipkin 的整合，具体如下。

1. 创建项目父工程

创建一个父工程，在父工程中管理项目依赖的版本。在 IDEA 中创建一个名为 sleuth-zipkin 的 Maven 工程，在工程的 pom.xml 文件中声明 Spring Cloud、Spring Cloud Alibaba、Spring Boot 的相关依赖，具体如文件 9-1 所示。

文件 9-1　sleuth-zipkin\pom.xml

```xml
1  <?xml version="1.0" encoding="UTF-8"?>
2  <project xmlns="http://maven.apache.org/POM/4.0.0"
3          xmlns:xsi="http://www.w3.org/2001/XMLSchema-instance"
4          xsi:schemaLocation="http://maven.apache.org/POM/4.0.0
5          http://maven.apache.org/xsd/maven-4.0.0.xsd">
6      <modelVersion>4.0.0</modelVersion>
7      <groupId>com.itheima</groupId>
8      <artifactId>sleuth-zipkin</artifactId>
9      <packaging>pom</packaging>
10     <version>1.0-SNAPSHOT</version>
11     <properties>
12         <maven.compiler.source>11</maven.compiler.source>
13         <maven.compiler.target>11</maven.compiler.target>
14         <project.build.sourceEncoding>UTF-8</project.build.sourceEncoding>
15         <spring-cloud.version>2021.0.5</spring-cloud.version>
16         <spring-cloud-alibaba.version>
17             2021.0.5.0</spring-cloud-alibaba.version>
18         <spring-boot.version>2.6.13</spring-boot.version>
19     </properties>
20     <dependencyManagement>
21         <dependencies>
22             <dependency>
23                 <groupId>org.springframework.cloud</groupId>
24                 <artifactId>spring-cloud-dependencies</artifactId>
25                 <version>${spring-cloud.version}</version>
26                 <type>pom</type>
27                 <scope>import</scope>
28             </dependency>
29             <dependency>
30                 <groupId>com.alibaba.cloud</groupId>
31                 <artifactId>spring-cloud-alibaba-dependencies</artifactId>
32                 <version>${spring-cloud-alibaba.version}</version>
33                 <type>pom</type>
34                 <scope>import</scope>
35             </dependency>
36             <dependency>
37                 <groupId>org.springframework.boot</groupId>
38                 <artifactId>spring-boot-dependencies</artifactId>
39                 <version>${spring-boot.version}</version>
40                 <type>pom</type>
41                 <scope>import</scope>
42             </dependency>
43         </dependencies>
44     </dependencyManagement>
45     <dependencies>
46     </dependencies>
47     <build>
48         <plugins>
49             <plugin>
50                 <groupId>org.springframework.boot</groupId>
51                 <artifactId>spring-boot-maven-plugin</artifactId>
52             </plugin>
53         </plugins>
54     </build>
55 </project>
```

在上述代码中，第 20～44 行代码通过<dependencyManagement>标签集中管理项目 Spring Cloud、Spring Cloud Alibaba、Spring Boot 对应依赖的版本。

2. 创建商品服务模块

在 sleuth-zipkin 工程中创建一个名为 product-service 的子模块，该模块用于提供商品服务。product-service 模块需要注册到服务注册中心、提供 Web 服务和将追踪信息发送到 Zipkin 服务端，对此需要在该模块的 pom.xml 文件中引入 Nacos 服务注册与发现、Spring Web 启动器、Sleuth，以及 Sleuth 整合 Zipkin 的相关依赖，具体如文件 9-2 所示。

文件 9-2   product-service\pom.xml

```xml
1  <?xml version="1.0" encoding="UTF-8"?>
2  <project xmlns="http://maven.apache.org/POM/4.0.0"
3          xmlns:xsi="http://www.w3.org/2001/XMLSchema-instance"
4          xsi:schemaLocation="http://maven.apache.org/POM/4.0.0
5          http://maven.apache.org/xsd/maven-4.0.0.xsd">
6      <parent>
7          <artifactId>sleuth-zipkin</artifactId>
8          <groupId>com.itheima</groupId>
9          <version>1.0-SNAPSHOT</version>
10     </parent>
11     <modelVersion>4.0.0</modelVersion>
12     <artifactId>product-service</artifactId>
13     <properties>
14         <maven.compiler.source>11</maven.compiler.source>
15         <maven.compiler.target>11</maven.compiler.target>
16         <project.build.sourceEncoding>UTF-8</project.build.sourceEncoding>
17     </properties>
18     <dependencies>
19         <dependency>
20             <groupId>com.alibaba.cloud</groupId>
21             <artifactId>
22             spring-cloud-starter-alibaba-nacos-discovery</artifactId>
23         </dependency>
24         <dependency>
25             <groupId>org.springframework.boot</groupId>
26             <artifactId>spring-boot-starter-web</artifactId>
27         </dependency>
28         <dependency>
29             <groupId>org.springframework.cloud</groupId>
30             <artifactId>spring-cloud-starter-sleuth</artifactId>
31         </dependency>
32         <dependency>
33             <groupId>org.springframework.cloud</groupId>
34             <artifactId>spring-cloud-sleuth-zipkin</artifactId>
35         </dependency>
36     </dependencies>
37 </project>
```

在 product-service 模块中创建配置文件 application.yml，并在该配置文件中配置 Zipkin 服务端地址，以及 Sleuth 采样率等信息，具体如文件 9-3 所示。

文件 9-3   product-service\src\main\resources\application.yml

```yaml
1  server:
2    port: 8002  # 启动端口
3  spring:
4    application:
5      name: product-service  #服务名称
```

```
6    zipkin:
7      base-url: http://127.0.0.1:9411  # Zipkin 服务端地址
8      sender:
9        type: web  # 发送器类型
10   sleuth:
11     sampler:
12       probability: 1.0  # 采样率
13   cloud:
14     nacos:
15       discovery:
16         server-addr:  127.0.0.1:8848  #Nacos 服务端地址
```

在上述代码中，第 7 行代码的 spring.zipkin.base-url 属性指定 Sleuth 将发送追踪信息到的 Zipkin 服务端地址为本地。第 8 和第 9 行代码的 spring.zipkin.sender.type 指定使用 HTTP 将追踪信息发送到 Zipkin 服务端。第 12 行代码的 spring.sleuth.sampler.probability 属性指定采样率为 1.0，链路追踪采样的概率为 100%，所有的请求都会被采样和记录为追踪信息。需要注意的是，将采样率设置为 1.0 可能会对系统性能产生一定的影响，特别是在高负载环境中。因此，在实际生产环境中，通常会选择一个较低的采样率，以平衡追踪信息的详细程度和对系统性能的影响。

在 product-service 模块的 java 目录下创建包 com.itheima.controller，在该包下创建名为 ProductController 的控制器类，并在该类中创建方法处理 Web 请求，具体如文件 9-4 所示。

文件 9-4 ProductController.java

```
1   import org.springframework.web.bind.annotation.GetMapping;
2   import org.springframework.web.bind.annotation.PathVariable;
3   import org.springframework.web.bind.annotation.RestController;
4   @RestController
5   public class ProductController {
6       @GetMapping(value = "/product/{oid}")
7       public String findProductsByOid(@PathVariable("oid") Integer oid)  {
8           return "订单"+oid+"对应的商品：矿泉水 2 瓶";
9       }
10  }
```

在上述代码中，第 6~9 行代码中定义方法 findProductsByOid()用于处理 URL 为"/product/{oid}"的请求，其中{oid}为请求携带的参数。

在 product-service 模块的 com.itheima 包下创建项目的启动类，具体如文件 9-5 所示。

文件 9-5 ProductServiceApplication.java

```
1   import org.springframework.boot.SpringApplication;
2   import org.springframework.boot.autoconfigure.SpringBootApplication;
3   @SpringBootApplication
4   public class ProductServiceApplication {
5       public static void main(String[] args) {
6           SpringApplication.run(ProductServiceApplication.class,args);
7       }
8   }
```

3. 创建订单服务模块

在 sleuth-zipkin 工程中创建一个名为 order-service 的子模块，该模块用于提供订单服务。order-service 模块需要提供 Web 服务、调用 product-service 模块中的商品服务，以及将追踪信息发送到 Zipkin 服务端，对此需要在该模块的 pom.xml 文件中引入 Nacos 服务注册与发现、Spring Web 启动器、OpenFeign、Sleuth 和 Sleuth 整合 Zipkin 的相关依赖，具体如文件 9-6 所示。

文件 9-6　order-service\pom.xml

```
1  <?xml version="1.0" encoding="UTF-8"?>
2  <project xmlns="http://maven.apache.org/POM/4.0.0"
3          xmlns:xsi="http://www.w3.org/2001/XMLSchema-instance"
4          xsi:schemaLocation="http://maven.apache.org/POM/4.0.0
5          http://maven.apache.org/xsd/maven-4.0.0.xsd">
6      <parent>
7          <artifactId>sleuth-zipkin</artifactId>
8          <groupId>com.itheima</groupId>
9          <version>1.0-SNAPSHOT</version>
10     </parent>
11     <modelVersion>4.0.0</modelVersion>
12     <artifactId>order-service</artifactId>
13     <properties>
14         <maven.compiler.source>11</maven.compiler.source>
15         <maven.compiler.target>11</maven.compiler.target>
16         <project.build.sourceEncoding>UTF-8</project.build.sourceEncoding>
17     </properties>
18     <dependencies>
19         <dependency>
20             <groupId>com.alibaba.cloud</groupId>
21             <artifactId>
22             spring-cloud-starter-alibaba-nacos-discovery</artifactId>
23         </dependency>
24         <dependency>
25             <groupId>org.springframework.cloud</groupId>
26             <artifactId>spring-cloud-starter-loadbalancer</artifactId>
27         </dependency>
28         <dependency>
29             <groupId>org.springframework.cloud</groupId>
30             <artifactId>spring-cloud-starter-openfeign</artifactId>
31         </dependency>
32         <dependency>
33             <groupId>org.springframework.boot</groupId>
34             <artifactId>spring-boot-starter-web</artifactId>
35         </dependency>
36         <dependency>
37             <groupId>org.springframework.cloud</groupId>
38             <artifactId>spring-cloud-starter-sleuth</artifactId>
39         </dependency>
40         <dependency>
41             <groupId>org.springframework.cloud</groupId>
42             <artifactId>spring-cloud-sleuth-zipkin</artifactId>
43         </dependency>
44     </dependencies>
45 </project>
```

在 order-service 模块中创建配置文件 application.yml，并在该配置文件中配置 Zipkin 服务端地址，以及 Sleuth 采样率等信息，具体如文件 9-7 所示。

文件 9-7　order-service\src\main\resources\application.yml

```
1  server:
2    port: 8001  # 启动端口
3  spring:
4    application:
5      name: order-service   #服务名称
6    zipkin:
7      base-url: http://127.0.0.1:9411  # Zipkin服务端地址
```

```
8       sender:
9         type: web  # 发送器类型
10    sleuth:
11      sampler:
12        probability: 1.0  #采样率
13    cloud:
14      nacos:
15        discovery:
16          server-addr: 127.0.0.1:8848  #Nacos 服务端地址
```

上述代码和 product-service 模块的配置文件中配置的信息一致，在此不再重复说明。

在 order-service 模块的 java 目录下创建包 com.itheima.service，在包下创建接口，并在该接口中指定调用商品服务，具体如文件 9-8 所示。

文件 9-8　ProjectService.java

```
1   import org.springframework.cloud.openfeign.FeignClient;
2   import org.springframework.web.bind.annotation.GetMapping;
3   import org.springframework.web.bind.annotation.PathVariable;
4   //指定需要调用的服务名称
5   @FeignClient(name="product-service")
6   public interface ProductService {
7       //调用的请求路径
8       @GetMapping( "/product/{oid}")
9       public String findProductsByOid(@PathVariable("oid") Integer oid);
10  }
```

在上述代码中，第 5 行代码使用@FeignClient 注解指定该接口可以调用服务 product-service 下的 REST 接口。第 8～9 行代码定义了一个名为 findProductsByOid()的方法，表示以 GET 请求方式向服务提供方发送 URL 为"/product/{oid}"的调用请求，其中${oid}为传入的参数。

在 order-service 模块的 java 目录下创建包 com.itheima.controller，在该包下创建名为 OrderController 的控制器类，并在该类中创建方法处理 Web 请求，具体如文件 9-9 所示。

文件 9-9　OrderController.java

```
1   import com.itehiam.service.ProductService;
2   import org.springframework.beans.factory.annotation.Autowired;
3   import org.springframework.web.bind.annotation.GetMapping;
4   import org.springframework.web.bind.annotation.PathVariable;
5   import org.springframework.web.bind.annotation.RestController;
6   @RestController
7   public class OrderController {
8       @Autowired
9       private ProductService productService;
10      @GetMapping(value = "/order/{id}")
11      public String findProductsByOid(@PathVariable("id") Integer id) {
12          return productService.findProductsByOid(id);
13      }
14  }
```

在上述代码中，第 8～9 行代码注入 ProductService 对象，第 12 行代码通过 ProductService 对象调用 findProductsByOid()方法实现服务的远程调用。

在 order-service 模块的 com.itheima 包下创建项目的启动类，具体如文件 9-10 所示。

文件 9-10　OrderServiceApplication.java

```
1   import org.springframework.boot.SpringApplication;
2   import org.springframework.boot.autoconfigure.SpringBootApplication;
3   import org.springframework.cloud.openfeign.EnableFeignClients;
```

```
4    @SpringBootApplication
5    @EnableFeignClients
6    public class OrderServiceApplication {
7        public static void main(String[] args) {
8            SpringApplication.run(OrderServiceApplication.class,args);
9        }
10   }
```

在上述代码中，第 5 行代码在类上标注@EnableFeignClients，项目启动时会自动扫描 com.itheima 包下所有标注@FeignClient 注解的接口，并生成对应的代理对象。

4. 创建网关服务模块

在 sleuth-zipkin 工程中创建一个名为 api-gateway-server 的子模块用于提供网关服务。网关服务模块中需要从 Nacos 注册中心中获取对应的服务、使用 lb:\\service 格式以将服务名作为参数的方式来自动路由到指定的服务实例，以及使用 Sleuth 和 Zipkin 相关功能，对此在 api-gateway-server 模块的 pom.xml 文件中引入 Gateway、Nacos 服务注册与发现，以及 LoadBalancer、Sleuth 和 Sleuth 整合 Zipkin 的相关依赖，具体如文件 9-11 所示。

文件 9-11　api-gateway-server\pom.xml

```
1    <?xml version="1.0" encoding="UTF-8"?>
2    <project xmlns="http://maven.apache.org/POM/4.0.0"
3            xmlns:xsi="http://www.w3.org/2001/XMLSchema-instance"
4            xsi:schemaLocation="http://maven.apache.org/POM/4.0.0
5            http://maven.apache.org/xsd/maven-4.0.0.xsd">
6        <parent>
7            <artifactId>sleuth-zipkin</artifactId>
8            <groupId>com.itheima</groupId>
9            <version>1.0-SNAPSHOT</version>
10       </parent>
11       <modelVersion>4.0.0</modelVersion>
12       <artifactId>api-gateway-server</artifactId>
13       <properties>
14           <maven.compiler.source>11</maven.compiler.source>
15           <maven.compiler.target>11</maven.compiler.target>
16           <project.build.sourceEncoding>UTF-8</project.build.sourceEncoding>
17       </properties>
18   <dependencies>
19       <dependency>
20           <groupId>org.springframework.cloud</groupId>
21           <artifactId>spring-cloud-starter-gateway</artifactId>
22       </dependency>
23       <dependency>
24           <groupId>com.alibaba.cloud</groupId>
25           <artifactId>
26             spring-cloud-starter-alibaba-nacos-discovery</artifactId>
27       </dependency>
28       <dependency>
29           <groupId>org.springframework.cloud</groupId>
30           <artifactId>spring-cloud-starter-loadbalancer</artifactId>
31       </dependency>
32       <dependency>
33           <groupId>org.springframework.cloud</groupId>
34           <artifactId>spring-cloud-starter-sleuth</artifactId>
35       </dependency>
36       <dependency>
37           <groupId>org.springframework.cloud</groupId>
38           <artifactId>spring-cloud-sleuth-zipkin</artifactId>
39       </dependency>
```

```
40 </dependencies>
41 </project>
```

设置完 api-gateway-server 模块的依赖后，在 api-gateway-server 模块中创建配置文件 application.yml，并在该配置文件中配置 Nacos 服务端地址、断言、Zipkin 服务端地址，以及 Sleuth 采样率等信息，具体如文件 9-12 所示。

文件 9-12　api-gateway-server\src\main\resources\application.yml

```
1  server:
2    port: 8000  # 启动端口
3  spring:
4    application:
5      name: server-gateway  #服务名称
6    zipkin:
7      base-url: http://127.0.0.1:9411  # Zipkin 服务端地址
8      sender:
9        type: web  # 发送器类型
10   sleuth:
11     sampler:
12       probability: 1.0  #采样率
13   cloud:
14     nacos:
15       discovery:
16         server-addr: 127.0.0.1:8848  #Nacos 服务端地址
17     gateway:
18       discovery:
19         locator:
20           enabled: true  #启用服务发现
21       routes:
22         - id: order-service-route
23           uri: lb://order-service
24           predicates:
25             - Path=/order-service/**
26         - id: product-service-route
27           uri: lb://product-service
28           predicates:
29             - Path=/product-service/**
```

在上述代码中，第 6~12 行代码设置了 Zipkin 服务端地址和发送器类型，以及 Sleuth 采样率。第 21~29 行代码配置了网关的路由规则，其中访问 "/order-service/**" 的 URL 时会转发到 order-service 服务中，访问 "/product-service/**" 的 URL 时会转发到 product-service 服务中。

在 api-gateway-server 模块的 java 目录下的 com.itheima 包下创建项目的启动类，具体如文件 9-13 所示。

文件 9-13　GatewayServerApplication.java

```
1  import org.springframework.boot.SpringApplication;
2  import org.springframework.boot.autoconfigure.SpringBootApplication;
3  @SpringBootApplication
4  public class GatewayServerApplication {
5      public static void main(String[] args) {
6          SpringApplication.run(GatewayServerApplication.class,args);
7      }
8  }
```

5. 测试链路追踪效果

依次启动 Nacos 服务端、Zipkin 服务端、GatewayServerApplication、ProductServiceApplication、

OrderServiceApplication，启动成功后在浏览器中访问 http://localhost:8000/order-service/order/66，
请求效果如图 9-5 所示。

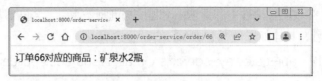

图9-5　请求效果（1）

从图 9-5 可以看到，程序响应了订单对应商品的相关信息，说明 Gateway 根据设定的断
言将请求转发到订单服务，订单服务中远程调用了商品服务完成了完整的请求。

在浏览器中访问 http://127.0.0.1:9411/进入 Zipkin 服务端的后台管理页面，如图 9-6 所示。

图9-6　Zipkin 服务端的后台管理页面（2）

单击图 9-6 中的"RUN QUERY"按钮可以查询 Zipkin 服务端获取到的链路信息并进行
展示，也可以在查询之前单击搜索框左侧的 ✚ 按钮添加查询条件。

在图 9-6 中单击 ✚ 按钮添加查询条件，效果如图 9-7 所示。

图9-7　添加查询条件（1）

从图 9-7 中可以看到，搜索框中弹出一个输入框，并提供了 serviceName、maxDuration、
minDuration 和 tagQuery 四个选项作为查询和过滤链路追踪数据的参数，这四个选项的说明
如下。

① serviceName：服务名称，用于指定一个或多个服务，以获取与这些服务相关的链路追踪数据。

② maxDuration：最长持续时间，用于限制查询结果只包含持续时间不长于指定值的链路追踪数据。

③ minDuration：最短持续时间，用于限制查询结果只包含持续时间不短于指定值的链路追踪数据。

④ tagQuery：标签查询，用于根据特定的标签信息对链路追踪数据进行过滤。

下面以添加 serviceName 选项为例添加查询条件，在图 9-7 中单击"serviceName"，会弹出当前链路追踪数据中所有的服务名称，如图 9-8 所示。

图9-8　添加查询条件（2）

从图 9-8 中可以看到，输入框下方展示了三个服务名称，都为本节请求时所涉及的服务名称。

由于本节请求是从 Gateway 中进行转发完成的，为了能看到请求的整个链路追踪数据，在此选择图 9-8 中的"server-gateway"，然后单击图 9-8 中的"RUN QUERY"按钮查询包含 server-gateway 服务的链路追踪数据，效果如图 9-9 所示。

图9-9　包含server-gateway服务的链路追踪数据

从图 9-9 可以看出，页面展示了包含 server-gateway 服务的链路追踪数据，如果想查看 server-gateway 服务完整的链路追踪数据，可以单击右侧"SHOW"按钮，效果如图 9-10 所示。

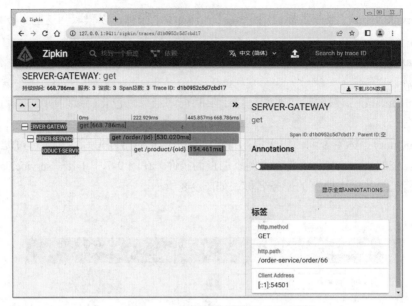

图9-10　server-gateway服务完整的链路追踪数据

从图 9-10 可以看到，页面左侧展示了 server-gateway 服务执行的持续时间、经过的服务、Trace 对应的 ID，以及涉及的服务调用的顺序和每个服务持续的时间。页面右侧展示了服务的详细信息，开发者可以单击左侧的服务进行切换，信息中包含服务的 Annotations 和标签信息，单击"显示全部 ANNOTATIONS"按钮会展示对应服务的所有 Annotation，如图 9-11 所示。

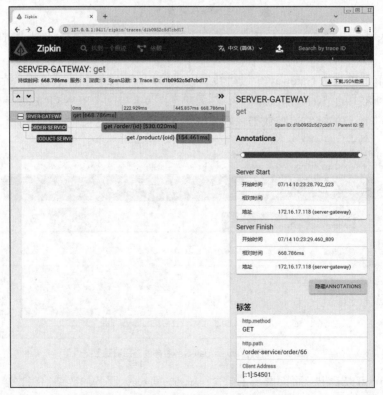

图9-11　server-gateway的Annotation信息

从图 9-11 可以看出，页面展示了 server-gateway 服务开始和服务结束的 Annotation 信息。

Zipkin 服务端后台管理页面还可以查看依赖关系图，依赖图中显示了每个应用程序经过的追踪请求的数量，对于识别请求总体行为、错误路径调用，以及已弃用服务的调用情况非常有帮助。在图 9-11 所示页面中单击页面顶端的"依赖"菜单，进入查询依赖的页面，如图 9-12 所示。

图9-12　查询依赖的页面

从图 9-12 中可以看到，开发者可以指定链路追踪信息的开始时间和终止时间进行依赖的查询，依赖查询结果如图 9-13 所示。

在图 9-13 中以可视化的方式呈现分布式系统中不同服务之间的依赖关系，单击其中具体的服务，会弹出对应服务的请求详情，如图 9-14 所示。

图9-13　依赖查询结果

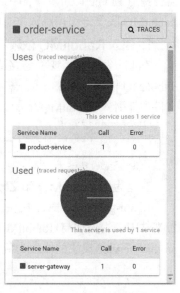

图9-14　服务的请求详情

从图 9-14 可以看到，页面显示了 order-service 服务将发起请求并使用的其他服务，以及调用和依赖 order-service 服务的其他服务，并展示了追踪请求的数量和调用错误数量。通过查看服务的请求详情能够了解每个服务在请求处理中的频繁程度，识别出系统中使用最多的服务或潜在的瓶颈。

9.5　基于 RabbitMQ 收集数据

默认情况下，Zipkin 客户端和服务端之间使用 HTTP 同步请求进行通信，这种方式在网络不稳定或服务器异常的情况下可能会导致信息收集的延迟。为了解决这个问题，可以将 Zipkin 与 RabbitMQ 进行集成。

Zipkin 与 RabbitMQ 进行集成后使用 RabbitMQ 作为消息代理，将链路追踪数据异步发送到 Zipkin 服务端，提高信息收集的可靠性和效率。Zipkin 与 RabbitMQ 集成后，通信过程如图 9-15 所示。

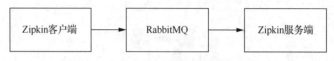

图9-15　Zipkin与RabbitMQ集成后的通信过程

从图 9-15 可以看出，Zipkin 与 RabbitMQ 集成后，链路追踪数据生成时会被发送到 RabbitMQ 而不是直接发送到 Zipkin 服务端。RabbitMQ 作为一个可靠的消息队列，能够在网络异常或服务器故障的情况下持久存储追踪数据，并在恢复正常后再进行传输，避免由于网络延迟或 Zipkin 服务端繁忙而导致的信息丢失或延迟的问题，以提高链路追踪数据传输的可靠性和弹性。

Sleuth 与 Zipkin 整合后，再进一步整合 RabbitMQ 只需在 Zipkin 客户端中引入 RabbitMQ 的依赖、在 Zipkin 客户端的配置文件中配置 RabbitMQ 的连接信息，以及指定 Zipkin 的发送器类型为 rabbit 即可。下面在 9.4 节中 Sleuth 与 Zipkin 整合的项目代码的基础上实现基于 RabbitMQ 收集链路追踪数据，具体如下。

1. 引入 RabbitMQ 依赖

Zipkin 客户端需要将链路追踪数据输出到 RabbitMQ，对此需要在 Zipkin 客户端中引入 RabbitMQ 依赖。在 api-gateway-server 模块、order-service 模块、product-service 模块的 pom.xml 文件中都引入 RabbitMQ 依赖，引入依赖的代码具体如下。

```xml
<dependency>
    <groupId>org.springframework.boot</groupId>
    <artifactId>spring-boot-starter-amqp</artifactId>
</dependency>
```

2. 配置 RabbitMQ 和 Zipkin 的发送器类型

在 api-gateway-server 模块、order-service 模块、product-service 模块的 application.yml 配置文件中，都添加与 RabbitMQ 相关的配置，并将 Zipkin 的发送器类型修改为 rabbit。以 product-service 模块的修改为例，具体如下。

```yaml
1  spring:
2    application:
3      name: product-service   #服务名称
4    rabbitmq:
5      host: localhost
6      port: 5672
7      username: guest
8      password: guest
9    zipkin:
10     base-url: http://127.0.0.1:9411   # Zipkin 服务端地址
```

```
11    sender:
12      type: rabbit  #请求方式
```

在上述代码中，第 4~8 行代码为添加的 RabbitMQ 连接信息，包括 RabbitMQ 服务器的主机地址、端口号、用户名和密码，第 12 行代码将 Zipkin 的发送器类型修改为 rabbit。通过这个配置，Zipkin 的客户端将使用 RabbitMQ 作为消息代理，通过 RabbitMQ 将追踪数据发送到 Zipkin 服务端进行收集和展示。

3. 测试效果

关闭 Zipkin 服务端，依次启动 Nacos 服务端、RabbitMQ、GatewayServerApplication、ProductServiceApplication、OrderServiceApplication，启动成功后在浏览器中访问 http://localhost:8000/order-service/order/66，请求效果如图 9-16 所示。

图9-16 请求效果（2）

从图 9-16 可以看到，程序响应了订单对应商品的相关信息，说明 Gateway 根据设定的断言将请求转发到订单服务，订单服务中远程调用了商品服务完成了完整的请求。

在命令行窗口中通过 Java 命令启动 Zipkin 服务端并指定 RabbitMQ 地址和端口，执行的命令如下。

```
java -jar zipkin-server-2.23.2-exec.jar --RABBIT_ADDRESSES=127.0.0.1:5672
```

在上述代码中，"--RABBIT_ADDRESSES=127.0.0.1:5672"是一个 Zipkin 服务端的配置参数，它指定了 RabbitMQ 的地址和端口，Zipkin 服务端会根据指定的地址和端口连接到 RabbitMQ 消息队列，使得追踪信息可以通过 RabbitMQ 进行传递和处理。

启动后，在浏览器中访问 http://localhost:15672，并使用用户名和密码 guest 登录 RabbitMQ 后台管理页面，查看 "Queues" 选项下的队列信息，如图 9-17 所示。

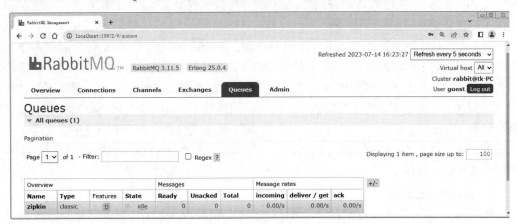

图9-17 查看 "Queues" 选项下的队列信息

从图 9-17 可以看到，队列列表中存在一个名为 zipkin 的队列，当 Zipkin 服务端启动并与 RabbitMQ 成功建立连接后，RabbitMQ 中会自动创建一个名为 zipkin 的队列，该队列用于接收和处理来自 Zipkin 客户端的追踪信息。

在浏览器中访问 http://127.0.0.1:9411 进入 Zipkin 服务端的后台管理页面，查询链路追踪信息，如图 9-18 所示。

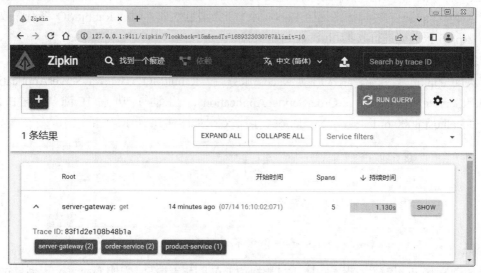

图9-18　链路追踪信息（1）

从图 9-18 可以看到，Zipkin 查询到一条链路追踪信息，当 Zipkin 服务端不可用时，追踪信息不会丢失，而是会保存在 RabbitMQ 上。一旦 Zipkin 服务端再次可用，Zipkin 服务端可以从 RabbitMQ 队列中读取先前存储的追踪信息，并对其进行处理。

9.6　持久化链路追踪数据

默认情况下 Zipkin 服务端将链路的追踪信息保存到内存，这种方式不适合生产环境，因为一旦 Zipkin 服务端关闭、重启或崩溃，所有的历史数据都会丢失。为了解决这个问题，Zipkin 提供了持久化链路追踪数据的功能。

Zipkin 支持将链路追踪数据持久化到 MySQL、Elasticsearch、Cassandra 等存储系统，开发者可以根据自己的需求配置 Zipkin 服务端的存储组件，并按照相应的配置将链路追踪数据持久化。例如，开发者选择使用 MySQL 存储链路追踪数据，需要在 Zipkin 服务端配置数据库连接信息，并创建相应的数据库表来存储链路追踪数据。Zipkin 会将收集到的链路追踪数据存储到 MySQL 数据库中，即使 Zipkin 服务端关闭或重启，数据也不会丢失。

下面基于 9.5 节实现的代码，以将链路追踪数据存储在 MySQL 中为例，演示链路追踪数据的持久化，具体如下。

1. 创建数据库和表

将 Zipkin 的链路追踪数据存储在 MySQL 中，需要在 MySQL 数据库中创建三张表，分别为 zipkin_spans、zipkin_annotations、zipkin_dependencies。这三张表的建表语句在 Zipkin 服务端源代码包中的路径为 zipkin-storage\mysql-v1\src\main\resources\mysql.sql，具体如文件 9-14 所示。

文件9-14 mysql.sql

```sql
1  CREATE TABLE IF NOT EXISTS zipkin_spans (
2    `trace_id_high` BIGINT NOT NULL DEFAULT 0 COMMENT 'If non zero,
3        this means the trace uses 128 bit traceIds instead of 64 bit',
4    `trace_id` BIGINT NOT NULL,
5    `id` BIGINT NOT NULL,
6    `name` VARCHAR(255) NOT NULL,
7    `remote_service_name` VARCHAR(255),
8    `parent_id` BIGINT,
9    `debug` BIT(1),
10   `start_ts` BIGINT COMMENT 'Span.timestamp():
11       epoch micros used for endTs query and to implement TTL',
12   `duration` BIGINT COMMENT 'Span.duration():
13       micros used for minDuration and maxDuration query',
14   PRIMARY KEY (`trace_id_high`, `trace_id`, `id`)
15 ) ENGINE=InnoDB ROW_FORMAT=COMPRESSED CHARACTER SET=utf8
16       COLLATE utf8_general_ci;
17 ALTER TABLE zipkin_spans ADD INDEX(`trace_id_high`, `trace_id`)
18       COMMENT 'for getTracesByIds';
19 ALTER TABLE zipkin_spans ADD INDEX(`name`)
20       COMMENT 'for getTraces and getSpanNames';
21 ALTER TABLE zipkin_spans ADD INDEX(`remote_service_name`)
22       COMMENT 'for getTraces and getRemoteServiceNames';
23 ALTER TABLE zipkin_spans ADD INDEX(`start_ts`)
24       COMMENT 'for getTraces ordering and range';
25 CREATE TABLE IF NOT EXISTS zipkin_annotations (
26   `trace_id_high` BIGINT NOT NULL DEFAULT 0 COMMENT 'If non zero,
27       this means the trace uses 128 bit traceIds instead of 64 bit',
28   `trace_id` BIGINT NOT NULL COMMENT 'coincides with zipkin_spans.trace_id',
29   `span_id` BIGINT NOT NULL COMMENT 'coincides with zipkin_spans.id',
30   `a_key` VARCHAR(255) NOT NULL
31       COMMENT 'BinaryAnnotation.key or Annotation.value if type == -1',
32   `a_value` BLOB COMMENT 'BinaryAnnotation.value(),
33       which must be smaller than 64KB',
34   `a_type` INT NOT NULL COMMENT 'BinaryAnnotation.type() or -1 if Annotation',
35   `a_timestamp` BIGINT COMMENT 'Used to implement TTL;
36       Annotation.timestamp or zipkin_spans.timestamp',
37   `endpoint_ipv4` INT COMMENT 'Null when Binary/Annotation.endpoint is null',
38   `endpoint_ipv6` BINARY(16) COMMENT
39       'Null when Binary/Annotation.endpoint is null, or no IPv6 address',
40   `endpoint_port` SMALLINT
41       COMMENT 'Null when Binary/Annotation.endpoint is null',
42   `endpoint_service_name` VARCHAR(255)
43       COMMENT 'Null when Binary/Annotation.endpoint is null'
44 ) ENGINE=InnoDB ROW_FORMAT=COMPRESSED CHARACTER SET=utf8
45       COLLATE utf8_general_ci;
46 ALTER TABLE zipkin_annotations ADD UNIQUE KEY(`trace_id_high`, `trace_id`,
47 `span_id`, `a_key`, `a_timestamp`) COMMENT 'Ignore insert on duplicate';
48 ALTER TABLE zipkin_annotations ADD INDEX(`trace_id_high`, `trace_id`,
49  `span_id`) COMMENT 'for joining with zipkin_spans';
50 ALTER TABLE zipkin_annotations ADD INDEX(`trace_id_high`, `trace_id`)
51       COMMENT 'for getTraces/ByIds';
52 ALTER TABLE zipkin_annotations ADD INDEX(`endpoint_service_name`)
53       COMMENT 'for getTraces and getServiceNames';
54 ALTER TABLE zipkin_annotations ADD INDEX(`a_type`)
55       COMMENT 'for getTraces and autocomplete values';
56 ALTER TABLE zipkin_annotations ADD INDEX(`a_key`)
57       COMMENT 'for getTraces and autocomplete values';
58 ALTER TABLE zipkin_annotations ADD INDEX(`trace_id`, `span_id`, `a_key`)
59       COMMENT 'for dependencies job';
```

```
60 CREATE TABLE IF NOT EXISTS zipkin_dependencies (
61   `day` DATE NOT NULL,
62   `parent` VARCHAR(255) NOT NULL,
63   `child` VARCHAR(255) NOT NULL,
64   `call_count` BIGINT,
65   `error_count` BIGINT,
66   PRIMARY KEY (`day`, `parent`, `child`)
67 ) ENGINE=InnoDB ROW_FORMAT=COMPRESSED CHARACTER SET=utf8
68       COLLATE utf8_general_ci;
```

在上述语句中，第 1～24 行语句用于创建 zipkin_spans 表，并在该表中添加索引。zipkin_spans 表用于存储追踪的基本信息，即 Span 的信息，每个 Span 代表一个操作或事件。第 25～59 行语句用于创建 zipkin_annotations 表，并在该表中添加索引，zipkin_annotations 表用于存储追踪事件的注释信息，如标签、注解等。第 60～68 行语句用于创建 zipkin_dependencies 表，该表用于存储服务之间的依赖关系信息，以构建服务间调用的拓扑图。

本书对应的配置资源中也提供了创建 zipkin_spans、zipkin_annotations、zipkin_dependencies 表对应的 SQL 文件，读者可以根据需求自行选择。在此创建一个名为 zipkin 的数据库，并在该数据库中执行对应的建表语句创建这三个表。

2. 启动 Zipkin 服务端

Zipkin 服务端的配置文件中，提供了配置项 zipkin.storage.type 用于指定使用的存储类型，将该配置项的值设置为 mysql，表示使用 MySQL 存储链路追踪数据。设置使用 MySQL 存储链路追踪数据后，需要配置 MySQL 数据库连接的相关设置。

开发者使用 Java 命令启动 Zipkin 服务端时，可以通过指定命令行参数来配置存储配置项和数据库连接信息，具体命令如下。

```
java -jar zipkin-server-2.23.2-exec.jar --RABBIT_ADDRESSES=127.0.0.1:5672
    --STORAGE_TYPE=mysql --MYSQL_HOST=localhost --MYSQL_TCP_PORT=3306
    --MYSQL_USER=root --MYSQL_PASS=root --MYSQL_DB=zipkin
```

在上述命令中，STORAGE_TYPE 指定 Zipkin 服务端的存储类型为 mysql，MYSQL_HOST 指定连接的 MySQL 主机地址为 localhost，MYSQL_TCP_PORT 指定连接的 MySQL 的端口为 3306，MYSQL_USER 指定连接 MySQL 时使用的用户名为 root，MYSQL_PASS 指定连接 MySQL 时使用的密码为 root，MYSQL_DB 指定连接的 MySQL 数据库名称为 zipkin。

启动 RabbitMQ 后，通过上述 Java 命令启动 Zipkin 服务端，启动的 Zipkin 服务端将使用 RabbitMQ 作为消息队列，接收链路追踪数据，并将数据存储到 MySQL 数据库中。

3. 测试持久化效果

启动 RabbitMQ 和 Zipkin 服务端后，再依次启动 Nacos 服务端、GatewayServerApplication、ProductServiceApplication、OrderServiceApplication，启动成功后在浏览器中访问 http://localhost:8000/order-service/order/66，请求效果如图 9-19 所示。

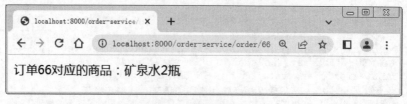

图9-19　请求效果（3）

从图 9-19 可以看出，程序响应了订单对应商品的相关信息。

在浏览器中访问 http://127.0.0.1:9411 进入 Zipkin 服务端的后台管理页面，查询链路追踪信息，如图 9-20 所示。

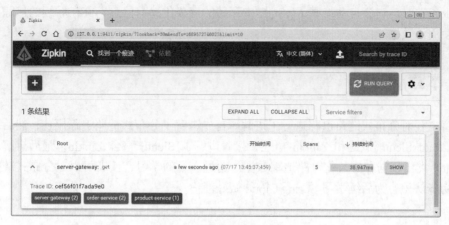

图9-20　链路追踪信息（2）

从图 9-20 可以看到，页面展示了一条 Trace ID 为 cef56f01f7ada9e0 的链路追踪信息。此时在数据库中查看 zipkin_spans 表中的数据，如图 9-21 所示。

trace_id_high	trace_id	id	name	remote_service_name	parent_id	debug	start_ts	duration
0	-3533796278361282080	-3833859120483930049	get		-3533796278361282080	(Null)	1689572737472194	24151
0	-3533796278361282080	-3533796278361282080	get			(Null)	(Null)	1689572737459268	38947
0	-3533796278361282080	8720963559794585992	get		-3833859120483930049	(Null)	1689572737485041	5086

图9-21　zipkin_spans表中的数据

从图 9-21 可以看出，zipkin_spans 表中插入了一些 Span 数据，说明链路追踪信息存储到了 MySQL 数据库中。需要注意的是，当链路追踪信息存储在 MySQL 数据库中时，由于数据库的格式限制或存储方式的不同，可能会导致 MySQL 存储的追踪信息的 ID 值与 Zipkin 服务端后台管理页面中展示的 ID 值不完全一致，但是不会影响 Zipkin 的正常功能和追踪结果的准确性。

此时关闭 Zipkin 服务端，再通过配置存储配置项和数据库连接信息的 Java 命令重新启动 Zipkin 服务端。在浏览器中再次访问 Zipkin 服务端的后台管理页面，查询链路追踪信息，如图 9-22 所示。

图9-22　链路追踪信息（3）

从图 9-22 可以看出，页面展示了一条链路追踪信息。该链路追踪信息和重启 Zipkin 服务端之前的链路追踪信息内容一致，说明将链路追踪数据持久化到 MySQL 数据库后，重启 Zipkin 服务端时，它会自动加载 MySQL 中存储的持久化追踪信息，并在后续的追踪查询和展示中使用该数据。

9.7   本章小结

本章主要对分布式链路追踪进行了讲解。首先讲解了分布式链路追踪概述；然后讲解了 Spring Cloud Sleuth 概述和 Zipkin 概述；接着讲解了 Sleuth 整合 Zipkin；最后讲解了基于 RabbitMQ 收集数据和持久化链路追踪数据。通过本章的学习，读者可以对分布式链路追踪有一个初步认识，为后续学习 Spring Cloud 做好铺垫。

9.8   本章习题

一、填空题

1. Sleuth 中_____是由一系列相互关联的 Span 组成的树状结构。
2. Zipkin 提供的数据存储方式包括_____、MySQL、Cassandra 和 Elasticsearch。
3. Zipkin 通过在跨服务调用中使用唯一的 Trace Id 和_____来传播上下文信息。
4. Sleuth 利用_____和消息传递机制来实现链路追踪。
5. Sleuth 采样率是一个介于 0 到_____之间的值。

二、判断题

1. Sleuth 可以追踪整个分布式系统中请求的过程。（   ）
2. Sleuth 中 cr 减去 cs 的时间戳，可以得到客户端从服务端获取回复所需的总时间。（   ）
3. Sleuth 中一个 Trace 只能包含一个 Span。（   ）
4. Zipkin 支持将链路追踪数据持久化到 MySQL。（   ）
5. Zipkin 服务端的配置文件中，zipkin.storage.type 配置项用于指定存储链路追踪数据的类型。（   ）

三、选择题

1. 下列选项中，属于分布式系统中的链路追踪解决方案的是（   ）。
    A. Spring Cloud Sleuth   B. Spring Cloud Config
    C. Spring Cloud Gateway   D. Spring Cloud Stream
2. 下列选项中，对于 Sleuth 的 Annotation 的作用描述错误的是（   ）。
    A. cs 表示客户端发送了请求
    B. sr 表示服务端接收到请求，并且开始处理
    C. ss 表示服务端完成对请求的处理，并且向客户端发送响应
    D. cr 表示客户端接收到响应，意味着整个跨度的开始

3. 下列选项中，关于 Zipkin 中 Collector 组件的作用描述正确的是（　　　）。

　　A. 收集器组件，负责接收和存储链路追踪数据

　　B. 存储组件，负责处理收集器组件接收到的链路追踪数据

　　C. 搜索组件，用于搜索和过滤链路追踪数据

　　D. UI 组件，提供了一个可视化的方式来查看和分析链路追踪数据

4. 下列选项中，Sleuth 将追踪信息发送到 Zipkin 服务端的默认发送器类型是（　　　）。

　　A. kafka　　　　　　　B. web　　　　　　　C. rabbit　　　　　　　D. log

5. 下列选项中，对于 Sleuth 中的术语和概念描述错误的是（　　　）。

　　A. Span 用于描述请求的开始和结束

　　B. Trace 表示一个完整请求在分布式系统中的处理过程

　　C. Annotation 是用于记录 Span 中各个阶段和事件的标识

　　D. Trace 可以跨越多个服务

第 10 章

分布式事务解决方案Seata

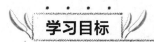
- ◆ 了解分布式事务概况，能够简述分布式事务解决的问题和常见的解决方案
- ◆ 了解 Seata 概况，能够简述 Seata 管理的分布式事务的执行流程
- ◆ 了解 Seata 的事务模式，能够简述 Seata 支持的事务模式
- ◆ 掌握 Seata 服务搭建，能够独立搭建 Seata 服务端，并配置注册中心、配置中心和数据库的相关信息
- ◆ 掌握 Seata 实现分布式事务控制，能够在分布式项目中基于 Seata 实现分布式事务控制

拓展阅读

在传统的单体应用架构中，应用程序使用数据库本地事务来确保数据的一致性。然而，在分布式微服务架构中，应用程序需要在分布式环境中运行，分布式微服务架构中的业务操作通常涉及多个服务，对于其中的某个服务而言，它的数据一致性可以交由其自身数据库事务来保证，但从整个分布式微服务架构来看，全局数据的一致性无法简单通过本地事务保证。为了解决这个问题，分布式事务的概念应运而生，分布式事务旨在解决在分布式环境下可能引发的数据一致性问题，其中 Seata 是当前较为优秀的分布式事务解决方案之一。本章将对 Seata 的相关内容进行讲解。

10.1 分布式事务概述

传统的单体应用程序中，数据一致性将由本地事务保证。当一个模块需要修改数据库中的数据时，数据库会启动一个本地事务，这个本地事务会包含一系列的数据库操作，例如插入、更新、删除等。由于单体应用程序的所有模块都使用同一个本地数据源，如果其中的任何一个数据库操作出现问题导致事务失败，那么整个事务都会被回滚，即所有操作都被撤销，以确保数据的一致性。单体应用程序中事务的应用如图 10-1 所示。

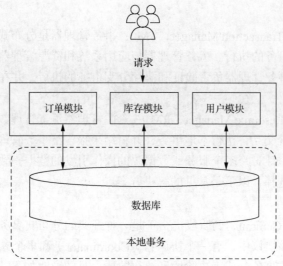

图10-1　单体应用程序中事务的应用

当应用程序采用分布式微服务架构时，每个服务往往会有自己的数据库或资源，将图 10-1 所示的应用程序设计为分布式微服务架构后如图 10-2 所示。

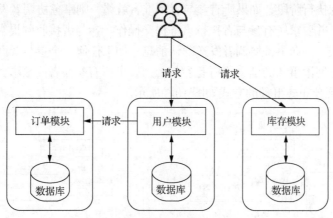

图10-2　分布式微服务架构

图 10-2 中应用程序采用分布式微服务架构时，每个服务都有自己的数据库，此时单个服务中的数据一致性还是由本地事务保证。通常分布式微服务架构中一个操作需要涉及多个服务的数据库或资源，那么如何保证整个业务逻辑范围内数据的一致性，是分布式微服务架构所需要解决的重点问题之一。

分布式事务是一种涉及多个独立服务或资源的事务操作，分布式事务可以解决分布式微服务架构中跨服务操作可能带来的数据不一致的问题，它的核心是提供全局的事务协调和一致性机制，以确保所有涉及的服务都能够以一致的方式处理事务，即要么所有服务都成功地执行并提交事务，要么所有服务都回滚事务，以保持数据的一致性。

在分布式系统中，实现分布式事务的关键组件如下。

① 应用程序（Application Program，AP）。应用程序是指分布式系统中发起和执行本地事务和全局事务的实体，如系统中的各个微服务，它负责执行业务逻辑，并在需要时向事务

管理器发起全局事务。

② 事务管理器（Transaction Manager，TM）：事务管理器是分布式事务的全局协调者，负责协调和管理全局事务的执行。事务管理器与应用系统和资源管理器进行通信，协调各个参与者的事务操作。事务管理器负责验证和协商分支事务的执行，并在需要时发起提交或回滚全局事务的请求。

③ 资源管理器（Resource Manager，RM）：资源管理器负责管理数据库、消息队列或其他资源，它与应用系统交互，执行本地事务，并将结果报告给事务管理器。

在分布式系统中，针对跨多个服务或数据源的操作引发的数据一致性问题，有多种分布式事务解决方案可供选择，以下是常见的解决方案。

1. 2PC

2PC（Two-Phase Commit，两阶段提交）是一种经典的分布式事务协议，属于数据强一致性的解决方案，在该协议中，有一个协调者（Coordinator）和多个参与者（Participants）。2PC 协议将整个分布式事务分成表决阶段和执行阶段，具体说明如下。

表决阶段：在表决阶段，事务协调者（通常为事务管理器）向所有参与者（通常为资源管理器）发送询问消息，询问它们是否可以提交事务。参与者执行本地事务，并将准备就绪或未准备就绪的投票发送给事务协调者。

执行阶段：在执行阶段，如果所有参与者都准备就绪，则事务协调者发送提交事务的消息给所有参与者，并要求所有参与者执行事务提交操作。参与者接收到提交事务的消息后，将执行事务的提交，并向事务协调者发送确认消息。如果任何一个参与者回复失败消息，事务协调者都会发送回滚事务的消息给所有参与者，要求所有参与者回滚事务。

基于 2PC 实现分布式事务的方式如图 10-3 所示。

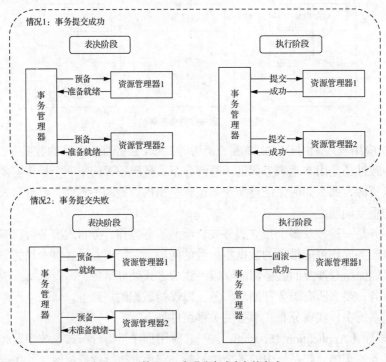

图10-3　基于2PC实现分布式事务的方式

2PC 通过协调各个参与者的行动来确保分布式环境下的数据一致性，其具有以下优点和缺点。

（1）优点

① 提高数据一致性的概率。2PC 能够确保分布式环境下多个参与者之间的数据操作的一致性，只有当所有参与者都准备好提交事务时，事务才会被最终提交；否则，事务将会回滚。

② 简单、可靠。2PC 的原理相对简单，容易理解和实现。在逻辑上能够提供可靠的事务保证，保证分布式系统中的数据操作具有原子性。

（2）缺点

① 加大了系统性能损耗。2PC 是一个同步的协议，事务协调者需要等待所有参与者的响应，这会导致额外的通信开销和等待时间，影响系统的性能，尤其在参与者数量较多时，会产生较长的阻塞时间和延迟。

② 存在单点故障风险。2PC 中的事务协调者扮演着关键角色，如果事务协调者发生故障或不可用，整个系统的所有事务都会受到影响。此时，分布式系统可能无法继续正常执行事务操作。

③ 存在阻塞风险。在 2PC 中，如果参与者在执行阶段出现故障或无响应，事务协调者将处于阻塞状态，无法决定事务的最终结果，可能导致整个系统无法响应其他事务请求。

2. 可靠消息服务

可靠消息服务是一种基于消息队列的解决方案。在此方案中，各个服务通过向消息队列发送消息来进行数据操作。消息队列可以持久化消息，并提供消息重试机制。当一个服务发送消息后，其他服务可以消费消息并进行相应的操作。如果某个服务操作失败，可靠消息服务会将消息重新发送，直到操作成功，以确保最终的数据一致。

假设有 A 和 B 两个系统，分别可以处理 A 任务和 B 任务，此时存在一个业务流程，需要将 A 任务和 B 任务在同一个事务中处理，就可以使用消息中间件来实现这种分布式事务，其基于可靠消息服务实现分布式事务的方式如图 10-4 所示。

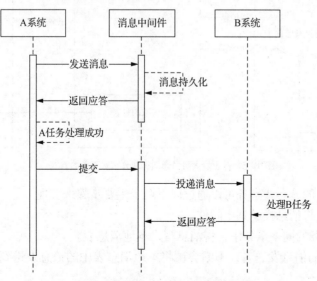

图10-4　基于可靠消息服务实现分布式事务的方式

可靠消息服务通过提供消息传递和事务协调功能来处理跨多个服务的事务，其具有以下优点和缺点。

（1）优点

① 异步通信。可靠消息服务使用异步通信的方式，发送方将消息发送到消息队列中，然后可以立即继续处理其他任务，而无须等待接收方的响应。这种异步通信模式可以提高系统的吞吐量和性能。

② 可靠性和持久性很强。可靠消息服务通常会将消息持久化存储，以确保在发送或接收方发生故障时不会丢失消息。

③ 保证事务的一致性。可靠消息服务将一组相关的消息作为一个事务进行发送，要么全部成功提交，要么全部进行回滚。这种事务性保证确保了分布式事务的一致性，即使在跨多个服务的情况下，也能够保证原子性和隔离性。

（2）缺点

① 复杂性高。可靠消息服务的引入提高了系统的复杂性，需要额外的配置和管理。开发人员需要理解和处理消息的发送、接收、处理和补偿逻辑，增加了开发和维护的工作量。

② 时序性差。由于可靠消息服务使用异步通信模式，消息的发送和接收可能不保证严格的时序性，这可能导致依赖特定时间顺序的事务处理出现问题。

3. 最大努力通知

最大努力通知是一种容错机制，它假设不同服务之间的数据一致性可能无法完全保证，基于"尽最大努力通知"的原则，在某个事件发生后，尽可能地通知相关的参与者或服务。最大努力通知引入本地消息表来记录错误消息，然后加入对失败消息的定期校对功能，来进一步保证消息会被下游系统消费。

最大努力通知在分布式事务中通常需要使用消息中间件实现，基于最大努力通知实现分布式事务的方式如图 10-5 所示。

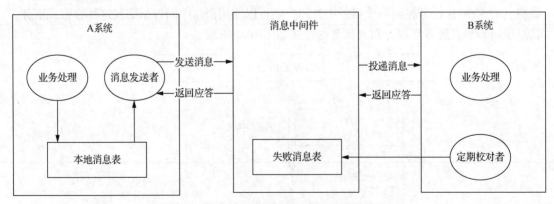

图10-5　基于最大努力通知实现分布式事务的方式

最大努力通知的分布式事务可以通过以下两个主要步骤来实现。

（1）第一步：将消息投递到中间件

① 在处理业务的同一事务中，将消息写入本地消息表。

② 准备专门的消息发送者，不断尝试将本地消息表中的消息发送到消息中间件。如果发送失败，进行重试。

（2）第二步：将消息投递到目标系统

① 消息中间件接收到消息后，将消息同步投递给相应的下游系统，并触发下游系统的任务执行。

② 下游系统成功处理消息后，向消息中间件发送确认应答，消息中间件将删除该消息，完成事务。

③ 对于投递失败的消息，通过重试机制多次尝试。如果重试失败，将消息写入失败消息表。

④ 消息中间件提供查询接口，下游系统定期查询并消费错误消息。

通过最大努力通知实现可靠的消息传递和通知，具有以下优点和缺点。

（1）优点

实现最终一致性。消息最终会被投递到目标系统并完成相应的操作。

（2）缺点

① 消息表耦合到业务系统。为了实现最大努力通知，需要在业务系统中引入消息表来记录待发送的消息。这样的耦合会增加代码的复杂性，如增加消息发送者的重试机制、错误消息的处理等。

② 需要自行实现解决方案。最大努力通知的实现需要自行开发和维护相应的解决方案，包括消息发送者、重试机制、错误消息处理等。

4. TCC

TCC（Try-Confirm-Cancel，尝试–确认–取消）也称为补偿事务，其核心思想就是针对每个操作都要注册一个与其对应的确认和补偿逻辑。在 TCC 中，每个业务操作都被拆分为 Try、Confirm 和 Cancel 三个阶段，具体说明如下。

（1）Try

Try 阶段不执行实际的业务操作，仅完成所有业务的一致性检查，并预留好执行所需的全部资源。如果所有操作的 Try 阶段都成功，那么意味着可以安全地进行后续的确认操作。

（2）Confirm

Confirm 阶段不进行任何业务检查，只使用 Try 阶段预留的业务资源。通常情况下，采用 TCC 的方案认为 Confirm 阶段不会出错，也就是说，只要 Try 阶段成功，Confirm 阶段一定会成功。如果 Confirm 阶段真的出错了，可能需要引入重试机制或人工处理来处理异常情况。

（3）Cancel

Cancel 阶段会撤销 Try 阶段预留的资源，执行补偿操作，即取消或回滚之前的操作。通常情况下，采用 TCC 的方案认为 Cancel 阶段也是一定成功的。如果 Cancel 阶段真的出错了，可能需要引入重试机制或人工处理来处理异常情况。

基于 TCC 实现分布式事务的方式如图 10-6 所示。

TCC 和 2PC 两者的阶段比较相似，但两者的具体实现还是有所不同，主要区别如下。

（1）事务语义不同

2PC 实现的是强一致性，即在分布式事务的提交过程中，要求所有参与者要么全部提交，要么全部回滚。在 2PC 中，事务的状态由协调者统一管理，参与者在接收到提交或回滚请求后，必须将事务状态更新并持久化。

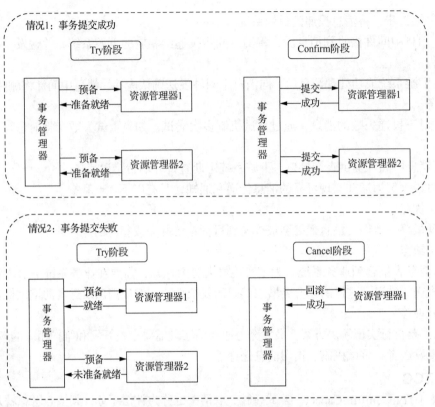

图10-6 基于TCC实现分布式事务的方式

TCC 实现的是最终一致性，即在分布式事务的提交过程中，各参与者可以在阶段性操作和补偿的支持下，根据具体业务逻辑决定要执行的操作。TCC 通过 Try、Confirm 和 Cancel 三个阶段分别实现对应事务的尝试执行、确认提交和取消回滚操作。

（2）资源的锁定不同

2PC 在整个提交过程中，会为了保证强一致性而一直持有资源的锁，这意味着其他事务无法修改或访问这些资源。在等待确认提交或回滚的过程中，参与者一般会持有锁定的资源。

TCC 在每个阶段的操作完成后，会立即释放资源的锁，不会持久地持有锁，这可以提高并发性能，允许其他事务在 Confirm 或 Cancel 阶段修改或使用相同的资源。

（3）性能和可靠性不同

2PC 由于需要等待所有参与者的响应，并且在这期间持有资源的锁，可能会增加事务的时间和开销。此外，2PC 在网络故障或参与者故障时可能导致阻塞或者无法完成事务。

TCC 在执行 Try 阶段时，将所有参与者的需要保持的操作记录到本地事务表或者日志中，Try 阶段不会阻塞。在 Confirm 和 Cancel 阶段，会根据 Try 阶段的记录执行对应的操作，这种机制使得 TCC 具有更好的性能，但可能需要额外的补偿逻辑来处理不一致的情况。

10.2 Seata 简介

在分布式系统中，事务管理是一个复杂而关键的问题。Seata 作为一种开源的分布式事务解决方案，帮助开发者在微服务架构中实现一致性和可靠性的事务操作。下面基于 Seata 概述、Seata 的事务模式讲解 Seata 的相关知识。

10.2.1　Seata 概述

Seata（Simple Extensible Autonomous Transaction Architecture，简单可扩展自治事务框架）是一个开源的分布式事务解决方案，其主要目标是使分布式事务的使用变得简单、高效，并逐步解决开发者在分布式系统中遇到的事务难题。通过 Seata，开发者可以将分布式事务的使用方式与本地事务的使用方式保持一致，从而简化开发流程。

Seata 的设计目标是实现对业务的无侵入性，它从业务无侵入的 2PC 方案着手，并在 2PC 的基础上进行演进，Seata 框架实现的 2PC 与传统 2PC 方案有如下差异。

（1）架构层次差异

传统 2PC 方案中，资源管理器实际上是嵌入在数据库中的，资源管理器本身是数据库自身的一部分，并通过 XA（eXtended Architecture，拓展架构）协议实现分布式事务。而在 Seata 中，资源管理器以中间件的形式和 JAR 包的方式部署在应用程序的一侧，与应用程序分离。

（2）两阶段提交的处理方式差异

在传统 2PC 方案中，无论第二阶段的决议是提交（Commit）还是回滚（Rollback），事务性资源的锁都要一直持有，直到第二阶段完成才释放锁。而 Seata 采取了一种不同的策略：在第一阶段（Phase1）就将本地事务提交，这样可以避免在第二阶段（Phase2）期间持有锁，从而提高了整体效率。

Seata 中将一个分布式事务视为包含一批分支事务（Branch Transaction）的全局事务（Global Transaction），如图 10-7 所示。

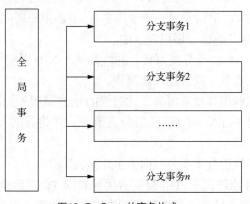

图10-7　Seata的事务构成

在图 10-7 中，Seata 的分支事务通常就是本地事务（Local Transaction），全局事务的责任是协调其所管理的分支事务达成一致，要么一起成功提交，要么一起失败回滚。

在 Seata 框架中，分布式事务主要由如下三个组件进行管理。

① 事务协调者（Transaction Coordinator，TC）：负责维护全局事务和分支事务的状态，并驱动全局事务的提交或回滚。

② 事务管理器（Transaction Manager，TM）：负责定义全局事务的范围，并负责开始一个全局事务、提交或回滚一个全局事务。事务管理器与事务协调者进行交互，控制全局事务的生命周期。

③ 资源管理器（Resource Manager，RM）：负责管理分支事务所使用的资源，与事务协调者进行分支事务的注册和状态上报，并驱动分支事务的提交或回滚。

为了便于读者更好地理解 Seata 管理的分布式事务的执行流程，下面通过图 10-8 对该流程进行展示。

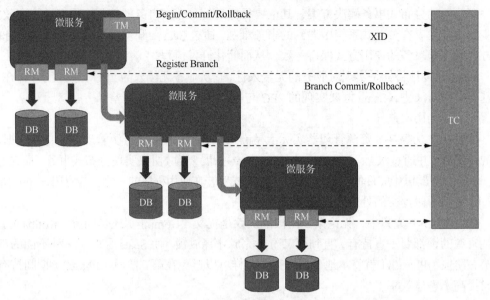

图10-8   Seata管理的分布式事务的执行流程

下面结合图 10-8 对 Seata 管理的分布式事务的执行流程进行详细介绍。

① 微服务的 TM 向 TC 申请开启一个全局事务，TC 则根据申请创建一个全局事务，并返回一个用于标识全局事务的唯一标识符 XID。

② 微服务的 RM 向 TC 注册分支事务，并将其纳入 XID 对应的全局事务的管辖。

③ 微服务执行分支事务，向数据库做操作。

④ 微服务开始远程调用其他微服务，此时 XID 会在微服务的调用链上传播。

⑤ 被调用的微服务的 RM 向 TC 注册分支事务，并将其纳入 XID 对应的全局事务的管辖。

⑥ 被调用的微服务执行分支事务，向数据库做操作。

⑦ 全局事务调用链处理完毕，TM 根据有无异常向 TC 发起全局事务的提交或者回滚。

⑧ TC 协调其管辖之下的所有分支事务，决定是否回滚。

10.2.2   Seata 的事务模式

为了满足不同业务场景的需求，Seata 提供了 XA、AT、TCC 和 SAGA 四种事务模式，下面对这四种模式分别进行讲解。

1. XA 模式

Seata 的 XA 模式基于 X/Open XA 协议实现，XA 模式通过将本地数据库事务和全局事务进行协调，确保多个数据库之间的操作在全局事务范围内具有原子性和一致性。Seata 的 XA 模式的基本流程如图 10-9 所示。

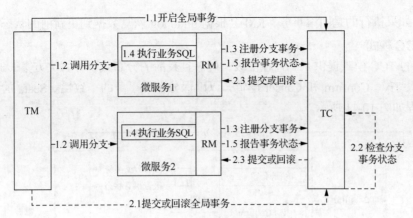

图10-9　Seata的XA模式的基本流程

在图 10-9 中序号 1.x 和 2.x 分别表示 XA 模式中的第一阶段和第二阶段。从图 10-9 可以看出，XA 模式中第一阶段事务协调者通知每个事务参与者执行本地事务，并且本地事务执行完成后将事务状态报告给事务协调者，此时事务不提交，继续持有数据库锁。第二阶段会根据第一阶段的结果通知所有事务参与者，提交或回滚事务。

Seata 的 XA 模式提供了事务的强一致性，并且对常用数据库都支持，实现简单，没有代码侵入，但是因为其第一阶段需要锁定数据库资源，第二阶段结束才释放，性能相对差一些，而且事务的实现依赖关系数据库。

2. AT 模式

Seata 的 AT 模式是 Seata 默认的事务模式，其由 XA 模式演变而来，相对于 XA 模式来说，AT 模式更加轻量级和灵活。在 AT 模式中，事务的提交和回滚都由业务代码自行处理，只在必要的时候向 Seata 服务器发送相关的指令，弥补了 XA 模式中资源锁定周期过长的缺陷。Seata 的 AT 模式的基本流程如图 10-10 所示。

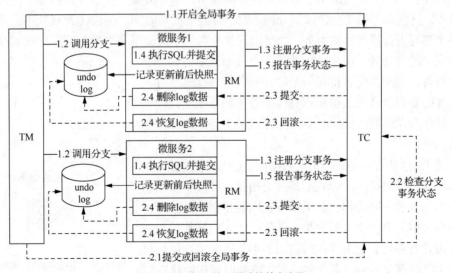

图10-10　Seata的AT模式的基本流程

从图 10-10 可以看出，第一阶段时，RM 会依次执行注册分支事务、记录更新前后快照、执行 SQL 并提交和报告事务状态的操作。第二阶段时，如果执行的是提交事务，RM 会删除

log 数据，如果执行的是回滚事务，RM 会根据 undo log 恢复数据到更新前的状态。

3. TCC 模式

Seata 的 TCC 模式提供了一种轻量级、可靠且灵活的分布式事务解决方案，通过在业务代码中嵌入 Try、Confirm 和 Cancel 逻辑，以确保分布式事务的一致性。Seata 的 TCC 模式的基本流程如图 10-11 所示。

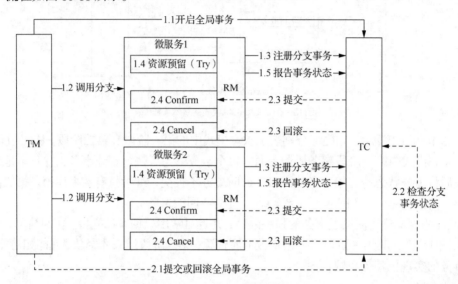

图10-11　Seata的TCC模式的基本流程

从图 10-11 可以看出，第一阶段中的 Try 阶段会对资源进行预留；第二阶段根据所有参与者的 Try 阶段的执行结果来决定执行 Confirm 操作还是执行 Cancel 操作。

4. SAGA 模式

Seata 的 SAGA 模式是用于解决长事务的分布式事务方案。长事务是指那些执行时间较长的事务，这些事务可能会持续数分钟、数小时甚至更长时间。在 SAGA 模式中，业务流程中的每个参与者都提交本地事务，如果出现某个参与者提交事务失败的情况，则需要补偿之前已经成功的参与者。在 SAGA 模式下，分布式事务内涉及多个参与者，每个参与者都是一个冲正补偿服务。这些冲正补偿服务需要业务开发人员根据具体的业务场景来实现他们的正向操作和逆向回滚操作。SAGA 模式的事务处理原理如图 10-12 所示。

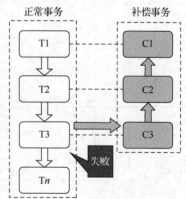

图10-12　SAGA模式的事务处理原理

在图 10-12 中 T1～Tn 是正向的操作，C1～C3 为正向操作对应的冲正逆向操作。SAGA 模式会根据业务流程依次执行各个参与者的正向操作，如果所有正向操作都成功执行，那么分布式事务会提交。但如果有任何一个正向操作执行失败，分布式事务将会倒退并执行前面各参与者的逆向回滚操作，回滚已经提交的参与者，使分布式事务回到初始状态。

通过 SAGA 模式，Seata 使得处理分布式事务变得更加可靠和一致。在出现异常情况下，使用补偿机制能够恢复可能已经影响到的数据和状态。

Seata 提供的 XA、AT、TCC 和 SAGA 事务模式中，每种事务模式都有其独特的特点和适用场景。下面对这四种事务模式进行对比，具体如表 10-1 所示。

表 10-1 XA、AT、TCC 和 SAGA 事务模式的对比

对比项	XA	AT	TCC	SAGA
一致性	强一致	弱一致	弱一致	最终一致
隔离性	完全隔离	基于全局锁隔离	基于资源预留隔离	无隔离
代码侵入	无	无	有，要编写三个接口	有，要编写状态机和补偿业务
性能	差	好	非常好	非常好
适用场景	对一致性、隔离性有高要求的事务场景	基于关系数据库的大多数分布式事务场景	对性能要求较高的事务场景；有非关系数据库参与的事务场景	业务流程长、业务流程多，参与者包含其他公司或遗留系统服务，无法提供 TCC 模式要求的三个接口的事务场景

从表 10-1 可以得出，每种事务模式在不同的事务场景下有其适用性和适用范围，读者可以综合考虑业务需求、性能要求和开发复杂度等因素选择恰当的事务模式。

10.3 Seata 服务搭建

通过 10.2 节的讲解，读者学习了 Seata 中 TC、TM 和 RM 这三个关键组件，这三个组件中 TC 作为服务端组件需要独立部署，而 TM 和 RM 作为客户端组件，由业务系统进行集成。搭建 Seata 服务是使用 Seata 构建分布式事务管理的关键一步，Seata 的服务搭建过程主要是搭建 TC，即 Seata 的服务端组件。下面将对 Seata 服务搭建进行讲解。

1. 下载 Seata 服务端启动包

为了避免因为软件的版本不适配导致程序出现问题，下载 Seata 服务端启动包之前，需要根据当前项目所使用的 Spring Cloud Alibaba 的版本选择 Seata 服务端启动包对应适配的版本。本章所使用的 Spring Cloud Alibaba 的版本为 2021.0.5.0，其适配的 Seata 服务端启动包版本为 1.6.1，对此在 Seata 官网提供的 Seata 服务端启动包下载路径中选择 1.6.1 版本进行下载，下载页面提供的 Seata 服务端启动包如图 10-13 所示。

⊕seata-server-1.6.1.tar.gz	89.2 MB	Dec 21, 2022
⊕seata-server-1.6.1.zip	89.3 MB	Dec 21, 2022
▤Source code (zip)		Dec 22, 2022
▤Source code (tar.gz)		Dec 22, 2022

图10-13 Seata服务端启动包

从图 10-13 可以得出，Seata 服务端提供了 Windows 版本和 Linux 版本对应的启动包和源代码包，为了便于操作，在此选择下载 Windows 版本的启动包，单击 "seata-server-1.6.1.zip" 进行下载即可。本书对应的配套资源中也提供了对应的启动包，读者可以根据需求自行选择启动包的获取方式。

2. 解压缩 Seata 服务端启动包

将 Seata 服务端启动包 seata-server-1.6.1.zip 解压缩在本地文件夹中，其对应的目录结构如图 10-14 所示。

在图 10-14 中各文件夹或文件的说明如下。

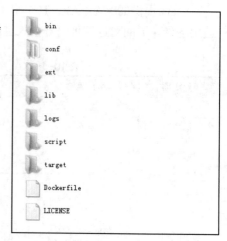

① bin：存放用于启动 Seata 服务端的可执行脚本文件。

② conf：存放 Seata 服务端的各种配置文件。

③ ext：存放 Seata 服务端的扩展插件。

④ lib：存放 Seata 服务端运行时所依赖的 JAR 包。

⑤ logs：存放 Seata 服务端的日志文件，包括错误日志、事务日志等。

⑥ script：存放用于帮助进行部署、启动和停止 Seata 服务端的脚本文件。

图10-14　Seata服务端启动包目录结构

⑦ target：构建 Seata 服务端时生成的文件夹。

⑧ Dockerfile：如果需要通过 Docker 方式部署 Seata 服务端，可以使用该文件来构建 Docker 镜像。

⑨ LICENSE：包含 Seata 服务端的许可证文件。

3. 修改配置

Seata 服务端支持的存储模式（store.mode）有 file、db 和 redis，这三种存储模式的说明如下。

（1）file 模式

Seata 服务端默认的存储模式是 file 模式，使用 file 模式时无须改动，直接启动 Seata 服务端即可。file 模式是单机模式，会将全局事务会话信息存储在内存中，并持久化到本地文件 root.data 中，具有较高的性能。

（2）db 模式

db 模式是高可用模式，全局事务会话信息通过数据库进行共享，相对于 file 模式，db 模式的性能可能稍差一些，但保证了高可用性。

（3）redis 模式

redis 模式是 Seata 服务端的 1.3 及以上版本才有的存储模式，具有较高的性能。需要注意的是，redis 模式存在事务信息丢失的风险，需要开发者提前配置适合当前场景的 Redis 持久化配置来确保数据的可靠性。

在实际开发中，为了实现 Seata 高可用性的要求，通常不会使用默认配置，而是采用注册中心和配置中心，并将事务数据保存到数据库中。Seata 服务端启动包的 conf 文件夹下的 application.example.yml 文件中，提供了 Seata 配置的示例，读者可以参考这些配置示例在 Seata 服务端的 application.yml 文件中配置注册中心和配置中心的相关信息，并将数据库的连接信息添加到配置中心，完成 Seata 高可用的环境搭建。下面对注册中心、配置中心和数据库的相关配置进行讲解。

（1）配置注册中心和配置中心的信息

Seata 支持多种注册中心和配置中心，包括 Eureka、Consul、Nacos、Redis 等注册中心，以及 Nacos、Consul、Apollo 等配置中心。在第 2 章中，我们已经学习了 Nacos 的用法，在这里，我们选择使用 Nacos 作为注册中心和配置中心。在 Seata 服务端启动包的 conf 文件夹下的 application.yml 文件中添加注册中心和配置中心的信息，具体如下。

```
1  seata:
2    config:
3      type: nacos
4      nacos:
5        server-addr: 127.0.0.1:8848
6        namespace:
7        group: SEATA_GROUP
8        username: nacos
9        password: nacos
10       data-id: seataServer.properties
11   registry:
12     type: nacos
13     nacos:
14       application: seata-server
15       server-addr: 127.0.0.1:8848
16       group: SEATA_GROUP
17       namespace:
18       cluster: default
19       username: nacos
20       password: nacos
```

在上述配置中，第 2~10 行代码用于指定配置中心的信息，其中第 3 行代码的 type 用于指定配置中心的类型，此处设置为 nacos 即指定配置中心的类型为 Nacos。第 4~10 行代码为 Nacos 配置中心的相关配置，其中第 5 行代码的 server-addr 用于指定 Nacos 配置中心的地址；第 6 行代码的 namespace 用于指定配置中心的命名空间，默认为 public；第 7 行代码的 group 用于指定配置中心的分组；第 8~9 行代码的 username 和 password 分别用于指定 Nacos 的认证用户名和密码；第 10 行代码的 data-id 用于指定 Nacos 配置中心中存储 Seata 服务端配置信息的 Data ID。

第 11~20 行代码用于指定注册中心的信息，其中第 12 行代码的 type 用于指定注册中心的类型，此处设置为 nacos 即指定注册中心的类型为 Nacos。第 13~20 行代码用于指定 Nacos 注册中心的相关配置，其中第 14 行代码的 application 用于指定 Seata 服务端在 Nacos 上注册的应用名称；第 15 行代码的 server-addr 用于指定 Nacos 注册中心的地址；第 16 行代码的 group 用于指定注册中心的分组，默认为 DEFAULT_GROUP；第 17 行代码的 namespace 用于指定注册中心的命名空间，默认为 public；第 18 行代码的 cluster 用于指定注册的 Seata 服务端所属的集群名称；第 19~20 行代码的 username 和 password 分别用于指定 Nacos 的认证用户名和密码。

（2）在 Nacos 服务端添加配置

上一步中我们在 Seata 服务端的 application.yml 文件中指定了 Nacos 配置中心中存储 Seata 服务端配置信息的 Data ID，对此我们可以在 Nacos 服务端新建对应的配置，在该配置中设置对应的 Data ID，并将 Seata 服务端的数据库、事务、日志等配置添加在配置内容中。

启动 Nacos 服务端，在浏览器中访问 http://localhost:8848 登录 Nacos 控制台，在 Nacos 控制台的配置列表的 public 命名空间中新建配置，配置的信息和 Seata 服务端的 application.yml 文件中配置中心的信息保持一致，新建配置的基本信息如图 10-15 所示。

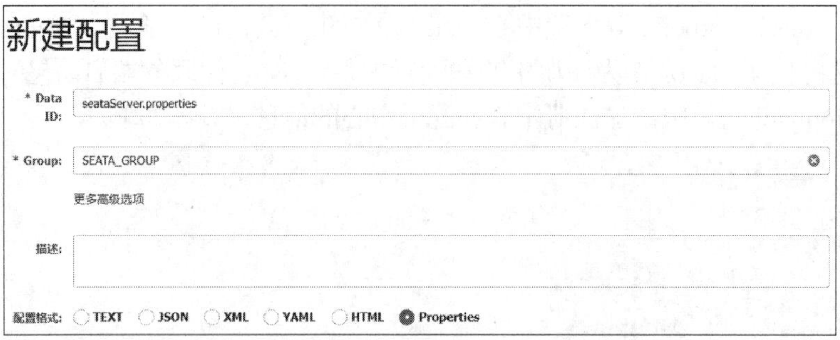

图10-15　新建配置的基本信息

在新建配置的内容中添加 Seata 服务端的数据库、事务、日志等配置信息，具体内容如下。

```
1   # 数据存储方式，db 代表数据库
2   store.mode=db
3   store.db.datasource=druid
4   store.db.dbType=mysql
5   store.db.driverClassName=com.mysql.cj.jdbc.Driver
6   store.db.url=jdbc:mysql://127.0.0.1:3306/seata_server?useUnicode=\
7    true&rewriteBatchedStatements=true&serverTimezone=GMT
8   store.db.user=root
9   store.db.password=root
10  store.db.minConn=5
11  store.db.maxConn=30
12  store.db.globalTable=global_table
13  store.db.branchTable=branch_table
14  store.db.lockTable=lock_table
15  store.db.distributedLockTable=distributed_lock
16  store.db.queryLimit=100
17  store.db.maxWait=5000
18  # 事务、日志等配置
19  server.recovery.committingRetryPeriod=3000
20  server.recovery.asynCommittingRetryPeriod=3000
21  server.recovery.rollbackingRetryPeriod=3000
22  server.recovery.timeoutRetryPeriod=3000
23  server.maxCommitRetryTimeout=-1
24  server.maxRollbackRetryTimeout=-1
25  server.rollbackRetryTimeoutUnlockEnable=false
26  server.undo.logSaveDays=7
27  server.undo.logDeletePeriod=86400000
28  # 客户端与服务端传输方式
29  transport.serialization=seata
30  transport.compressor=none
31  # 关闭 metrics 功能，提高性能
32  metrics.enabled=false
33  metrics.registryType=compact
34  metrics.exporterList=prometheus
35  metrics.exporterPrometheusPort=9898
36  #事务分组消息，客户端的事务分组需要和此处保持一致
37  service.vgroupMapping.default_tx_group=default
38  service.default.grouplist=127.0.0.1:8091
```

在上述配置中，第 2～17 行代码设置了 Seata 服务端的数据存储方式和数据库信息，其中第 3 行代码的 datasource 用于指定 Seata 服务端使用的数据源类型，这里配置为 druid，即使用 Druid 数据源。第 4 行代码的 dbType 用于指定数据库类型，Seata 支持 MySQL、Oracle、PostgreSQL 等数据库，这里配置为 mysql 即使用 MySQL。第 5～9 行代码的 driverClassName

用于指定数据库驱动，url 用于指定连接数据库的 URL，user 和 password 用于指定数据库的用户名和密码。读者需要根据所需要连接的实际数据库的信息进行配置。

第 10～11 行代码的 minConn 和 maxConn 分别用于指定数据库连接池的最小连接数和最大连接数。第 12～15 行代码的 globalTable 用于指定全局事务表的表名，branchTable 用于指定分支事务表的表名，lockTable 用于指定全局锁表的表名，distributedLockTable 用于指定分布式锁表的表名。第 16 行代码的 queryLimit 用于指定查询的限制数量。第 17 行代码的 maxWait 用于指定获取数据库连接的最长等待时间。

第 19～27 行代码设置了事务和日志的相关配置，其中 maxCommitRetryTimeout 用于指定全局事务的最长提交重试超时时间（毫秒），值为-1 表示不设置超时时间。maxRollbackRetryTimeout 用于指定全局事务的最长回滚重试超时时间（毫秒），值为-1 表示不设置超时时间。rollbackRetryTimeoutUnlockEnable 用于指定是否启用回滚重试时间解锁功能，值为 false 表示禁用。committingRetryPeriod 用于指定第一阶段的重试周期的时间（毫秒）。asyncCommittingRetryPeriod 用于指定异步提交的重试周期的时间（毫秒）。rollbackingRetryPeriod 用于指定回滚的重试周期的时间（毫秒）。timeoutRetryPeriod 用于指定超时的重试周期的时间（毫秒）。logSaveDays 用于指定撤销日志的保存天数。logDeletePeriod 用于指定撤销日志的删除周期时间（毫秒）。

第 37～38 行代码用于设置事务分组的相关信息，第 37 行代码设置的是事务组的名称，其中 default_tx_group 为自定义虚拟事务组，default 为事务组的名称，事务组的名称需要和 Seata 配置注册中心的 cluster 保持一致，并且事务组信息需要和 Seata 客户端中的配置一致。

4. 创建数据库和表

根据 application.yml 文件中配置的 db 信息，创建对应的数据库和表。首先在 MySQL 中创建一个名为 seata_server 的数据库。创建好 seata_server 数据库后，在数据库中创建全局事务会话信息所需的全局事务、分支事务、全局锁、分布式锁的数据表，分别为 global_table、branch_table、lock_table、distributed_lock。

Seata 服务端启动包的 script\server\db 路径下提供了与数据库相关的脚本，其中 mysql.sql 中提供了创建 global_table 表、branch_table 表、lock_table 表、distributed_lock 表的建表语句，具体如文件 10-1 所示。

文件 10-1　mysql.sql

```
1  CREATE TABLE IF NOT EXISTS `global_table`
2  (
3      `xid`                       VARCHAR(128) NOT NULL,
4      `transaction_id`            BIGINT,
5      `status`                    TINYINT      NOT NULL,
6      `application_id`            VARCHAR(32),
7      `transaction_service_group` VARCHAR(32),
8      `transaction_name`          VARCHAR(128),
9      `timeout`                   INT,
10     `begin_time`                BIGINT,
11     `application_data`          VARCHAR(2000),
12     `gmt_create`                DATETIME,
13     `gmt_modified`              DATETIME,
14     PRIMARY KEY (`xid`),
15     KEY `idx_status_gmt_modified` (`status` , `gmt_modified`),
16     KEY `idx_transaction_id` (`transaction_id`)
17 ) ENGINE = InnoDB
```

```
18    DEFAULT CHARSET = utf8mb4;
19  CREATE TABLE IF NOT EXISTS `branch_table`
20  (
21      `branch_id`           BIGINT       NOT NULL,
22      `xid`                 VARCHAR(128) NOT NULL,
23      `transaction_id`      BIGINT,
24      `resource_group_id`   VARCHAR(32),
25      `resource_id`         VARCHAR(256),
26      `branch_type`         VARCHAR(8),
27      `status`              TINYINT,
28      `client_id`           VARCHAR(64),
29      `application_data`    VARCHAR(2000),
30      `gmt_create`          DATETIME(6),
31      `gmt_modified`        DATETIME(6),
32      PRIMARY KEY (`branch_id`),
33      KEY `idx_xid` (`xid`)
34  ) ENGINE = InnoDB
35    DEFAULT CHARSET = utf8mb4;
36  CREATE TABLE IF NOT EXISTS `lock_table`
37  (
38      `row_key`         VARCHAR(128) NOT NULL,
39      `xid`             VARCHAR(128),
40      `transaction_id`  BIGINT,
41      `branch_id`       BIGINT       NOT NULL,
42      `resource_id`     VARCHAR(256),
43      `table_name`      VARCHAR(32),
44      `pk`              VARCHAR(36),
45      `status`          TINYINT      NOT NULL DEFAULT '0'
46        COMMENT '0:locked ,1:rollbacking',
47      `gmt_create`      DATETIME,
48      `gmt_modified`    DATETIME,
49      PRIMARY KEY (`row_key`),
50      KEY `idx_status` (`status`),
51      KEY `idx_branch_id` (`branch_id`),
52      KEY `idx_xid` (`xid`)
53  ) ENGINE = InnoDB
54    DEFAULT CHARSET = utf8mb4;
55  CREATE TABLE IF NOT EXISTS `distributed_lock`
56  (
57      `lock_key`     CHAR(20) NOT NULL,
58      `lock_value`   VARCHAR(20) NOT NULL,
59      `expire`       BIGINT,
60      primary key (`lock_key`)
61  ) ENGINE = InnoDB
62    DEFAULT CHARSET = utf8mb4;
63  INSERT INTO `distributed_lock` (lock_key, lock_value, expire) VALUES
64    ('AsyncCommitting', ' ', 0);
65  INSERT INTO `distributed_lock` (lock_key, lock_value, expire) VALUES
66    ('RetryCommitting', ' ', 0);
67  INSERT INTO `distributed_lock` (lock_key, lock_value, expire) VALUES
68    ('RetryRollbacking', ' ', 0);
69  INSERT INTO `distributed_lock` (lock_key, lock_value, expire) VALUES
70    ('TxTimeoutCheck', ' ', 0);
```

5. 测试服务搭建

启动 Nacos 服务端后，双击 Seata 服务端的 bin 文件夹下的 seata-server.bat 文件启动 Seata 服务端。在浏览器中访问 http://localhost:8848 登录 Nacos 控制台，在 Nacos 控制台中查看服务列表，如图 10-16 所示。

图10-16 服务列表

从图 10-16 可以看到，服务列表中展示了一条服务名为 seata-server，分组名称为 SEATA_GROUP 的服务，说明 Seata 服务端根据 application.yml 配置文件中的信息启动成功。

10.4 Seata 实现分布式事务控制

10.3 节搭建好了 Seata 服务端，下面通过一个案例演示 Seata 实现分布式事务控制。本案例实现一个简单的订购系统，系统中创建两个服务，分别是订单服务和库存服务，当用户下单时，调用订单服务创建一个订单，然后通过 OpenFeign 远程调用让库存服务扣减下单商品的库存。

Seata 实现分布式事务控制相对比较简单，只需在应用中指定事务组，并在需要参与事务的方法上加上@GlobalTransactional 注解即可。通过 Seata 实现分布式事务控制的过程中会在发送下单请求时，保障订单服务和库存服务数据的一致性，即要么新增订单数据并修改库存数据，要么订单数据和库存数据都不发生改变。具体实现步骤如下。

1. 创建数据库和表

本案例的订购系统包含订单服务和库存服务。为了通过 MyBatis 操作订单服务和库存服务的数据，需要在同一个数据库中创建与这两个服务对应的数据表。除了订单服务和库存服务对应的数据表，还需要创建 undo_log 表，用于实现分布式事务逆操作的日志存储，具体SQL 如文件 10-2 所示。

文件 10-2 db_order_stock.sql

```
1   DROP SCHEMA IF EXISTS db_order_stock;
2   CREATE SCHEMA db_order_stock;
3   USE db_order_stock;
4   CREATE TABLE `order_tbl`
5   (
6       `id`            INT(11) NOT NULL AUTO_INCREMENT,
7       `user_id`       VARCHAR(255) DEFAULT NULL,
8       `commodity_code` VARCHAR(255) DEFAULT NULL,
9       `count`         INT(11) DEFAULT '0',
10      `money`         INT(11) DEFAULT '0',
11      PRIMARY KEY (`id`)
```

```
12  ) ENGINE = InnoDB
13    DEFAULT CHARSET = utf8;
14  CREATE TABLE `stock_tbl`
15  (
16    `id`            INT(11) NOT NULL AUTO_INCREMENT,
17    `commodity_code` VARCHAR(255) DEFAULT NULL,
18    `count`         INT(11) DEFAULT '0',
19    PRIMARY KEY (`id`),
20    UNIQUE KEY `commodity_code` (`commodity_code`)
21  ) ENGINE = InnoDB
22    DEFAULT CHARSET = utf8;
23  INSERT INTO stock_tbl (id, commodity_code, count)
24  VALUES (1, '2001', 1000);
25  CREATE TABLE `undo_log`
26  (
27    `id`            bigint(20) NOT NULL AUTO_INCREMENT,
28    `branch_id`     bigint(20) NOT NULL,
29    `xid`           varchar(100) NOT NULL,
30    `context`       varchar(128) NOT NULL,
31    `rollback_info` longblob     NOT NULL,
32    `log_status`    int(11) NOT NULL,
33    `log_created`   datetime     NOT NULL,
34    `log_modified`  datetime     NOT NULL,
35    PRIMARY KEY (`id`),
36    UNIQUE KEY `ux_undo_log` (`xid`,`branch_id`)
37  ) ENGINE=InnoDB AUTO_INCREMENT=1 DEFAULT CHARSET=utf8;
```

2. 创建父工程

在 IDEA 中创建一个名为 seata-sample 的 Maven 工程，创建好之后在工程的 pom.xml 文件中声明 Spring Cloud、Spring Cloud Alibaba、Spring Boot 等依赖，具体如文件 10-3 所示。

文件 10-3　seata-sample\pom.xml

```
1   <?xml version="1.0" encoding="UTF-8"?>
2   <project xmlns="http://maven.apache.org/POM/4.0.0"
3           xmlns:xsi="http://www.w3.org/2001/XMLSchema-instance"
4           xsi:schemaLocation="http://maven.apache.org/POM/4.0.0
5           http://maven.apache.org/xsd/maven-4.0.0.xsd">
6       <modelVersion>4.0.0</modelVersion>
7       <groupId>com.itheima</groupId>
8       <artifactId>seata-sample</artifactId>
9       <packaging>pom</packaging>
10      <version>1.0-SNAPSHOT</version>
11      <modules>
12          <module>order-service</module>
13          <module>stock-service</module>
14      </modules>
15      <properties>
16          <maven.compiler.source>11</maven.compiler.source>
17          <maven.compiler.target>11</maven.compiler.target>
18          <project.build.sourceEncoding>UTF-8</project.build.sourceEncoding>
19          <spring-cloud.version>2021.0.5</spring-cloud.version>
20          <spring-cloud-alibaba.version>
21              2021.0.5.0</spring-cloud-alibaba.version>
22          <spring-boot.version>2.6.13</spring-boot.version>
23          <mysql-connector.version>8.0.16</mysql-connector.version>
24          <druid-spring-boot-starter.version>
25              1.1.10</druid-spring-boot-starter.version>
26          <mybatis-springboot.version>2.1.0</mybatis-springboot.version>
27          <lombok.version>1.18.8</lombok.version>
```

```
28        </properties>
29        <dependencyManagement>
30           <dependencies>
31              <dependency>
32                 <groupId>org.springframework.cloud</groupId>
33                 <artifactId>spring-cloud-dependencies</artifactId>
34                 <version>${spring-cloud.version}</version>
35                 <type>pom</type>
36                 <scope>import</scope>
37              </dependency>
38              <dependency>
39                 <groupId>com.alibaba.cloud</groupId>
40                 <artifactId>spring-cloud-alibaba-dependencies</artifactId>
41                 <version>${spring-cloud-alibaba.version}</version>
42                 <type>pom</type>
43                 <scope>import</scope>
44              </dependency>
45              <dependency>
46                 <groupId>org.springframework.boot</groupId>
47                 <artifactId>spring-boot-dependencies</artifactId>
48                 <version>${spring-boot.version}</version>
49                 <type>pom</type>
50                 <scope>import</scope>
51              </dependency>
52              <dependency>
53                 <groupId>org.mybatis.spring.boot</groupId>
54                 <artifactId>mybatis-spring-boot-starter</artifactId>
55                 <version>${mybatis-springboot.version}</version>
56              </dependency>
57           </dependencies>
58        </dependencyManagement>
59        <dependencies>
60           <dependency>
61              <groupId>mysql</groupId>
62              <artifactId>mysql-connector-java</artifactId>
63              <version>${mysql-connector.version}</version>
64           </dependency>
65           <dependency>
66              <groupId>com.alibaba</groupId>
67              <artifactId>druid-spring-boot-starter</artifactId>
68              <version>${druid-spring-boot-starter.version}</version>
69           </dependency>
70        </dependencies>
71        <build>
72           <plugins>
73              <plugin>
74                 <groupId>org.springframework.boot</groupId>
75                 <artifactId>spring-boot-maven-plugin</artifactId>
76              </plugin>
77           </plugins>
78        </build>
79 </project>
```

3. 创建库存服务模块

下面创建库存服务的模块，具体实现步骤如下。

（1）引入依赖

在 seata-sample 工程中创建一个名为 stock-service 的库存服务模块，在该模块的 pom.xml
文件中引入对应的依赖，具体如文件 10-4 所示。

文件 10-4　stock-service\pom.xml

```xml
1  <?xml version="1.0" encoding="UTF-8"?>
2  <project xmlns="http://maven.apache.org/POM/4.0.0"
3          xmlns:xsi="http://www.w3.org/2001/XMLSchema-instance"
4          xsi:schemaLocation="http://maven.apache.org/POM/4.0.0
5          http://maven.apache.org/xsd/maven-4.0.0.xsd">
6      <parent>
7          <artifactId>seata-sample</artifactId>
8          <groupId>com.itheima</groupId>
9          <version>1.0-SNAPSHOT</version>
10     </parent>
11     <modelVersion>4.0.0</modelVersion>
12     <artifactId>stock-service</artifactId>
13     <properties>
14         <maven.compiler.source>11</maven.compiler.source>
15         <maven.compiler.target>11</maven.compiler.target>
16         <project.build.sourceEncoding>UTF-8</project.build.sourceEncoding>
17     </properties>
18     <dependencies>
19         <dependency>
20             <groupId>com.alibaba.cloud</groupId>
21             <artifactId>
22                 spring-cloud-starter-alibaba-nacos-discovery</artifactId>
23         </dependency>
24         <dependency>
25             <groupId>com.alibaba.cloud</groupId>
26             <artifactId>
27                 spring-cloud-starter-alibaba-nacos-config</artifactId>
28         </dependency>
29         <dependency>
30             <groupId>com.alibaba.cloud</groupId>
31             <artifactId>spring-cloud-starter-alibaba-seata</artifactId>
32         </dependency>
33         <dependency>
34             <groupId>org.springframework.boot</groupId>
35             <artifactId>spring-boot-starter-web</artifactId>
36         </dependency>
37         <dependency>
38             <groupId>org.mybatis.spring.boot</groupId>
39             <artifactId>mybatis-spring-boot-starter</artifactId>
40         </dependency>
41         <dependency>
42             <groupId>org.springframework.cloud</groupId>
43             <artifactId>spring-cloud-starter-bootstrap</artifactId>
44         </dependency>
45     </dependencies>
46 </project>
```

（2）设置配置信息

在 stock-service 模块的 resources 文件夹下创建 application.yml 配置文件，在该配置文件中设置 stock-service 连接数据库和 Nacos，以及 Seata 事务组等信息，具体如文件 10-5 所示。

文件 10-5　stock-service\src\main\resources\application.yml

```yaml
1  server:
2    port: 8002      #启动端口
3  spring:
4    application:
5      name: stock-service        #服务名称
6      datasource:
```

```
7      type: com.alibaba.druid.pool.DruidDataSource
8      driver-class-name: com.mysql.cj.jdbc.Driver
9      url: jdbc:mysql://127.0.0.1:3306/db_order_stock?
10         useSSL=false&serverTimezone=UTC
11     username: root
12     password: root
13   cloud:
14     nacos:
15       discovery:
16         server-addr: 127.0.0.1:8848   # Nacos 服务端的地址
17 seata:
18   tx-service-group: default_tx_group
19   service:
20     vgroup-mapping:
21       default_tx_group: default
```

在上述配置中，第 6～12 行代码设置了数据源类型、数据库连接 URL 等数据源信息，第 13～16 行代码设置了 Nacos 服务端的地址信息。第 17～21 行代码设置了事务分组的相关信息，其中第 18 行代码的 tx-service-group 属性用于指定事务分组，该事务分组的名称需要和 Seata 服务端中 service.vgroupMapping 指定的事务组的名称保持一致，第 20～21 行代码的 vgroup-mapping 属性用于指定 default_tx_group 事务分组与真实事务组之间的映射关系。

（3）创建库存实体类

在 stock-service 模块的 java 文件夹下创建包 com.itheima.stock.entity，并在该包下创建库存的实体类，具体如文件 10-6 所示。

文件 10-6　Stock.java

```
1  public class Stock {
2      private Integer id;              //库存 Id
3      private String commodityCode;  //商品编码
4      private Integer count;          //商品数量
5      ……//getter/setter 方法
6  }
```

（4）创建库存控制器类

在 stock-service 模块的 java 文件夹下创建包 com.itheima.stock.controller，并在该包下创建处理库存相关请求的控制器类，具体如文件 10-7 所示。

文件 10-7　StockController.java

```
1  import com.itheima.stock.service.StockService;
2  import org.springframework.web.bind.annotation.RequestMapping;
3  import org.springframework.web.bind.annotation.RestController;
4  import javax.annotation.Resource;
5  @RestController
6  @RequestMapping("stock")
7  public class StockController {
8      @Resource
9      private StockService stockService;
10     @RequestMapping(path = "/deduct")
11     public Boolean deduct(String commodityCode, Integer count) {
12         stockService.deduct(commodityCode, count);
13         return true;
14     }
15 }
```

在上述代码中，第 10～14 行代码定义了 deduct()方法，该方法接收商品编码和商品数量，并根据接收到的参数通过库存服务扣除对应商品的库存。

（5）创建库存服务类

在 stock-service 模块的 java 文件夹下创建包 com.itheima.stock.service，并在该包下创建库存的服务类，具体如文件 10-8 所示。

文件 10-8　StockService.java

```
1  import com.itheima.stock.entity.Stock;
2  import com.itheima.stock.mapper.StockMapper;
3  import org.springframework.beans.factory.annotation.Autowired;
4  import org.springframework.stereotype.Service;
5  import org.springframework.transaction.annotation.Transactional;
6  @Service
7  public class StockService {
8      @Autowired
9      private StockMapper stockMapper;
10     @Transactional(rollbackFor = Exception.class)
11     public void deduct(String commodityCode, int count) {
12         Stock stock = stockMapper.findByCommodityCode(commodityCode);
13         stock.setCount(stock.getCount() - count);
14         stockMapper.updateById(stock);
15     }
16 }
```

在上述代码中，第 10～15 行定义了 deduct()方法，该方法先根据商品编码查询到对应的库存信息，接着根据传入需要扣除的商品数量设置商品最新的数量，最后根据库存 Id 更新数据库中的库存信息。

（6）创建库存 Mapper 接口

在 stock-service 模块的 java 文件夹下创建包 com.itheima.stock.mapper，并在该包下创建库存的 Mapper 接口，具体如文件 10-9 所示。

文件 10-9　StockMapper.java

```
1  import com.itheima.stock.entity.Stock;
2  import org.apache.ibatis.annotations.Mapper;
3  import org.apache.ibatis.annotations.Param;
4  import org.apache.ibatis.annotations.Select;
5  import org.apache.ibatis.annotations.Update;
6  @Mapper
7  public interface StockMapper {
8      @Select("SELECT id, commodity_code, count FROM stock_tbl " +
9          "WHERE commodity_code = #{commodityCode}")
10     Stock findByCommodityCode(@Param("commodityCode")
11         String commodityCode);
12     @Update("UPDATE stock_tbl SET count = #{stock.count} " +
13         "WHERE id = #{stock.id}")
14     int updateById(@Param("stock") Stock stock);
15 }
```

在上述代码中，第 8～11 行代码通过 MyBatis 的注解方式根据商品编码查询库存信息，第 12～14 行代码通过 MyBatis 的注解方式根据库存对象更新数据库中的库存信息。

（7）创建 stock-service 启动类

在 stock-service 模块的 com.itheima.stock 下创建 stock-service 模块的启动类，具体如文件 10-10 所示。

文件 10-10　StockServiceApplication.java

```
1  import org.springframework.boot.SpringApplication;
2  import org.springframework.boot.autoconfigure.SpringBootApplication;
```

```
3    @SpringBootApplication
4    public class StockServiceApplication {
5        public static void main(String[] args) {
6            SpringApplication.run(StockServiceApplication.class, args);
7        }
8    }
```

4. 创建订单服务模块

下面创建订单服务的模块，具体实现步骤如下。

（1）引入依赖

在 seata-sample 工程中创建一个名为 order-service 的订单服务模块，在该模块的 pom.xml 文件中引入对应的依赖，具体如文件 10-11 所示。

文件 10-11　order-service\pom.xml

```
1    <?xml version="1.0" encoding="UTF-8"?>
2    <project xmlns="http://maven.apache.org/POM/4.0.0"
3            xmlns:xsi="http://www.w3.org/2001/XMLSchema-instance"
4            xsi:schemaLocation="http://maven.apache.org/POM/4.0.0
5            http://maven.apache.org/xsd/maven-4.0.0.xsd">
6        <parent>
7            <artifactId>seata-sample</artifactId>
8            <groupId>com.itheima</groupId>
9            <version>1.0-SNAPSHOT</version>
10       </parent>
11       <modelVersion>4.0.0</modelVersion>
12       <artifactId>order-service</artifactId>
13       <properties>
14           <maven.compiler.source>11</maven.compiler.source>
15           <maven.compiler.target>11</maven.compiler.target>
16           <project.build.sourceEncoding>UTF-8</project.build.sourceEncoding>
17       </properties>
18   <dependencies>
19       <dependency>
20           <groupId>com.alibaba.cloud</groupId>
21           <artifactId>
22               spring-cloud-starter-alibaba-nacos-discovery</artifactId>
23       </dependency>
24       <dependency>
25           <groupId>com.alibaba.cloud</groupId>
26           <artifactId>spring-cloud-starter-alibaba-nacos-config</artifactId>
27       </dependency>
28       <dependency>
29           <groupId>org.springframework.cloud</groupId>
30           <artifactId>spring-cloud-starter-loadbalancer</artifactId>
31       </dependency>
32       <dependency>
33           <groupId>org.springframework.boot</groupId>
34           <artifactId>spring-boot-starter-web</artifactId>
35       </dependency>
36       <dependency>
37           <groupId>org.springframework.cloud</groupId>
38           <artifactId>spring-cloud-starter-openfeign</artifactId>
39       </dependency>
40       <dependency>
41           <groupId>org.mybatis.spring.boot</groupId>
42           <artifactId>mybatis-spring-boot-starter</artifactId>
43       </dependency>
44       <dependency>
```

```
45          <groupId>com.alibaba.cloud</groupId>
46          <artifactId>spring-cloud-starter-alibaba-seata</artifactId>
47      </dependency>
48      <dependency>
49          <groupId>org.springframework.cloud</groupId>
50          <artifactId>spring-cloud-starter-bootstrap</artifactId>
51      </dependency>
52  </dependencies>
53  </project>
```

（2）设置配置信息

在 order-service 模块的 resources 文件夹下创建 application.yml 配置文件，在该配置文件中设置 order-service 连接数据库和 Nacos，以及 Seata 事务组等信息，具体如文件 10-12 所示。

文件 10-12　order-service\src\main\resources\application.yml

```
1   server:
2     port: 8001      #启动端口
3   spring:
4     application:        #服务名称
5       name: order-service
6     datasource:
7       type: com.alibaba.druid.pool.DruidDataSource
8       driver-class-name: com.mysql.cj.jdbc.Driver
9       url: jdbc:mysql://127.0.0.1:3306/db_order_stock?
10        useSSL=false&serverTimezone=UTC
11      username: root
12      password: root
13    cloud:
14      nacos:
15        discovery:
16          server-addr: 127.0.0.1:8848      # Nacos 服务端的地址
17  seata:
18    tx-service-group: default_tx_group
19    service:
20      vgroup-mapping:
21        default_tx_group: default
```

上述配置和 stock-service 的配置类似，在此不再进行重复说明。

（3）创建订单实体类

在 order-service 模块的 java 文件夹下创建包 com.itheima.order.entity，并在该包下创建订单的实体类，具体如文件 10-13 所示。

文件 10-13　Order.java

```
1   import java.math.BigDecimal;
2   public class Order {
3       private Integer id;             //订单 Id
4       private String userId;          // 用户 Id
5       private String commodityCode;   // 商品编码
6       private Integer count;          // 商品数量
7       private BigDecimal money;       // 商品金额
8       ……//getter/setter 方法
9   }
```

（4）创建订单控制器类

在 order-service 模块的 java 文件夹下创建包 com.itheima.order.controller，并在该包下创建处理订单相关请求的控制器类，具体如文件 10-14 所示。

文件 10-14　OrderController.java

```
1  import com.itheima.order.service.OrderService;
2  import org.springframework.web.bind.annotation.RequestMapping;
3  import org.springframework.web.bind.annotation.RestController;
4  import javax.annotation.Resource;
5  @RestController
6  @RequestMapping("order")
7  public class OrderController {
8      @Resource
9      private OrderService orderService;
10     @RequestMapping("/placeOrder")
11     public Boolean placeOrder(String userId, String commodityCode,
12         Integer count) {
13         orderService.placeOrder(userId, commodityCode, count);
14         return true;
15     }
16 }
```

在上述代码中，第 10～15 行代码定义了 placeOrder()方法，该方法接收用户 Id、商品编码和商品数据，并调用 OrderService 的 placeOrder()方法进行下单。

（5）创建库存 FeignClient 类

在 order-service 模块的 java 文件夹下创建包 com.itheima.order.feign，并在该包下创建一个接口作为库存的 FeignClient 类，在该接口中定义远程调用库存服务的方法，具体如文件 10-15 所示。

文件 10-15　StockFeignClient.java

```
1  import org.springframework.cloud.openfeign.FeignClient;
2  import org.springframework.web.bind.annotation.GetMapping;
3  import org.springframework.web.bind.annotation.RequestParam;
4  @FeignClient(name = "stock-service")
5  public interface StockFeignClient {
6      @GetMapping("stock/deduct")
7      Boolean deduct(@RequestParam("commodityCode") String commodityCode,
8       @RequestParam("count") Integer count);
9  }
```

在上述代码中，第 4 行代码使用@FeignClient 注解创建 Feign 远程服务调用的客户端，指定要调用的目标服务的名称为 stock-service。第 6～8 行代码定义 deduct()方法用于映射 stock-service 服务中的"stock/deduct"路径。

（6）创建订单服务类

在 order-service 模块的 java 文件夹下创建包 com.itheima.order.service，并在该包下创建订单的服务类，具体如文件 10-16 所示。

文件 10-16　OrderService.java

```
1  import com.itheima.order.feign.StockFeignClient;
2  import com.itheima.order.entity.Order;
3  import com.itheima.order.mapper.OrderMapper;
4  import org.springframework.stereotype.Service;
5  import org.springframework.transaction.annotation.Transactional;
6  import javax.annotation.Resource;
7  import java.math.BigDecimal;
8  @Service
9  public class OrderService {
10     @Resource
11     private StockFeignClient stockFeignClient;
12     @Resource
```

```
13      private OrderMapper orderMapper;
14      @Transactional(rollbackFor = Exception.class)
15      public void placeOrder(String userId, String commodityCode,
16      Integer count) {
17         BigDecimal orderMoney = new BigDecimal(count).multiply(
18             new BigDecimal(5));
19         Order order = new Order();
20         order.setUserId(userId);
21         order.setCommodityCode(commodityCode);
22         order.setCount(count);
23         order.setMoney(orderMoney);
24         orderMapper.insert(order);
25         stockFeignClient.deduct(commodityCode, count);
26         int a=1/0;
27      }
28 }
```

在上述代码中，第 14~26 行代码定义方法 placeOrder()用于下单，下单包括创建订单、减扣库存，这涉及订单和库存两个服务，其中第 14 行代码标注@Transactional 注解，当在被注解的方法或类中的某些操作失败或抛出了异常时，事务管理器会自动回滚之前所执行的 SQL 语句，将数据库恢复到之前的状态。第 17~23 行代码封装下单的订单信息，第 24 行代码将订单信息通过 OrderMapper 对象插入数据库，第 25 行代码通过 StockFeignClient 对象调用 deduct()方法进行库存减扣操作。第 26 行代码自定义一个运行时异常模拟 placeOrder()方法执行出现错误的情况。

（7）创建订单 Mapper 接口

在 order-service 模块的 java 文件夹下创建包 com.itheima.order.mapper，并在该包下创建订单的 Mapper 接口，具体如文件 10-17 所示。

文件 10-17　OrderMapper.java

```
1  import com.itheima.order.entity.Order;
2  import org.apache.ibatis.annotations.Insert;
3  import org.apache.ibatis.annotations.Mapper;
4  import org.apache.ibatis.annotations.Param;
5  @Mapper
6  public interface OrderMapper {
7      @Insert("INSERT INTO order_tbl(user_id,commodity_code, count, money)" +
8          "VALUES (#{order.userId}, #{order.commodityCode,}," +
9          " #{order.count}, #{order.money})")
10     int insert(@Param("order") Order order);
11 }
```

在上述代码中，第 7~10 行代码通过 MyBatis 的注解方式根据传入的订单对象将订单信息插入数据库中。

（8）创建 order-service 启动类

在 order-service 模块的 com.itheima.order 下创建 order-service 模块的启动类，具体如文件 10-18 所示。

文件 10-18　StockServiceApplication.java

```
1  import org.springframework.boot.SpringApplication;
2  import org.springframework.boot.autoconfigure.SpringBootApplication;
3  import org.springframework.cloud.client.discovery.EnableDiscoveryClient;
4  import org.springframework.cloud.openfeign.EnableFeignClients;
5  @EnableFeignClients
6  @SpringBootApplication(scanBasePackages = {"com.itheima"})
```

```
7    public class OrderServiceApplication {
8        public static void main(String[] args) {
9            SpringApplication.run(OrderServiceApplication.class, args);
10       }
11   }
```

5．测试效果

创建数据库和表的语句中，只有库存表 stock_tbl 中插入了初始化的数据，查看订单表 order_tbl 和库存表 stock_tbl 的数据如图 10-17 所示。

图10-17　订单表order_tbl和库存表stock_tbl的数据（1）

从图 10-17 可以看到，库存表 stock_tbl 中插入了一条商品编码为 2001 的商品库存数据，其数量为 1000。

依次启动 Nacos 服务端、Seata 服务端、StockServiceApplication 和 OrderServiceApplication，启动成功后在浏览器中访问 http://localhost:8001/order/placeOrder?userId=1&commodityCode=2001&count=1 进行下单，页面如图 10-18 所示。

图10-18　下单结果

从图 10-18 可以看出，下单请求没有成功被处理，此时查看订单表 order_tbl 和库存表 stock_tbl 的数据如图 10-19 所示。

图10-19　订单表order_tbl和库存表stock_tbl的数据（2）

从图 10-19 可以看出，订单表 order_tbl 中没有插入任何数据，但是库存表 stock_tbl 中商品数量进行了减扣，说明发起下单请求时，订单服务的 placeOrder()方法中抛出异常后，本地事务对订单的插入操作进行了回滚，但是库存表 stock_tbl 并没有进行回滚。

此时执行下单操作并没有实现订单服务和库存服务中数据的一致性，是因为下单时执行订单服务的 placeOrder()方法上只使用@Transactional 注解进行标注，@Transactional 注解只会对当前标注的方法进行本地事务管理，不会对其他被调用的方法产生影响。为了确保下单时，订单服务和库存服务数据的一致性，在 placeOrder()方法上添加@GlobalTransactional 注解，此时 Seata 会将标注@GlobalTransactional 注解的方法作为一个全局事务的起点，开启一个全局事务，在事务范围内，所有经过 Seata 代理的方法都将参与到全局事务的管理中。

在 OrderService 的 placeOrder() 方法上添加 @GlobalTransactional 注解后，重启 OrderServiceApplication，在浏览器中再次访问 http://localhost:8001/order/placeOrder?userId=1&commodityCode=2001&count=1 进行下单，此时订单表 order_tbl 和库存表 stock_tbl 的数据如图 10-20 所示。

图10-20　订单表order_tbl和库存表stock_tbl的数据（3）

从图 10-20 可以看出，订单表 order_tbl 和库存表 stock_tbl 中的数据都没有变化，说明发起下单请求时，订单服务 placeOrder()方法中抛出异常后，所有被调用的服务都能参与到同一个全局事务中，实现了分布式事务的一致性控制。

10.5　本章小结

本章主要对分布式事务解决方案 Seata 进行了讲解。首先是分布式事务概述、Seata 简介；然后讲解了 Seata 服务搭建；最后讲解了 Seata 实现分布式事务控制。通过本章的学习，读者可以对分布式事务解决方案 Seata 有一个初步认识，为后续学习 Spring Cloud 做好铺垫。

10.6　本章习题

一、填空题

1. 2PC 协议将整个分布式事务分成表决阶段和_____阶段。
2. Seata 服务端默认的存储模式是_____模式。
3. Seata 的_____模式是 Seata 默认的分布式事务模式。
4. Seata 的_____模式在业务代码中嵌入 Try、Confirm 和 Cancel 逻辑。
5. Seata 会将标注_____注解的方法作为一个全局事务的起点。

二、判断题

1. 传统的单体应用程序中，数据一致性将由本地事务保证。（　　　）

2. 分布式事务可以解决分布式微服务架构中跨服务操作可能带来的数据不一致的问题。
（　　）

3. Seata 中将一个分布式事务视为包含一批分支事务的全局事务。（　　）

4. 2PC 是一种经典的分布式事务协议，实现的是最终一致性，而不是强一致性。（　　）

5. Seata 中的 TC 作为服务端组件需要独立部署。（　　）

三、选择题

1. 下列选项中，对于实现分布式事务的组件描述错误的是（　　）。

　A. 应用系统是指分布式系统中的各个微服务或应用程序

　B. 事务管理器是分布式事务的本地事务执行者，处理本地应用系统的本地事务

　C. 资源管理器管理的是分布式系统中的各种资源，如数据库或其他数据存储系统

　D. 每个资源管理器负责管理自己所属的本地事务，并与事务管理器进行通信

2. 下列选项中，对于 Seata 事务模式的特点描述错误的是（　　）。

　A. XA 模式提供了事务的强一致性

　B. SAGA 模式提供了事务的最终一致性

　C. TCC 模式没有代码侵入

　D. AT 模式基于全局锁隔离

3. 下列选项中，对于 Seata 服务端支持的存储模式描述错误的是（　　）。

　A. file 模式是单机模式，会将全局事务会话信息存储在内存中

　B. db 模式将全局事务会话信息通过数据库进行共享

　C. redis 模式是 Seata 服务端的 1.3 及以上版本才有的存储模式

　D. redis 模式没有事务信息丢失的风险

4. 下列选项中，对于分布式事务解决方案描述错误的是（　　）。

　A. 2PC 存在单点故障风险

　B. 可靠消息服务使用异步通信的方式

　C. 最大努力通知实现了事务的强一致性

　D. 补偿事务的核心思想就是针对每个操作都要注册一个与其对应的确认和补偿逻辑

5. 下列选项中，对于 Seata 的相关描述错误的是（　　）。

　A. Seata 是基于 2PC 进行演进的分布式事务解决方案

　B. Seata 在第一阶段就将本地事务进行提交

　C. Seata 的 XA 模式没有代码侵入

　D. Seata 的 SAGA 模式是 Seata 默认的分布式事务模式

第 **11** 章

微服务实战——黑马头条

◆ 了解项目概况，能说出黑马头条包含的主要功能

◆ 熟悉项目架构设计，能够说出项目包含的模块，以及各模块的作用

◆ 掌握项目开发准备工作，能够正确导入提供的 SQL 文件和初始项目，完成项目开发的准备工作

◆ 掌握自媒体端功能实现，能够实现功能模块自媒体人登录、创建对象存储服务、素材管理、发布文章、内容列表

◆ 掌握用户端功能实现，能够实现功能模块用户登录、文章列表、文章详情

拓展阅读

通过前面章节的学习，相信读者对 Spring Cloud 常用组件有了一定的认识。为了读者能够更好地综合运用 Spring Cloud 进行微服务开发，本章将前面章节的内容进行整合，基于 Spring Boot 和 Spring Cloud 框架的分布式微服务技术，构建一个新闻资讯系统——黑马头条，让读者能更深入地理解如何使用 Spring Cloud 构建微服务和实现项目需求。

11.1 项目概述

随着互联网的迅猛发展，社会中的信息呈现几何指数级增长，人们对于获取、传播新闻资讯的需求也越来越高。同时，智能手机的普及使得人们可以更加便捷地通过手机来获取新闻。基于这一需求，黑马头条开发而成。黑马头条是一个创新的新闻资讯系统，提供了移动资讯客户端，并采用了模块化的架构设计，为用户和自媒体提供了一体化的新闻资讯平台。除了具备方便的用户端阅读功能外，黑马头条还支持自媒体端的内容管理和发布功能，实现了用户与自媒体的双向交互，为用户提供个性化和精准的新闻推送。下面对项目的功能和效果进行讲解。

11.1.1 项目功能介绍

通常情况下，一个完善的新闻资讯系统包含用户端、自媒体端和管理后台三部分，并根据不同的业务目标提供智能推荐、内容发布、内容管理、粉丝管理、内容审核和用户管理等

功能。考虑到篇幅限制，本章只对黑马头条的用户端和自媒体端的核心功能进行开发实现，其中用户端包含的功能有用户登录、文章列表和文章详情；自媒体端包含的功能有自媒体人登录、素材管理、发布文章、内容列表，具体如图 11-1 所示。

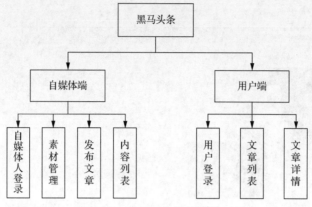

图11-1 黑马头条核心功能

图 11-1 中，自媒体端供自媒体人使用，主要用于文章的后台管理；用户端供黑马头条的用户使用，用户通过用户端可以查看自媒体人发布的文章。

11.1.2 项目功能预览

为了让读者对本章要讲解的黑马头条有整体、直观的认识，下面对黑马头条提供的功能进行预览，具体如下。

1. 自媒体人登录

自媒体人进行素材管理和文章发布时需要进行登录，登录时需要用户名与密码，自媒体人登录页面如图 11-2 所示。

图11-2 自媒体人登录页面

登录成功后，会自动跳转到自媒体人后台首页。

2. 素材管理

自媒体端提供了素材管理的功能，通过素材管理可以对日常重要的素材进行在线管理，例如上传、收藏、删除和查询。上传的素材可以在发布文章时拿来即用，方便快捷，素材管理页面如图 11-3 所示。

图11-3　素材管理页面

3. 发布文章

自媒体端提供了发布文章的功能，发布的文章可以在用户端进行查看。发布文章的功能提供了高度智能的富文本编辑器对文章内容一键发布，方便快捷，发布文章页面如图 11-4 所示。

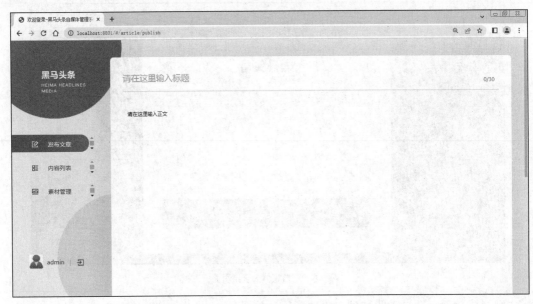

图11-4　发布文章页面

4. 内容列表

自媒体端提供了内容列表的功能，自媒体人通过内容列表功能可以对文章进行查找筛选和上下架等功能，全方位管控文章，内容列表页面如图 11-5 所示。

图11-5　内容列表页面

5. 用户登录

用户在用户端阅读文章之前可以进行登录，也可以通过游客方式进行访问，这两种方式都需要通过用户登录页面进行操作，用户登录页面如图 11-6 所示。

图11-6　用户登录页面

6. 文章列表

用户进入用户端首页后，页面会在默认频道展示对应的文章列表，同时用户可以切换频道查看不同种类的文章，文章列表页面如图 11-7 所示。

图11-7　文章列表页面

7. 文章详情

文章列表中展示了对应频道的文章列表，如果想要阅读文章的详情，可以单击对应的文章后进入文章详情页面进行阅读，文章详情页面如图 11-8 所示。

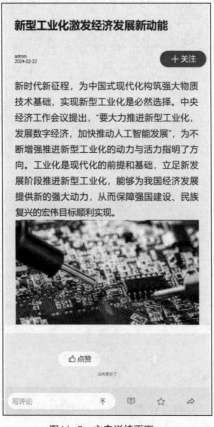

图11-8　文章详情页面

11.2　项目架构设计

在项目开发之前，对项目的业务进行分析，并设计一个合理的架构是至关重要的。黑马头条采用了基于 Spring Cloud 微服务的架构，根据业务功能将系统划分为八个模块，这些模块组成了一套完备的微服务系统。在这八个模块中，包括两个网关模块、三个业务微服务模块和三个通用模块。两个网关模块包含用户端网关和自媒体端网关；三个业务微服务模块包含用户端微服务、文章微服务、自媒体端微服务。通用模块包含通用配置模块、数据模型模块、文件管理模块。黑马头条的架构如图 11-9 所示。

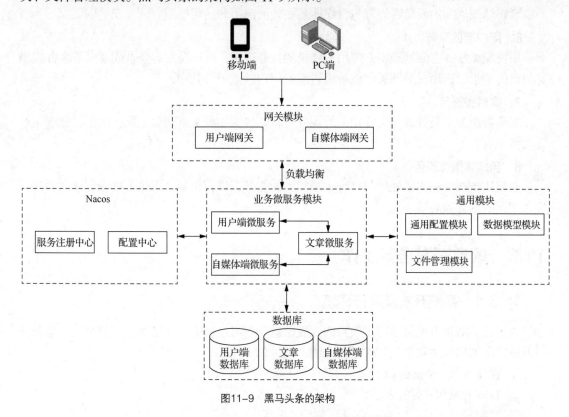

图11-9　黑马头条的架构

从图 11-9 中可以得出，用户端发起请求后，首先会经过网关，网关会将请求路由到对应的微服务；接着微服务根据请求进行对应的业务逻辑处理，从不同的 MySQL 数据库获取数据并返回。为了读者在开发黑马头条之前，对其中的模块有更深刻的理解，下面对图 11-9 中的模块分别进行讲解说明。

1.　通用配置模块

通用配置模块中主要集中管理和共享通用的配置，例如通用常量、异常处理、常用工具类等。其他模块引用通用配置模块后，可以直接使用通用配置模块中的内容，避免重复配置，提高开发效率和系统的一致性。

2.　数据模型模块

数据模型模块中主要存放通用的数据模型类，如实体类、DTO（Data Transfer Object，数据传输对象）等，其他模块使用数据模型类时可以引用该模块，实现数据模型类的标准化和复用，避免不同微服务重复定义相同的数据结构，提高数据的一致性和可维护性。

3. 文件管理模块

在文章微服务和自媒体端微服务中都涉及文件管理的相关功能。对此提供了一个可插拔的文件管理模块，封装文件上传、下载、删除等基本的文件管理功能，其他模块引入该模块后，可以快速集成文件管理功能，避免不同微服务重复实现文件管理功能。

4. 用户端网关

用户端网关主要负责处理与用户端相关的路由和访问控制。

5. 自媒体端网关

自媒体端网关主要负责处理与自媒体端相关的路由和访问控制。

6. 用户端微服务

用户端微服务主要处理用户端用户登录的业务逻辑，用户端发起登录或者以游客方式浏览资讯的请求时，用户端网关将该请求转发给用户端微服务处理。

7. 文章微服务

文章微服务主要处理与文章相关的业务逻辑，包括加载文章列表、保存文章、修改文章等功能。

8. 自媒体端微服务

自媒体端微服务主要处理与自媒体端相关的业务逻辑，包括自媒体人登录、素材管理、发布文章、内容列表等功能。

11.3   项目开发准备工作

11.3.1   系统开发及运行环境

为了让读者更方便地学习本项目的开发，避免学习过程中出现错误，下面对黑马头条开发及运行所需的环境和相关软件进行介绍，具体如下。

① 操作系统：Windows 10。

② Java 开发包：JDK 8。

③ 项目管理工具：Maven 3.6.3。

④ 项目开发工具：IntelliJ IDEA 2022.2.2。

⑤ 数据库：MySQL 8.0。

⑥ 浏览器：Google Chrome。

对于上述软件或工具，读者在学习时可以自行在网上下载，本书配套的资源中也会提供，读者可以自行选择。

11.3.2   数据库准备

在程序的实现过程中，我们需要不断增强信息安全意识，建立完善的系统权限管理模块，确保系统的安全性和用户的隐私不会受到损害，避免恶意攻击和滥用。同时也需要树立尊重用户隐私权、拒绝侵犯用户权益、维护公共利益的意识，为维护健康的网络环境贡献自己的一份力量。

　　本项目涉及三个数据库，分别是用户端数据库、文章数据库和自媒体端数据库。为了方便读者使用，本书的配套资源提供了相应的 SQL 文件。读者可以使用这三个 SQL 文件创建相应的数据库和数据表，并插入一些基本的初始化数据。导入的 SQL 文件中创建的数据库和数据表如表 11-1 所示。

表 11-1　创建的数据库和数据表

数据库	数据表	数据表说明
leadnews_user，用户端数据库	ap_user	用户端的用户信息表
leadnews_article，文章数据库	ap_article	文章基本信息表
	ap_article_config	文章配置表
	ap_article_content	文章内容表
leadnews_wemedia，自媒体端数据库	wm_channel	自媒体端的频道信息表
	wm_material	自媒体端的素材信息表
	wm_news	自媒体端的文章表
	wm_news_material	自媒体端的文章素材关系表
	wm_user	自媒体端的用户信息表

11.3.3　项目工程结构

　　为了便于后续功能模块的开发，本章提供了一个初始工程，初始工程中根据项目功能创建了对应的模块，并且提供了项目的依赖信息，以及通用配置模块中的代码。在 IDEA 中导入初始工程，可以看到初始工程的主体结构如图 11-10 所示。

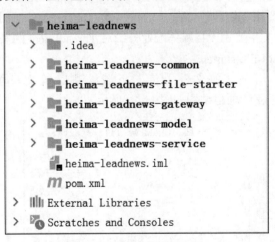

图 11-10　初始工程的主体结构

　　从图 11-10 可以看出，heima-leadnews 项目下创建了五个子模块，通过 heima-leadnews 可以统一管理这五个子模块的依赖，下面对这五个子模块进行详细说明。

　　（1）heima-leadnews-common

　　通用配置模块，用于存放项目中的通用常量、异常处理、常用工具类等通用配置，heima-leadnews-common 的项目结构如图 11-11 所示。

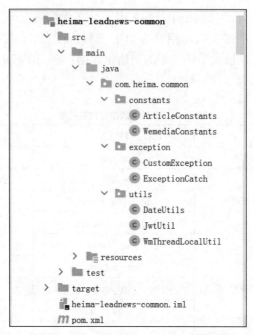

图11-11 heima-leadnews-common的项目结构

在图 11-11 中，constants 包用于存放与常量相关的类，其中 ArticleConstants 类中主要封装了与文章相关的常量，WemediaConstants 类中主要封装了与自媒体端相关的常量。exception 包用于存放与异常相关的类，其中 CustomException 类是一个自定义的异常类，用于封装可预知的异常，ExceptionCatch 为全局异常处理类，对系统中产生的可预知异常和不可预知异常进行统一处理。utils 包用于存放常用的工具类，其中 DateUtils 类主要用于进行日期的处理，JwtUtillei 类主要用于处理与 JWT（JSON Web Token，JSON 网络令牌）相关的数据，WmThreadLocalUtillei 类主要用于自媒体端业务中对 ThreadLocal 的操作。

（2）heima-leadnews-file-starter

文件管理模块，用于存放文件上传、下载、删除等文件管理功能的相关类，heima-leadnews-file-starter 的项目结构如图 11-12 所示。

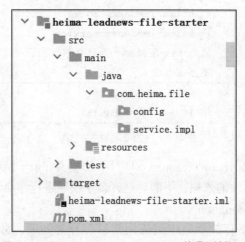

图11-12 heima-leadnews-file-starter的项目结构

从图 11-12 可以看出，导入的 heima-leadnews-file-starter 只创建了对应的包，包中存放的接口和类会在后续的具体实现时进行创建。

（3）heima-leadnews-gateway

网关模块，用于统一管理系统中的用户端网关和自媒体端网关，heima-leadnews-gateway 的项目结构如图 11-13 所示。

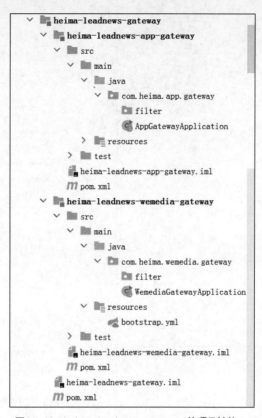

图11-13　heima-leadnews-gateway的项目结构

从图 11-13 可以看出，heima-leadnews-gateway 为 heima-leadnews-app-gateway 和 heima-leadnews-wemedia-gateway 的父工程，其中 heima-leadnews-app-gateway 为用户端网关，为用户端的前端提供网关入口，处理与用户端相关的访问控制；heima-leadnews-wemedia-gateway 为自媒体端网关，为自媒体端的前端提供网关入口，处理与自媒体端相关的访问控制。

（4）heima-leadnews-model

数据模型模块，用于存放与用户端、文章、自媒体端相关的实体类和 DTO，以及通用的 DTO 等，heima-leadnews-model 的项目结构如图 11-14 所示。

在图 11-14 中，article 包用于存放与文章相关的实体类和 DTO，common 包用于存放通用的 DTO，主要包含请求和响应的数据传输类，user 包用于存放与用户端相关的实体类和 DTO，wemedia 包用于存放与自媒体端相关的实体类和 DTO。

（5）heima-leadnews-service

业务微服务模块，用于统一管理系统中的用户端微服务、文章微服务、自媒体、微服务，heima-leadnews-service 的项目结构如图 11-15 所示。

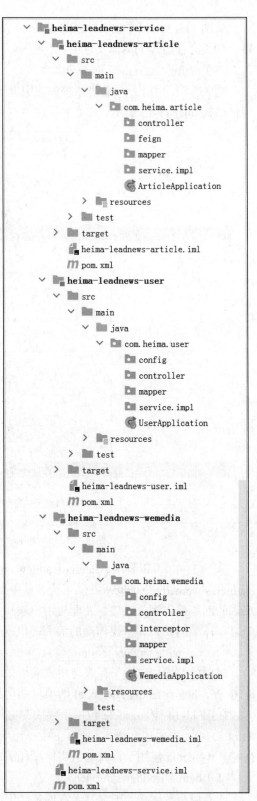

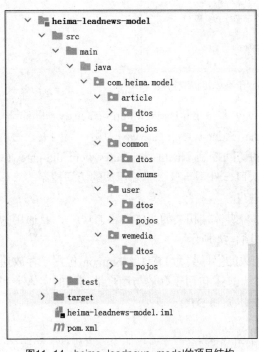

图11-14   heima-leadnews-model的项目结构   图11-15   heima-leadnews-service的项目结构

在图 11-15 中，heima-leadnews-article 为文章微服务模块，heima-leadnews-user 为用户端微服务模块，heima-leadnews-wemedia 为自媒体端微服务模块。导入的初始项目中只提供了这三个业务微服务模块的包结构和项目启动类，具体的功能实现会在后续进行详细讲解。

11.4　自媒体端功能实现

自媒体端为自媒体人提供了一个发布资讯的平台，其中包含的功能有自媒体人登录、素材管理、发布文章、内容列表。素材管理需要存储素材，对此可以使用对象存储服务实现。下面，对这些自媒体端功能的实现进行详细讲解。

11.4.1　自媒体人登录

为了确保系统的安全，自媒体端后台的内容只有登录成功的自媒体人才能访问和管理，自媒体人登录的具体实现请扫描二维码查看。

11.4.2　创建对象存储服务

在黑马头条所发布的文章中可以插入图片，这些插入的图片需要先上传。然而，如果将整个图片对象存储在 MySQL 数据库或项目指定的磁盘中，可能会面临存储效率低下、影响数据库性能等潜在问题。为了解决这些问题，可以考虑使用对象存储服务，对象存储服务是专门为存储和管理大型二进制对象（如图片、视频、文档等）而设计的存储服务。

常见的对象存储服务的方式有公有云对象存储、私有云对象存储和开源的对象存储软件，其中开源的对象存储软件可以供用户自行部署和管理，具有灵活性和可定制性，在此选择使用这种方式完成素材管理。开源的对象存储软件中 MinIO 是当前主流的软件之一，其服务端可以工作在 Windows、Linux、OS X 和 FreeBSD 上，拥有轻量、性能高、配置简单等诸多特点，可以作为存储图片、视频、文档的解决方案，在此，黑马头条的对象
存储服务选择基于 MinIO 实现。

基于 MinIO 创建对象存储服务的具体实现请扫描二维码查看。

11.4.3　素材管理

素材管理即自媒体人管理在平台上使用的图片、音频和视频等素材资源，通过素材管理功能，自媒体人可以方便地上传、删除和编辑素材，确保平台中
拥有丰富的素材库供文章和其他内容的发布使用。下面分别基于素材上传和素材列表查询讲解素材的管理，具体实现请扫描二维码查看。

11.4.4　发布文章

自媒体人可以通过发布文章功能来创建和发布文章，发布文章功能提供了一个富文本编辑器，使得自媒体人能够方便地添加文本样式、插入素材、设置标题和标签等。在自媒体人后台首页单击左侧的"发布文章"菜单，会弹出发布文章界面，具体如图 11-16 所示。

图11-16　发布文章界面

从图 11-16 可以看到，发布的文章包括标题、正文、标签、频道和封面等内容，其中正文输入的文本域中可以输入文字和插入图片，频道是从数据库中获取的数据，对于写好的文章可以选择存入草稿或提交审核进行发布。为了实现发布文章功能，我们可以将发布文章的实现分为查询所有频道和文章发布两个部分，具体实现请扫描二维码查看。

11.4.5　内容列表

发布文章成功后或单击图 11-16 中的"内容列表"后，会跳转到内容列表界面，并自动发起文章列表查询的请求，由于尚未实现文章列表的查询功能，所以在文章发布后，此时内容列表界面无法展示当前系统中的文章列表。下面对文章列表查询进行实现，具体实现请扫描二维码查看。

11.5　用户端功能实现

用户端主要为用户提供用户登录、查看文章列表、查看文章详情等功能，下面对这些用户端功能的实现进行详细讲解。

11.5.1　用户登录

黑马头条的用户端采用前后端分离架构，在本书的配套资源中提供了一个名为

app-web.zip 的压缩文件，其中包含完整的用户端前端项目。在用户登录之前，需要先部署用户端前端项目，用户登录的具体实现请扫描二维码查看。

11.5.2　文章列表

为了让用户能快速获取更新且全面的资讯内容，黑马头条客户端使用列表的形式展示新闻资讯。用户登录或单击"推荐"频道后，页面将展示所有频道中最新发布的文章列表，单击其他频道后，则显示该频道对应的最新发布的文章列表。下面对文章列表的实现进行讲解，具体实现请扫描二维码查看。

11.5.3　文章详情

通过文章列表，用户可以快速浏览多篇文章的标题和摘要，以便找到感兴趣的文章。当用户想要深入了解某篇文章的具体内容时，可以单击文章列表中的文章标题进入文章详情页面，在文章详情页面，读者将能够阅读文章的完整内容。实现文章详情通常有如下两种方式。

方式一：根据文章的 ID 从文章内容表中查询文章内容，并将内容返回给浏览器进行渲染展示。

方式二：根据文章的 ID 从文章内容表中查询文章内容，并使用模板技术生成静态的 HTML 文件，然后将该 HTML 文件保存在指定的位置，并将该文件路径存储在数据库中。在展示文章详情时，通过获取 HTML 文件的路径，直接展示对应的文章详情。

为了提高用户体验，大部分企业进行开发时会选择使用方式二，其好处在于静态 HTML 文件不需要动态生成，直接返回给客户端，减少了服务器的负担和资源消耗，提高了网站的性能和响应速度，黑马头条的客户端也基于方式二实现文章详情的展示。

常用的模板技术的具体实现包括 FreeMarker、Thymeleaf 和 Velocity 等。默认情况下，Spring MVC 支持将 FreeMarker 作为视图的模板引擎。为了使用便捷，黑马头条采用 FreeMarker 作为模板引擎。下面对 FreeMarker 进行简单介绍。

FreeMarker 是一款用 Java 语言编写的模板引擎，基于模板和要改变的数据生成输出文本，例如，生成 HTML 页面、配置文件、源代码等。FreeMarker 的设计目标是使模板与应用程序逻辑相分离，从而实现更清晰、可维护和可扩展的代码。

FreeMarker 广泛应用于 Java 开发领域，它允许开发人员将模板和数据结合，生成最终的输出，下面通过一张图简单说明 FreeMarker 是如何生成文件的，具体如图 11-17 所示。

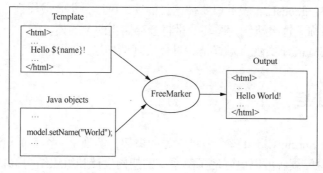

图11-17　FreeMarker生成文件

在图 11-17 中，Template 指的是模板文件，Java objects 指的是准备数据，即想要输出在模板文件中的数据，Output 指的是最终的文件。FreeMarker 将准备数据填充到模板文件中，然后通过 Output 进行输出，最终生成静态文件。

FreeMarker 使用 FTL（FreeMarker Template Language，FreeMarker 模板语言）定义模板，FTL 提供了一系列语法和指令，类似于 HTML 和 XML 的标签语法。为了与 HTML 和 XML 标签进行区分，FreeMarker 的标签以#开头。下面对 FreeMarker 中三种常用的指令进行讲解。

（1）assign 指令

assign 指令用于在页面上定义一个变量，可以定义简单类型和对象类型的变量，示例代码如下。

① 简单类型变量的定义和变量值的获取。

```
<#assign linkman="周先生">
联系人：${linkman}
```

在上述代码中，指令以"<#"开始，以">"结束；其中，assign 是指令名称，linkman 是定义的变量名，不是固定写法，可以任意指定。通过${变量名}的方式获取变量值。

② 对象类型变量的定义和变量值的获取。

```
<#assign info={"name":"张三",'address':'北京市昌平区'} >
姓名：${info.name}　地址：${info.address}
```

在上述代码中，定义对象 info，对象中包含两个变量 name 和 address。

（2）if 指令

if 指令用于判断，与 Java 中的 if 用法类似，示例代码如下。

```
<#if x == 1>
    x is 1
<#else if x == 2>
    x is 2
<#else if x = 3>
    x is 3
<#else>
    x is one
</#if>
```

在 FreeMarker 的判断中，可以使用"="，也可以使用"=="，二者含义相同。

（3）list 指令

list 指令用于遍历，示例代码如下。

```
<#list goodsList as goods>
    商品名称：　${goods.name} 价格：${goods.price}<br>
</#list>
```

在上述代码中，goodsList 表示想要被迭代的项，可以是集合或序列。goods 表示循环变量的名称。每次迭代，循环变量将会存储当前项的值。

下面基于 FreeMarker 实现文章详情，具体实现请扫描二维码查看。

11.6　本章小结

本章主要基于 Spring Cloud 整合各种常见的框架，实现了一个新闻资讯系统——黑马头条。通过本章的学习，读者可以更好地了解系统的架构设计和组织结构，并学会如何将 Spring Cloud 应用于实际项目中，实现具体的业务开发。在本章项目学习过程中，读者务必积极动手实践，以便更好地体验 Spring Cloud 综合项目的开发流程。